展鹏教育

潮哥破题系列

管综数学30天突破 上册

刘晨潮　主编

北京航空航天大学出版社
BEIHANG UNIVERSITY PRESS

图书在版编目(CIP)数据

管综数学30天突破. 上册 / 刘晨潮主编. -- 北京：北京航空航天大学出版社，2023.12

ISBN 978-7-5124-4273-3

Ⅰ. ①管… Ⅱ. ①刘… Ⅲ. ①高等数学—研究生—入学考试—自学参考资料 Ⅳ. ①O13

中国国家版本馆CIP数据核字(2024)第013609号

管综数学30天突破·上册

责任编辑：李　帆

责任印制：秦　赟

出版发行：北京航空航天大学出版社

地　　址：北京市海淀区学院路37号(100191)

电　　话：010-82317023（编辑部）　010-82317024（发行部）

010-82316936（邮购部）

网　　址：http://www.buaapress.com.cn

读者信箱：bhxszx@163.com

印　　刷：艺堂印刷（天津）有限公司

开　　本：787mm×1092mm 1/16

印　　张：29.75

字　　数：860千字

版　　次：2023年12月第1版

印　　次：2023年12月第1次印刷

定　　价：138.80元(全两册)

如有印装质量问题，请与本社发行部联系调换

联系电话：010-82317024

前 言

一、为什么初数很难

无论你的基础好还是差,无论你是否喜欢数学,对于管理类联考数学来讲,有几个毫无争议的事实,我们要清楚:

(1)考试涉及的知识点,为小初高的内容;

(2)考试只考查相对简单的知识点,比如解析几何只考查直线与圆,不会考查难度很高的椭圆双曲线等;

(3)考试中几乎不存在较大的运算量;

(4)试卷中的题目均为选择题。

基于这些事实,可以得到结论:**管理类联考数学真的不难,甚至可以说管理类联考数学是升学考试中涉及数学的最简单的考试。**

但为什么对于很多考生来讲,从感官上仍然觉得很难呢?从本质上来看这个问题,学习是要**将头脑中原本不存在的知识和认知长在脑子里!**而这个建立新知识的过程,是不可跨越的,是没有人能替我们完成的,是**必须花费一定的时间来积累和练习的。**

再看很多考生的实际是怎么做的,很多人买了大量课程,但是都没怎么看;买了许多书,但从来没完整看过一遍;盲目追求秒杀技巧,但发现自己根本用不上。这一切就属于没有把知识变成自己的东西,本质上是没有花足够多的时间。

在一件必须花时间的事情上,追求不花时间,这本身就是无解的,找不到答案的,自然会觉得异常艰难。

二、学习学的是什么

花同样的时间,有些人学习效果好,有些人效果差。有基础好坏的影响,也有学习方法的影响。建立正确的学习方法则有助于提升学习效率。

可以思考一个问题,熟练解答一道题应具备哪些要素?

首先要掌握必要的数学概念(定义、性质、结论等)。

这一步就是1和0的区别,就是有和无的区别。例如,题目中涉及质数,但是质数的定义没有掌握,那根本没有后续解题方法或技巧可言。

其次是建立解题思路。

仅仅掌握概念是不够的,数学题目不是考概念问答,而是对概念的灵活应用。解题思路,是概念之间的关联,是对概念的转换。例如,"看到一元二次方程有实数根,我们要将题目转化为$\Delta \geqslant 0$的问题",要掌握足够的解题思路。

有些考点考法相对固定,可以建立统一的解题思路,便于考生能够快速解决一类问题,这样的解题思路,就可以进一步总结成解题方法。例如,均值不等式、解析几何最值问题等,都可以总结出固定的解题方法,遇到相关题目,按固定套路处理即可。

最后是解题技巧。

解题技巧是一定存在的,能够一定程度提升解题速度,即使在完全不会的情况下有一定的兜底作用。但是很多考生是有误区的,解题技巧能够解决一部分题目,但是不能所有的题都靠技巧;技巧是建立在扎实基础上的,不能抛开知识和方法,只学技巧;技巧不一定保证100%做对,但是可以提高部分题目做对的可能性。

现在我们清楚了,学习学的内容就是:概念+思路方法+技巧。任何一本教辅材料或者课程,实际包含的就是以上内容,考生在学习过程中有意识地分辨各个章节的概念、思路方法和技巧,会使学习更有条理。

三、学习具体要做什么

以上只是帮大家进行了知识学习上的结构划分。将知识变为自己的,还需要结合一些具体的学习动作。

一是练习。

管综的重点是解题速度,因此即使掌握了相应的知识和方法,仍然是不够的,还需要达到熟练程度。提升熟练度,不是要反复去记背,最好的方法就是"应用",方法用过一遍比单纯记忆三遍还要好。而数学的应用,就是做题,这一点也非常符合我们对数学的直观印象,数学的学习就是要多做题。

二是总结。

即便是做同样多的题,学习效果仍然是因人而异。数学中常见的一个问题就是,知识点挺熟练,但做题就是没思路;也有考生自己做不会,一看解析就会;再就是做过的题会,新的题就不会。这些都属于距离真正的熟练还差一步,不能举一反三。差的这一步就是总结。

总结是把做过的题重新拿过来再看看,题中的思路是怎么建立的,容易出错的点在哪里,类似的几道题之间的差异和相同点在哪,以后再见到类似的题应该先怎么想。总结是对题目和知识点的深入思考,完成深入思考,知识掌握得才扎实。

三是重复。

学习的方法论,其实是非常简单的,只是不同的人执行程度不同,结果自然不同。按照前边讲过的方法,数学的学习过程已经很清晰了,无非就是从书中查看相关的概念和方法,然后通过做题来进行运用,再通过做总结来实现深入理解。

方法虽简单,但是过程并不容易。有时一道题比较复杂,涉及多个考点,很可能为了弄明白这一道题都需要花费很多时间,一个小时发现学不了几道题;有时想尝试做总结,却无从下手,发现没得到什么有用的结论;有时发现明明前几天刚学过的内容,今天又忘得一干二净。这些都属于学习过程中会遇到的困难,困难长时间不能克服的时候,我们很容易放弃;一旦放弃,已经掌握的一部分内容也会很快再次忘记,从而陷入恶性循环。

能够有效解决这一问题的方法就是重复。学过的东西出现遗忘是很常见的,有些题目暂时看不懂也很正常,过几天再看一遍可能就好了。重复是一个必需的学习过程。带着每个知识点都要至少看三遍的这种预期去学习,遇到困难时就不会轻易放弃,因为我们很清楚,有些东西就是要反复看几遍才能搞懂的。

四是阅读。

书和课是有区别的。课程里授课老师会把重难点都进行明确的区分,而且会做必要的强调,图书也会区分重难点,但是需要考生调动自己的注意力去区分,要在阅读的基础上加以思考。所以听课的感受比单纯读书学习要简单一些。

但是阅读理解的能力也是一种必备能力,应用题就是很好的一种体现,我们要从文字信息理解题意,整理成数学语言进行解题。有时候看上去很难的一道题,经过老师的梳理之后我们发现其实很简单,就是因为老师把阅读理解的环节带学生做了。但考试当中阅读理解也是要考生自己完成的,所以听课虽然比读书要简单一些,但是读书是比听课更好的一种学习方式,这种方式锻炼了阅读理解能力。阅读加思考的学习效果比听课要好一些。

即使你更喜欢听课,也不能忽略锻炼自己阅读理解能力的重要性。至于具体怎么练,前边讲过了,即不断重复不断总结。

现在我们重新形成了对数学学习的认识。通过*认真阅读*,来建立*概念+思路方法+技巧的知识体系*,通过*大量做题*来提升对知识的理解,通过*重复+总结*来提升对知识的深度理解,提升熟练度。

四、如何使用本书

本书以考试大纲为基础,按知识点的量以及关联性,分成十章。每一章分成四个部分,即章节导读、考点精讲、章节总结、强化训练。

章节导读部分,初步介绍了考情,将按照命题点梳理了框架,学习时可粗略查看,等知识点掌握到一定程度时,可再回过头来查看,加深对知识体系的印象。

考点精讲部分,以大的考点划分,每个考点分为知识梳理和命题点精讲。知识梳理部分有较强的可读性,对每个模块涉及的必要基础知识进行了讲解,复杂公式和结论附带了证明过程;命题点精讲是结合例题对知识点进行应用的过程,每个命题点下设置了思路点拨,对思路、方法、技巧等进行了补充。考点精讲部分属于重点学习的部分,要认真阅读和学习。

章节总结部分,对知识点重新进行了提炼,精讲部分学完之后,再看总结部分,有助于知识体系的建立,也可以用于后续的复习。

强化训练部分配了习题和解析,用于额外练习,巩固学过的知识点。

本书有如下优势:一是考点精,考点全面但又不是盲目追求全面,结合真题与考纲做了筛选,在全面的同时尽可能精简,提升备考的效率;二是方法好,书中以命题点为结构进行设置,便于考生掌握一类题的解题方法和思路,每个命题点都设置了必要的思路点拨,帮助考生抓住解题关键;三是学得透,书中的知识点结构比较清晰,层次分明,每个命题点都标注了星级,便于考生抓住重点,知识点重要程度不同,篇幅和例题数量均有不同,详略得当,便于考生吃透重点;四是练得够,在充足的典型例题基础上,每个章节后都配有强化训练,便于考生进行足够的练习,从而加深对考点的理解。

在具体的复习建议上,笔者不推荐传统按时间阶段划分的复习思路,实际上无论什么时候开始启动复习,每个考生都应该完成如下几个过程:打好基础,掌握方法,总结技巧,大量练习。有余力者,可以6月之前就完成所有的学习,之后的时间就是反复进行练习和总结。启动晚的,就要有侧重地去完成不同内容的学习。

本书在使用时,建议看三遍:第一遍重点在概念上,认真阅读,做必要的标注,例题用来理解概念和方法,允许有模糊的地方;第二遍重点在例题上,没做过的认真做一遍,出错的要重新整理,整理例题的过程中若有遗漏的知识点再对应到知识点部分重新记忆;第三遍重点在强化训练上,通过练习再对概念和方法进行强化。

可初步制定一个月的学习计划,每个章节花三天的时间,完成三遍的学习。注意,不一定是连续三天看一章,可交错进行,比如第一天完成第一章的第一遍,第二天完成第二章的第一遍,第三天完成第一章的第二遍。通过时间的交错,完成重复的过程。当然不同的考生基础不同,计划可做灵活的调整。

知识和方法掌握扎实之后,可再以真题为材料进行复习,做整套真题,并重新总结。再往后就是大量做题、限时做题。

对于技巧和方法的进一步总结,可持续关注笔者。

Contents 目录

扫码听课

导 学

考情分析

一、试卷分析

管理类联考综合能力测试,考试时间为180分钟,上午8:30~11:30考试。

管综由三部分构成:数学基础、逻辑、写作。其中数学25道选择题,每道题3分,共75分;逻辑30道选择题,每道题2分,共60分;写作分为两篇,论证有效性分析30分,论说文35分。

数学又分为两大类题:问题求解和条件充分性判断。其中问题求解15题,与常规选择题一致,唯一区别在于选项为5个。条件充分性判断10题,属于特有的一类题型,下边需要进行单独讲解。

管理类联考数学的知识点分为小初高的数学内容,知识点相对来讲较为简单,但是考试并不简单,其原因之一就在于题量,管综的题量是很大的,很多考生的反馈都是,感觉题目都会就是没时间做。因此一定要清楚考试定位:管综数学不仅考你会不会,还要考你快不快。

在时间分配上,数学部分建议要控制在50分钟左右,以便给逻辑和写作留有相对充足的时间。

具体的时间分配和不同考生的目标也相关。例如,考生甲的目标分数就是国家线,数学能考45分就够用了,那复习时要有重点地去进行,答题时,也可以给重点题一定的倾斜,留有相对充足的时间;考生乙的目标分数在240,那数学就得奔着满分去考,那复习时就要全面且达到一定熟练度,答题时就要尽可能快。

实际上,每个考生都要尽早地确定目标院校,制定目标分数,并且进行分数拆分,要定好每个科目的目标分数,从而制定更有针对性的复习策略。

二、条件充分性判断

需要先说明的是,在整个考情分析中,最有必要阅读的就是条件充分性判断的题型说明,该题型属于管理类联考特有的题型,需要单独学习其基本的题型设置及选项构成。

但绝大多数考生没有阅读导读的习惯,因此在后续的章节当中,第一次出现条件充分性判断的题目的位置,补充了说明,很多考生是看到不认识的题了,才重新回到这里进行学习的。

有如下例题:

> 16.(2019)能确定小明的年龄。
>
> (1)小明的年龄是完全平方数。
>
> (2)20年后小明的年龄是完全平方数。

该例题选自真题,该类型的题目即为条件充分性判断,后10道题均为此形式,特点为题目不附带选项,但却是选择题。

题干部分属于题目给出的“结论”，题干下方为两个“条件”，结合此类题目的名称“条件充分性判断”，容易理解到，此类题目是要我们判断，下方的两个“条件”能否推出题干中的“结论”，能推出即为“充分”，不能推出即为“不充分”，所以题目是要我们进行条件的充分性判断。

理解了题目的设定，也就能够理解题目为什么没有选项，因为条件能否推出结论，无非就两种结果，能或不能，选项为两个条件能否推出结论的结果的组合，选项是固定的，也就没有必要每道题都给出选项。结果显而易见，如下表：

	条件(1)	条件(2)	条件(1)+(2)
A	√	×	–
B	×	√	–
C	×	×	√
D	√	√	–
E	×	×	×

上述结果就构成了五个选项，其中需要注意的是C和E，当两个条件均不充分时，要考虑两个条件联合，除此以外，只要是有一个条件单独充分，均不需要考虑联合。

实际上在试卷中，并不是真的不给选项，而是在第二大类型的一开始给出，后边的每道题下边不再单独给出，因此考生还是有必要先熟悉选项，避免每做一道题都要返回去查看选项。以下为试卷中选项出现的形式：

(A)条件(1)充分，但条件(2)不充分。

(B)条件(2)充分，但条件(1)不充分。

(C)条件(1)和条件(2)单独都不充分，但条件(1)和条件(2)联合起来充分。

(D)条件(1)充分，条件(2)也充分。

(E)条件(1)和条件(2)单独都不充分，条件(1)和条件(2)联合起来也不充分。

条件充分性判断的解题时，有不同的处理方式：

①若条件较为简单，可直接从条件出发，代入题干，进行判断；

②直接从条件进行判断不方便时，可考虑对题干进行等价变形，转化成容易判断的形式；

③条件不便于直接代入题干时，还可以考虑举反例，找到与结论矛盾的例子，可直接对条件进行否定，快速解题。

三、考纲要求

考纲当中，给划定了考查的知识点范围，但是也仅仅是罗列了知识点，需要结合历年考题的具体命题点，进行适当的补充。以下把考纲范围列出，方便感兴趣的考生自行查看。不感兴趣的考生，直接跳过影响也不大。

综合能力考试中的数学基础部分主要考查考生的运算能力、逻辑推理能力、空间想象能力和数据处理能力,通过问题求解和条件充分性判断两种形式来测试。

试题涉及的数学知识范围有:

算术

1. 整数

(1)整数及其运算

(2)整除、公倍数、公约数

(3)奇数、偶数

(4)质数、合数

2. 分数、小数、百分数

3. 比与比例

4. 数轴与绝对值

代数

1. 整式

(1)整式及其运算

(2)整式的因式与因式分解

2. 分式及其运算

3. 函数

(1)集合

(2)一元二次函数及其图像

(3)指数函数、对数函数

4. 代数方程

(1)一元一次方程

(2)一元二次方程

(3)二元一次方程组

5. 不等式

(1)不等式的性质

(2)均值不等式

(3)不等式求解

一元一次不等式(组),一元二次不等式,简单绝对值不等式,简单分式不等式

6. 数列、等差数列、等比数列

几何

1. 平面图形

(1)三角形

(2)四边形

矩形、平行四边形、梯形

(3)圆与扇形

2. 空间几何体

(1)长方体

(2)柱体

(3)球体

3. 平面解析几何

(1)平面直角坐标系

(2)直线方程与圆的方程

(3)两点间距离公式与点到直线的距离公式

数据分析

1. 计数原理

(1)加法原理、乘法原理

(2)排列与排列数

(3)组合与组合数

2. 数据描述

(1)平均值

(2)方差与标准差

(3)数据的图表表示

直方图,饼图,数表

3. 概率

(1)事件及其简单运算

(2)加法公式

(3)乘法公式

(4)古典概型

(5)伯努利概型

第一章 算 术

第一节 章节导读

一、考纲解读

管理类联考考试大纲中算术部分如下：

1.整数

(1)整数及其运算

(2)整除、公倍数、公约数

(3)奇数、偶数

(4)质数、合数

2.分数、小数、百分数

3.比与比例

4.数轴与绝对值

其中整数部分涵盖内容较多,包含较多概念,易存在疏漏点;比与比例、绝对值除了自身包含的知识点以外,还常常结合其他知识点进行考查.

算术部分在考试当中占比约4%~12%,题目数量1~3道.本章节整体难度不高,属于比较容易掌握的章节.

二、重难点及真题分布

1.重难点解读

(1)质数与合数:近5年考查3次,但是难度不大,属于重点考点.

(2)整系数不定方程:近8年考查5次,属于对整数相关性质的应用,具有一定综合性,属于重难考点.

(3)比与比例:近5年考查3次,常作为一种解题思维在其他知识点中进行考查,其中正反比的应用属于重难考点.

(4)绝对值:几乎每年都出现,大部分题目是结合其他知识点进行考察的,其中几何意义的应用与绝对值三角不等式属于重难考点.

2.真题分布

年份	考点	占比
2024	带余除法、完全平方数、绝对值	12%
2023	实数、整数除法、质数与合数、无理数运算、比例统一	20%
2022	绝对值三角不等式、质因数分解、整系数不定方程	12%
2021	整系数不定方程、绝对值三角不等式、比与比例	12%
2020	质数与合数、整系数不定方程、绝对值	12%
2019	整数除法、完全平方数、比与比例、绝对值	16%
2018	整系数不定方程、比与比例、绝对值	12%
2017	整数除法、公倍数与公约数、整系数不定方程、绝对值	20%

三、考点框架

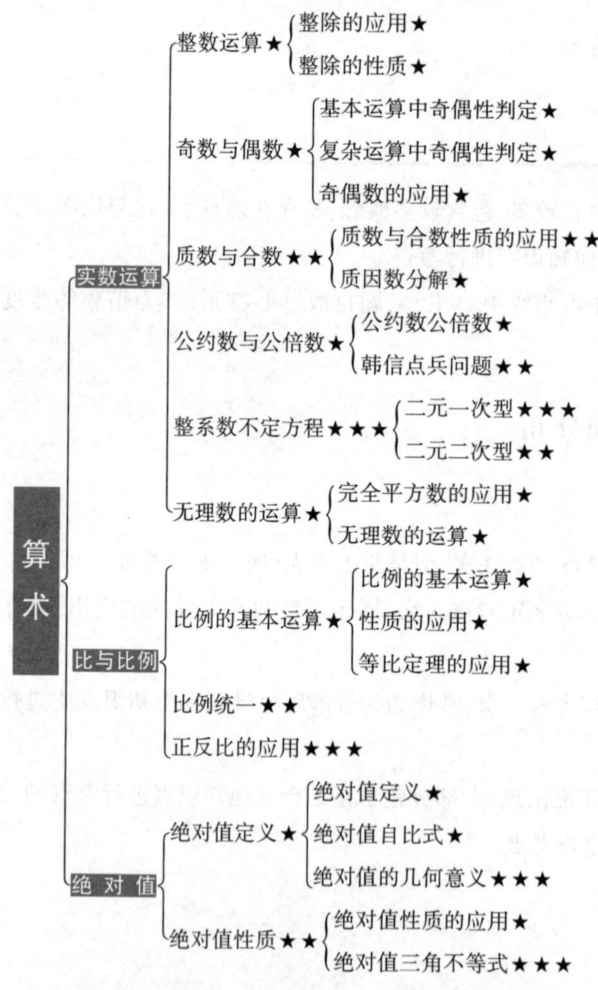

本章划分为3讲、11个考点、23个命题点，其中包含4个两星命题点、4个三星命题点.

第二节 考点精讲

第一讲 实 数

考点一 整数运算★

一、知识梳理

实数分类

管理类联考数学中涉及的数,均在实数范围内,可对实数进行如下分类:

- 实数(R)
  - 有理数(Q)
    - 整数(Z)
      - 正整数(N^*) } 自然数(N)
      - 零 } 自然数(N)
      - 负整数
    - 分数
      - 正分数
      - 负分数
  - 无理数
    - 正无理数
    - 负无理数

0 和正整数构成自然数,0 是最小的自然数,0 也是考试中常用的一个数字.

整数和分数构成有理数,有理数均可表示为两个整数相除的形式(0 不能做除数),无理数不能表示为两个整数相除的形式.

此外,分数可化为有限小数或无限循环小数,例如 $\frac{1}{2}=0.5$, $\frac{1}{3}=0.333\cdots$;无理数可化为无限不循环小数,例如 $\pi=3.1415\cdots$, $\sqrt{2}=1.414\cdots$.

整数的运算

1.整数除法

整数的四则运算中,加减乘得到的结果均为整数,除法运算结果不一定为整数,除法的结果也会较为复杂,因此整数运算的重点在除法上.

两个整数相除可表示为如下形式:

$$\underset{(\text{被除数})}{f} \div \underset{(\text{除数})}{g} = \underset{(\text{商数})}{h} \cdots\cdots \underset{(\text{余数})}{r} \quad (0 \leqslant r < g)$$

通常可将结果表示为 $f=gh+r$ 便于运算. 当 $r=0$ 时,表示为 $f=gh$,称 f 可以被 g 整除,g,h 是

f的约数(因数),f是g,h的倍数.

2.整除特征

判断一个整数能否被另一个整数整除有一些固定的判断依据,掌握常见整数的整除特征,可快速进行解题.

常见整数整除特征如下.

(1)能被2整除的数:末位数是偶数.

(2)能被5整除的数:末位数为0或5.

(3)能被4整除的数:末两位能被4整除,例:2 016的末两位数为16,16能被4整除,因此2 016能被4整除.

(4)能被3和9整除的数:各位数字之和能被3或9整除,例:123各位数字之和为6,6能被3整除,但不能被9整除,因此123能被3整除不能被9整除.

潮哥敲黑板

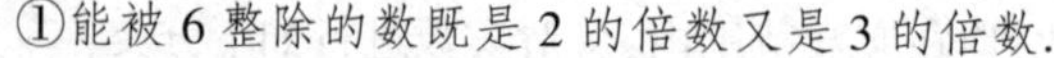

①能被6整除的数既是2的倍数又是3的倍数.

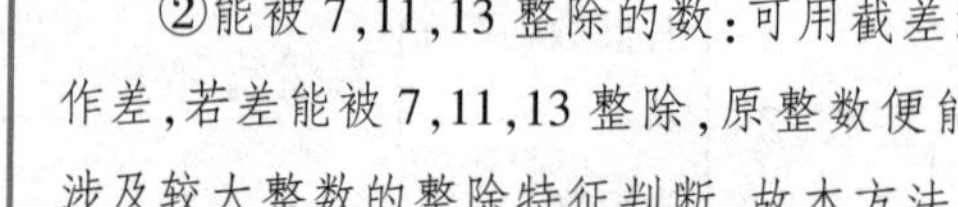

②能被7,11,13整除的数:可用截差法,将整数的后三位截断与前几位整数作差,若差能被7,11,13整除,原整数便能被7,11,13整除.考试中大概率不会涉及较大整数的整除特征判断,故本方法只作了解.

3.整除性质

(1)整数a和b能够被整数c整除,则$a+b$与$a-b$均能够被c整除.

(2)整数a能够被整数c整除,b为整数,则ab能够被c整除.

(3)互质整除性:a,n,k均为整数,若an能被整数k整除,且a和k互质(除1以外无其他公约数),则n能被k整除.

(4) 整除周期性:连续的k个整数中,有且仅有一个能够被k整除.

二、命题点精讲

命题点1 整除的应用★

思路点拨

已知整除关系,可转化为乘积关系.

若整数a是整数b的倍数,则可设$a=kb$,其中$k\in Z$.将整除关系用乘积形式来表示,是常见的一种处理方式,便于代入题干关系进行求解.

【例1】$(a+2b)(a-3b)$是25的倍数.

(1)a,b都是整数.

(2)$a+2b$是5的倍数.

(A)条件(1)充分,但条件(2)不充分

(B)条件(2)充分,但条件(1)不充分

(C)条件(1)和条件(2)单独都不充分,但条件(1)和条件(2)联合起来充分

(D)条件(1)充分,条件(2)也充分

(E)条件(1)和条件(2)单独都不充分,条件(1)和条件(2)联合起来也不充分

注 该题型为条件充分性判断,选项设置适用于全书的条件充分性判断题目,考情分析中有专门讲解,后续章节不再重复说明.

【解析】

若 $(a+2b)(a-3b)$ 是25的倍数,则原式必可写成 $25n$ ($n\in Z$)的形式,本题需要利用条件,看能否将原式转化成 $25n$ 的形式.

条件(1):只要求 a , b 为整数,明显条件不够,可举反例,比如取 $a=1$, $b=0$,满足条件但不符合结论,所以条件(1)不充分;

条件(2):由条件一作为启发,条件二中未要求 a , b 为整数,则有可能不充分,可举反例, $a=0$, $b=\frac{5}{2}$,满足条件但不符合结论,所以条件(2)不充分;

(1)+(2):条件二中 $a+2b$ 是5的倍数,可令 $a+2b=5k\ (k\in Z)\Rightarrow a=5k-2b$,代入原式可得 $(a+2b)(a-3b)=5k(5k-5b)=25k(k-b)$,又因为 k , b 均为整数,则 $(a+2b)(a-3b)$ 是25的倍数,所以条件(1)和(2)联合充分. 故本题选择C.

命题点 2 整除的性质★

思路点拨

题目中涉及整数运算,大多离不开整除的性质及特征.

【例2】(2008.10) $\frac{n}{14}$ 是一个整数.

(1) n 是一个整数,且 $\frac{3n}{14}$ 也是一个整数.

(2) n 是一个整数,且 $\frac{n}{7}$ 也是一个整数.

【解析】

条件(1):直接利用互质整除性,已知 $\frac{3n}{14}$ 是一个整数,3与14互质,则 n 是14的倍数, $\frac{n}{14}$ 是一个整数,所以条件(1)充分;

条件(2):举反例,当 $n=7$ 时,满足条件但不符合结论,所以条件(2)不充分. 故本题选择A.

【例3】已知 n 为自然数, $N=n^3-n$,则 N 的可能取值为(　　).

(A)6855　　(B)6848　　(C)6845　　(D)6841　　(E)6840

【解析】

对题干进行因式分解,可得 $N=n^3-n=(n-1)n(n+1)$, n 为自然数,则 N 表示3个连续的自然数相乘. 连续3个自然数中一定存在3的倍数,且连续3个自然数中一定存在连续2个自然数,一定存

在 2 的倍数,则 N 既能被 3 整除又能被 2 整除. 根据整除特征排除选项可得本题选择 E.

考点二 奇数与偶数★

一、知识梳理

1.定义

能被 2 整除的整数称为偶数,记为 $2k\ (k\in Z)$;不能被 2 整除的整数称为奇数,记为 $2k+1\ (k\in Z)$. 需注意的是 0 为偶数.

2.运算性质

两个整数作和差运算,结果符合如下规则:

奇数 ± 奇数 = 偶数

偶数 ± 偶数 = 偶数

奇数 ± 偶数 = 奇数

两个奇偶性相同的整数相加(减)结果为偶数,反之为奇数,可总结为:同偶异奇. 多个整数作和差运算,结果取决于奇数的个数,若奇数的个数为奇数,则和(差)为奇数,若奇数的个数为偶数,则和(差)为偶数.

两个整数作积运算,结果符合如下规则:

奇数 × 奇数 = 奇数

偶数 × 偶数 = 偶数

奇数 × 偶数 = 偶数

积运算中只要存在一个偶数结果就是偶数,可总结为:遇偶则偶. 多个整数作积运算,结果仍取决于偶数,若这些数中存在偶数,则结果为偶数,若这些数全部为奇数,则结果为奇数.

二、命题点精讲

命题点 1 基本运算中奇偶性判定★

思路点拨

对于和差运算与积运算的奇偶性判断问题,直接利用"同偶异奇"和"遇偶则偶"原则进行判定.

多个数的和差运算中,关键看奇数的个数;积运算中,关键看是否存在偶数,只要存在偶数,结果就一定为偶数.

【例 4】已知 $3a^2+2a+5$ 是偶数,则整数 a 一定是(　　).

(A)奇数　　(B)偶数　　(C)质数　　(D)合数　　(E)任意数

【解析】

$3a^2+2a+5$ 为偶数，$2a$ 为偶数，5 为奇数，则 $3a^2$ 必为奇数，又因为 3 为奇数，则 a 为奇数. 故本题选择 A.

【例 5】(2013.10) m^2n^2-1 能被 2 整除.

(1) m 是奇数.

(2) n 是奇数.

【解析】

m^2n^2-1 能被 2 整除，即 m^2n^2-1 为偶数，m^2n^2 为奇数，与 m，n 均相关，因此可快速判断两条件单独不充分，大概率联合充分. 以上为快速判断的思考方向，但想确保结果正确还应逐个条件去确认.

条件(1)：举反例，$m=1$，$n=2$，满足条件但不符合结论，所以条件(1)不充分；

条件(2)：举反例，$m=2$，$n=1$，满足条件但不符合结论，所以条件(2)不充分；

(1)+(2)：m 是奇数，n 是奇数，则 m^2 为奇数，n^2 为奇数，m^2n^2 为奇数，m^2n^2-1 为偶数，即能被 2 整除，所以条件(1)和(2)联合充分. 故本题选择 C.

命题点 2 复杂运算中奇偶性判定★

思路点拨

①两个整数相加和相减，奇偶性一致. 即对于两个整数 m，n，$m+n$ 与 $m-n$ 奇偶性相同.

②在确保结果为整数的前提下，绝对值、乘方、开方等运算不影响数字的奇偶性. 即对于整数 $|n|$，$\sqrt{n}$，n^k，其奇偶性与 n 相同. 题目中出现上述运算，可直接忽略运算符号，直接判断奇偶性.

【例 6】$(-1)^a=1$.

(1) x，y，a 均为整数，且 $|x+y|+\sqrt{x-y}=a$.

(2) x，y 均为整数，且 $xy+x^2y^2=a$.

【解析】

判断 $(-1)^a=1$，即判断 a 是否为偶数. 绝对值、平方、开方运算不影响奇偶性.

条件(1)：$|x+y|+\sqrt{x-y}=a$，可直接忽略绝对值与根号，判断 $x+y+x-y=2x$ 奇偶性，结果为偶数，则 a 为偶数，所以条件(1)充分；

条件(2)：$xy+x^2y^2=a$，可直接忽略平方，判断 $2xy$ 的奇偶性，结果为偶数，则 a 为偶数，所以条件(2)充分. 故本题选择 D.

命题点3 奇偶数的应用★

思路点拨

在其他题目中(应用题为主)有时可利用奇偶性运算来快速作答.

【例7】(2017)甲、乙、丙三种货车载重量成等差数列,2辆甲种车和1辆乙种车的载重量为95吨,一辆甲种车和三辆丙种车载重量为150吨,则甲、乙、丙分别各一辆车一次最多运送货物为(　　).

(A) 125　　(B)120　　(C) 115　　(D) 110　　(E)105

【解析】

设三种货车的载重量分别为 x, y, z, 根据题意可列方程组 $\begin{cases}2y=x+z,\\2x+y=95,\\x+3z=150,\end{cases}$ 求 $x+y+z$, 由 $2y=x+z$ 可得 $x+y+z=3y$, 总量一定是3的倍数,因此答案是B选项或E选项;根据 $2x+y=95$ 可得 y 为奇数,所求 $3y$ 也为奇数. 故本题选择E.

考点三 质数与合数★★

一、知识梳理

1.质数的定义

大于等于2的整数中,除了1和它本身以外,不能被其他自然数整除的数叫作质数,否则为合数. 质数又称为素数.

质数与合数均有范围限制,0和1既非质数也非合数,最小的质数为2,最小的合数为4. 一个质数 n 只包含两个正因数,即 n 只能写成 $n = 1 \times n$.

与奇数偶数不同,质数合数的规律性较弱,不能直接用某个式子直接表示任意的质数. 因此要熟练掌握较小的质数及特征,小于30的质数有:2,3,5,7,11,13,17,19,23,29.

大于2的偶数除了1和它本身以外,一定存在约数2,因此2是唯一的偶质数. 题目中可结合奇偶数的运算性质进行解题.

2.质因数分解

把一个合数分解成若干个质因数相乘的形式称为质因数分解. 一个合数必能被拆分成几个质数相乘的形式.

设 n 为 $\geqslant 2$ 的正整数,则 n 必可写成 $n = p_1^{k_1}p_2^{k_2}\cdots p_s^{k_s}$,其中 $p_1, p_2, \cdots, p_s$ 为质数, $k_1, k_2, \cdots, k_s$ 为正整数,若 $p_1 < p_2 < \cdots < p_s$,则 n 的这种表达形式是唯一的,这种表达式称为质因数分解式. 例: $18=2\times3^2$;

$60=2^2\times3\times5$.

二、命题点精讲

命题点 1 质数与合数性质的应用★★

思路点拨

要熟记较小质数及其特征，解题时可先列出较小质数，然后找到符合题意的质数解. 例如：30 以内相差 2 的有 4 组(3,5;5,7;11,13;17,19)，相差 4 的有 4 组(3,7;7,11;13,17;19,23)等.

2 是唯一的偶质数，2 作为很特殊的一个质数，可结合奇偶数的分析作为突破口进行解题.

【例 8】设 p，q 均为质数，m，n 为正整数，且满足 $p=m+n$，$q=mn$，则 $\frac{p^p+q^q}{m^n+n^m}=$(　　).

(A)1　　(B)$\frac{15}{2}$　　(C)9　　(D)$\frac{31}{3}$　　(E)以上选项均不正确

【解析】

$q=m\times n$ 且 q 为质数，根据质数定义，$q=m\times n=1\times q$，则 m 和 n 一个为 1，另一个为 q. $p=m+n=1+q$，p,q 为相差 1 的两个质数，所以 $q=2,p=3$，m 和 n 一个为 1，另一个为 2. 则 $\frac{p^p+q^q}{m^n+n^m}=\frac{3^3+2^2}{1^2+2^1}=\frac{31}{3}$. 故本题选择 D.

【例 9】(2010)三名小孩中有一名学龄前儿童(年龄不足 6 岁)，他们的年龄都是质数(素数)，且依次相差 6 岁，他们的年龄之和为(　　).

(A)21　　(B)27　　(C)33　　(D) 39　　(E)51

【解析】

小于 6 的质数有 2,3,5. 以上述三个质数作为第一个年龄，可得到相差为 6 的三组数字，{2,8,14}，{3,9,15}，{5,11,17}，只有第三组全部为质数符合题意，则三个小孩年龄之和为 5+11+17=33. 故本题选择 C.

【例 10】(2015)设 m，n 是小于 20 的质数，满足条件 $|m-n|=2$ 的 $\{m,n\}$ 共有(　　).

(A)2 组　　(B)3 组　　(C)4 组　　(D)5 组　　(E)6 组

【解析】

$|m-n|=2$，即 m，n 两数相差 2，20 以内的质数有 2,3,5,7,11,13,17,19，观察可得，满足题意的集合有 {3,5}，{5,7}，{11,13}，{17,19}，共 4 组. 故本题选择 C.

需要注意的是本题不需要区分 m，n 的具体数值，最后求的是集合数，集合中的元素具有无序性，集合 {3,5} 与 {5,3} 表示同一个集合. 故本题选择 C.

命题点2 质因数分解★

思路点拨

几个整数相乘得到一个较大的整数,为了求出这几个整数,可先将该较大数进行质因数分解,再根据题意凑出这几个数.

质因数分解可直接观察进行拆分,数值较大不便于直接拆分时可采用短除法.

【例11】(2014)若几个质数(素数)的乘积为770,则它们的和为(　　).

(A) 85　　(B) 84　　(C)28　　(D)26　　(E)25

【解析】

根据题意可知 $770 = 10 \times 77 = 2 \times 5 \times 7 \times 11$,则 $2 + 5 + 7 + 11 = 25$. 故本题选择E.

【例12】已知4个不同质数的倒数和为 $\frac{859}{858}$,则这4个质数的和为(　　).

(A)27　　(B)28　　(C)29　　(D)30　　(E) 31

【解析】

根据题意可设4个质数分别为 a , b , c , d ,则 $\frac{1}{a}+\frac{1}{b}+\frac{1}{c}+\frac{1}{d}=\frac{bcd+acd+abd+abc}{abcd}=\frac{859}{858}$,可得 $abcd = 858 = 2 \times 3 \times 11 \times 13$,所以 $a + b + c + d = 2 + 3 + 11 + 13 = 29$. 故本题选择C.

考点四 公约数与公倍数★

一、知识梳理

最大公约数与最小公倍数

1.定义

设 m , n 均为正整数,若 a 既是 m 的约数,又是 n 的约数,则称 a 为 m , n 的公约数,所有公约数中最大者称为 m , n 的最大公约数,记为 (m,n) ;若 b 既是 m 的倍数,又是 n 的倍数,则称 b 为 m , n 的公倍数,所有公倍数中最小者称为 m , n 的最小公倍数,记为 $[m,n]$.

2.求解方法

(1)短除法

依次找出两个正整数的公约数,写至短除符号左侧,直到下侧两个数互质为止(两整数的公约数只有1),则短除符号左侧所有整数相乘之积为两个数的最大公约数,短除符号左侧及下侧所有整数相乘之积为两个数的最小公倍数.

例:求18,60的最大公约数和最小公倍数.

解：

$$\begin{array}{r|rr} 2 & 18 & 60 \\ \hline 3 & 9 & 30 \\ \hline & 3 & 10 \end{array}$$

$(18,60)=2\times3=6$，$[18,60]=2\times3\times3\times10=180$.

(2)质因数分解法

将两个正整数进行质因数分解，则所有公共质因数的最低幂次相乘之积为两个数的最大公约数，所有质因数的最高幂次相乘之积为两个数的最小公倍数.

例：求18，60的最大公约数和最小公倍数.

解：$18=2^1\times3^2$，$60=2^2\times3^1\times5^1$，则$(18,60)=2^1\times3^1=6$，$[18,60]=2^2\times3^2\times5^1=180$.

3.性质

两个正整数m，n的最大公约数为k，则两数可表示为ak，bk，a，b为正整数，且a，b互质.

m，n均为正整数，则$m\times n=[m,n]\times(m,n)$.

例：$18=2^1\times3^2$，$60=2^2\times3^1\times5^1$，则$(18,60)=2^1\times3^1=6$，$[18,60]=2^2\times3^2\times5^1=180$，观察质因数分解式，可得恰有$18\times60=(18,60)\times[18,60]$.

公约数与公倍数的应用

“一次战役之后，韩信想盘点剩余的兵力，于是让士兵每3个报一次数，发现余了1个，又让士兵每5个报一次数，发现也是余1个，最后又让士兵每7个报一次数，仍然余1个，则士兵总数有多少？”

上述问题即为韩信点兵问题的一种，假设总人数为n，则可表示为

$$\begin{cases} n=3k_1+1, \\ n=5k_2+1, \\ n=7k_3+1. \end{cases}$$

其中k_1，k_2，$k_3\in N^*$，对上述等式左右同时减1，可得

$$\begin{cases} n-1=3k_1, \\ n-1=5k_2, \\ n-1=7k_3. \end{cases}$$

显然$n-1$是3，5，7的公倍数，可表示为$n-1=k[3,5,7]=105k$，可得

$$n=105k+1\ ,\ k\in N^*.$$

显然n的值不唯一，最小取值为106，在实际题目中往往会给定范围，用于确定结果.

上述题目为几个数公倍数的应用，一个数n被m_1，m_2，m_3除余数相同为r，通过变形得$n=k[m_1,m_2,m_3]+r$. 余数相同为特征，结果在公倍数基础上加了余数，故可以将这类题目总结为余同加余.

题目还可以做变形,(1)一个整数被4除余3,被5除余4,被6除余5,求该数;(2)一个整数被4除余3,被5除余2,被6除余1,求该数. 变形(1)的特征是**除数与余数的差相同**均为1,转化为4,5,6的公倍数再减去1,可总结为**差同减差**. 变形(2)思维特征是**除数与余数和相同**均为7,转化为4,5,6的公倍数再加上7,可总结为**和同加和**.

注 两类变形的求解过程与第一类相似,此处不做详细讲解,可自己尝试整理.

二、命题点精讲

命题点1 公约数公倍数★

思路点拨

已知两个整数的最大公约数 k ,可利用 ak , bk 来表示两个数,便于后续计算.

求三个整数的最大公约数与最小公倍数,可先求出任意两个数的最大公约数与最小公倍数,所得结果再求与第三个数求最大公约数与最小公倍数.

【例13】两个正整数的最大公约数是6,最小公倍数是90,满足条件的两个正整数组成的集合共有( )个.

(A)0 (B)1 (C)2 (D)3 (E)无穷对

【解析】

已知最大公约数,可设两个正整数分别为 $6a$ 和 $6b$, a , b 为正整数且互质, $\{a,b\}$ 有几组不同的结果便是所求. 根据最大公约数的性质可得 $6a\times6b=6\times90$, $ab=15$,则符合题意的集合只有 $\{3,5\}$ 或 $\{1,15\}$ 两组. 故本题选择C.

【例14】三根铁丝,一根长54米,一根长72米,一根长36米,要把它们截成同样长的小段,无剩余,每段最长为( )米.

(A)9 (B)12 (C)18 (D)24 (E)36

【解析】

要把三根铁丝截成同样长的小段且长度最长,无剩余,即求54,72,36三个数的最大公约数. 根据三个数的最大公约数求解原则,先求54,72的最大公约数, $54=2\times3^3$, $72=2^3\times3^2$,则 $(54,72)=2^1\times3^2=18$,再求18,36的最大公约数,可得 $(18,36)=18$,所以三个数的最大公约数为18. 故本题选择C.

命题点2 韩信点兵问题★★

思路点拨

韩信点兵问题的解题核心是将题目转化为几个数的公倍数的相关问题. 掌握几类题目的特征匹配对应方法,直接利用结论可快速解题:余同加余、差同减差、和同加和.

【例15】已知一个整数介于100 ~ 150之间,若这个数除以4余3,除以5余3,除以6余3,则此数的各位数字相加之和为( ).

(A)5　　(B)6　　(C)7　　(D)8　　(E)9

【解析】

设此整数为 x，则可表示为 $\begin{cases}x-3=4k_1,\\x-3=5k_2,k_1,k_2,k_3\in N^*\\x-3=6k_3,\end{cases}$，则 $x-3$ 为 4,5,6 的公倍数，x 为 4,5,6 的公倍数加 3；4,5,6 的最小公倍数为 60，则可表示为 $x=60k+3,k\in N^*$，又因为该整数介于 100 ~ 150 之间，易得到 $x=123$，各位数字之和为 6. 本题也可以直接运用结论，题目特征为余数相同均为 3，故采用"余同加余"原则，在 4,5,6 的公倍数基础上加 3 即为结果，结合范围易得结果为 123. 故本题选择 B.

【例 16】若干人列队，如 3 人一排多 2 人，如 5 人一排多 4 人，如 7 人一排多 6 人，已知总人数在 200 ~ 300 之间，则总人数为(　　).

(A) 209　　(B) 210　　(C) 211　　(D) 239　　(E) 294

【解析】

设总人数为 x，题目特征为除数与余数的差相同均为 1，可直接运用结论，采用"差同减差"原则，在 3,5,7 的公倍数基础上减 1 即为结果，3,5,7 的最小公倍数为 105，则可表示为 $x=105k-1$，结合范围易得 $x=209$. 故本题选择 A.

【例 17】一个不到 80 人的旅游团，4 人一组剩余 3 人，5 人一组剩余 2 人，6 人一组剩余 1 人，则该旅游团共有(　　)人.

(A)27　　(B) 37　　(C) 47　　(D) 57　　(E) 67

【解析】

设总人数为 x，题目特征为除数与余数的和相同均为 7，可直接运用结论，采用"和同加和"原则，在 4,5,6 的公倍数基础上加 7 即为结果，4,5,6 的最小公倍数为 60，则可表示为 $x=60k+7$，结合范围易得 $x=67$. 故本题选择 E.

考点五　整系数不定方程★★★

一、知识梳理

二元一次整系数不定方程

1.认识整系数不定方程

已知 $5x+6y=66$，其中 $x,y\in N^*$，求 x,y 的值.

通常情况下，解方程需要方程个数与未知数个数相等，即一个方程解一个未知数，两个未知数需要两个方程来求解. 在上述方程中存在两个未知数，但只有一个方程，因此可知该方程不能直接求解，或该方程存在多组解.

需注意的是该方程的系数和解均为整数,在整数范围内求解该方程,则有可能存在唯一解或有限的几组解.

与上述方程类似,**未知数个数大于方程个数且未知数系数与解均为整数的方程称为整系数不定方程.** 常见形式为 $ax+by=c$,其中 a, b, c 为整数, x, y 为未知整数.

2.求解

上述方程的求解,可直接利用试数法找出符合方程的正整数解. 令 x 从 1 开始取值,求出对应的 y 值,若得到的 y 值为正整数,则找到了一组方程的解,得到的 y 值不是正整数,则舍去. 多次试数便可得到符合题意的方程的解.

试数法虽然直接有效,但是试数范围较大,较为烦琐,耗费时间较多,考试中并不实用. 求解整系数不定方程的关键在于缩小试数范围,迅速找到符合方程的整数解,结合方程自身的运算特征,可利用如下三种方法快速求解.

(1)**奇偶法**. 方程各项应符合奇偶运算法则,观察可得66, $6y$ 均为偶数,则 $5x$ 必为偶数, x 为偶数,结合范围 $5x<66$(由方程本身得到,两个正整数相加等于66,单独一项一定小于66,下边不再单独解释), x 的取值有 2,4,6,8,10,12,分别代入方程解出 y 值,舍去非整数解,可得方程解为 $\begin{cases}x=6,\\y=6\end{cases}$ 或 $\begin{cases}x=12,\\y=1.\end{cases}$

当方程的三项中有任意两项奇偶性确定时,便可运用奇偶法,得到第三项的奇偶特征,从而缩小一半的试数范围.

(2)**整除法**. 方程各项应符合整除运算性质,观察可得66, $6y$ 均为6的倍数,则 $5x$ 必为6的倍数,结合范围 $5x<66$, x 的取值有 6,12,分别代入方程解出 y 值,可得方程解为 $\begin{cases}x=6,\\y=6\end{cases}$ 或 $\begin{cases}x=12,\\y=1.\end{cases}$

当方程中任一系数与常数存在大于1的公约数时,则可运用整除法,将第三项的取值缩小到有限的几组内.

(3)**尾数法**. 方程各项应符合尾数运算规律,观察可得66的尾数为6, $5x$ 项的尾数为0或5(5乘以任意整数结果只有两种),则 $6y$ 的尾数为6或1,又因为 $6y$ 为偶数,所以 $6y$ 的尾数仅能为6,结合范围 $6y<66$, y 的取值有1,6,分别代入方程解出 x 值,可得方程解为 $\begin{cases}x=6,\\y=6\end{cases}$ 或 $\begin{cases}x=12,\\y=1.\end{cases}$

当方程中任一系数是5的倍数时,则可运用尾数法,将第三项的取值缩小到有限的几组内.

二元二次整系数不定方程

已知 $xy-x-y=6$,其中 x, $y\in N^*$,求 x, y 的值.

上述方程仍属于整系数不定方程,未知数个数大于方程个数,整数范围内求解,但是方程中存在

二次项 xy . 与上式类似,存在二次项的整系数不定方程,即为二元二次整系数不定方程. 常见形式为 $xy+ax+by=c$,其中 a , b , c 为整数, x , y 为未知整数.

二元二次整系数不定方程的求解,核心原则仍然是试数,在整数范围内确定出符合方程的解. 但是存在二次项,导致直接试数并不方便,故先对式子进行整理,对上式进行因式分解:

$$x(y-1)-y=6$$

$$x(y-1)-(y-1)=7$$

$$(x-1)(y-1)=7$$

此时方程转化为两整数乘积等于 7,易得到两数为 $1\times7=(-1)\times(-7)$,结合 $x,y\in N^*$,解得 $\begin{cases}x=2,\\y=8\end{cases}$ 或 $\begin{cases}x=8,\\y=2.\end{cases}$

对方程进行因式分解的过程可推广到一般:

$$(x+b)(y+a)=c+ab.$$

二元二次整系数不定方程的关键就在于对式子进行整理变形,转化为两个整数乘积等于某整数,再凑出符合题意的解. 最终未知数的取值可进行交换,故二元二次整系数不定方程存在较多结果,在实际考题中,通常数据不会太大,或者题干中存在明确的对未知数的限定条件.

整系数不定方程的解题本质均为在整数范围内的试数,凑出符合题意的解,同时挖掘式子本身的运算特征,简化运算. 二元一次不定方程是在加减运算下的试数,二元二次不定方程是在乘积运算下的试数.

二、命题点精讲

命题点 1 二元一次型整系数不定方程求解★★★

思路点拨

整系数不定方程不同题目可根据不同特征采用对应方法进行解题:

①当方程中任一系数与常数存在大于 1 的公约数时,用整除法进行求解;

②当方程中任一系数是 5 的倍数时,用尾数法进行求解;

③当方程的三项中有两项奇偶性确定时,用奇偶法进行求解.

方法的选用并无明显优劣之分,关键在于匹配题目特征,且多种方法可综合使用,最大化地缩小范围,确定答案.

此外在问题求解中,选项给出明确的答案时,也可直接代入选项验证答案.

【例 18】已知 $10x+7y=84$,其中 x , y 为正整数,则方程解的组数为(　　).

(A)0　　(B)1　　(C)2　　(D)3　　(E)无穷组

【解析】

一个方程两个未知数，且要求均为正整数，显然该题目为整系数不定方程. 观察式子特征，$7y$ 和 84 均为 7 的倍数，可采用整除法，$10x$ 必为 7 的倍数，则 x 为 7 的倍数，结合范围 $10x < 84$，x 的取值仅有 7，代入方程解出 y 值，可得方程解为 $\begin{cases}x = 7,\\ y = 2,\end{cases}$ 仅一组解. 故本题选择 B.

【例 19】一个质数的 3 倍与另一个质数的 5 倍之和为 76，满足要求的解共有(　　)组.

(A)0　　(B)1　　(C)2　　(D)3　　(E)4

【解析】

设两质数为 m，n，可列出方程组 $3m + 5n = 76$. 一个方程两个未知数，且未知数均为整数，则该题为整系数不定方程. 观察式子特征，未知数系数中存在 5，因此可采用尾数法，76 的尾数为 6，$5n$ 的尾数为 5 或 0，则 $3m$ 的尾数为 1 或 6，结合范围 $3m \leqslant 76$ 且为质数，m 的取值有 2，7，17，分别代入方程解出 n 值，则满足题意的解有 $\begin{cases}m = 7,\\ n = 11\end{cases}$ 和 $\begin{cases}m = 17,\\ n = 5\end{cases}$ 两组. 故本题选择 C.

【例 20】某食堂采购员购入西红柿、卷心菜、黄瓜共 15 箱，共花费 860 元，已知西红柿 80 元一箱，卷心菜 40 元一箱，黄瓜 70 元一箱，则购入黄瓜(　　)箱.

(A)2　　(B)6　　(C)5　　(D) 2 或 6　　(E) 5 或 6

【解析】

设西红柿、卷心菜、黄瓜的箱数分别为 x，y，z，可列出方程组 $\begin{cases}x + y + z = 15 & ①,\\ 80x + 40y + 70z = 860 & ②,\end{cases}$ 三个未知数两个方程，未知数均为整数，则该题为整系数不定方程. 整理方程组，$\frac{②}{10} - 4①$ 可得 $4x + 3z = 26$，观察式子特征，有两项奇偶性确定，因此可采用奇偶法，$4x$ 和 26 均为偶数，则 $3z$ 也必为偶数，z 为偶数，结合范围 $3z \leqslant 26$，z 的取值有 2，4，6，8，分别代入方程解出 x，y 值，满足题意的解有 $\begin{cases}x = 5,\\ y = 8,\\ z = 2\end{cases}$ 和 $\begin{cases}x = 2,\\ y = 7,\\ z = 6,\end{cases}$ 所以购入黄瓜 2 或 6 箱. 故本题选择 D.

命题点 2　二元二次型整系数不定方程求解★★

思路点拨

二元二次整系数不定方程，关键在于转化成两个整数的乘积，再凑出解，当方程右侧数值较大时，可利用质因数分解进行灵活处理.

形如 $xy + ax + by = c, x, y, a, b, c \in Z$ 的整系数不定方程，其因式分解过程可总结成经验公式

$$xy + ax + by = c \Rightarrow (x + b)(y + a) = c + ab.$$

【例 21】(2018)设 m，n 是正整数,则能确定 $m+n$ 的值.

(1) $\frac{1}{m}+\frac{3}{n}=1$.

(2) $\frac{1}{m}+\frac{2}{n}=1$.

【解析】

条件(1):对原式进行整理 $\frac{1}{m}+\frac{3}{n}=1 \Rightarrow n+3m=mn \Rightarrow mn-3m-n=0$，$m$，$n$ 是正整数,因此该式为二元二次整系数不定方程,因式分解可得$(m-1)(n-3)=3$,则$\begin{cases}n-3=1,\\m-1=3\end{cases}$或$\begin{cases}n-3=3,\\m-1=1\end{cases}$两组解,但两个数加和为定值 $m+n=8$,所以条件(1)充分;

条件(2):与条件(1)类似,只是数值发生改变,对原式进行整理,因式分解后可得$(m-1)(n-2)=2$,则$\begin{cases}n-2=1,\\m-1=2\end{cases}$或$\begin{cases}n-2=2,\\m-1=1\end{cases}$两组解,但两个数加和为定值 $m+n=6$,所以条件(2)充分. 故本题选择 D.

【例 22】已知 $x^2-y^2=2\ 010$,则 x，y 的正整数解有(　　)组.

(A)0　　(B)1　　(C)2　　(D)3　　(E)4

【解析】

原式中两个未知数,一个方程,又因为要求未知数为正整数,显然本题为二元二次型整系数不定方程. 对原式进行整理得 $(x+y)(x-y)=2\ 010$,需凑出两个乘积为 2 010 的整数,但是需要注意的是 $x+y,x-y$ 奇偶性相同,也就是需要将 2 010 拆成两个同奇偶的正整数,对 2 010 进行质因数分解,$2\ 010=2\times3\times5\times67$,所有的质因数中,仅存在一个偶数,无论如何拆分,都不能拆成两个奇偶性相同的整数,因此无正整数解. 故本题选择 A.

考点六 无理数的运算★

一、知识梳理

完全平方数

若一个整数 n 是某一个整数 m 的平方,即 $m\in Z$，且 $n=m^2(n\geqslant0)$，那么这个整数 n 叫作完全平方数,0 也可称为完全平方数.

熟记常见完全平方数,可在题目中进行快速计算:

11^2	12^2	13^2	14^2	15^2	16^2	17^2	18^2	19^2
121	144	169	196	225	256	289	324	361

若一个整数 n 是另一个数 m 的平方，即 $n \in Z$，且 $n = m^2$，那么这个数 m 叫作 n 的平方根，可表示为 $m = \pm\sqrt{n}$，其中非负的平方根又叫作算术平方根，负数没有平方根.

给任意一个非负整数开方，结果有两类，若该整数为完全平方数，则开方后结果仍然为整数；若该整数非完全平方数，则开不尽，保留根号，结果为无理数.

无理数

开方开不尽的数为无理数，比如 $\sqrt{2}$，$\sqrt{3}$，$\sqrt[3]{5}$ 等. 除此以外，圆周率 π，自然常数 e 也是常见的无理数. 无理数如果化成小数为无限不循环小数.

1.定义

分数和整数构成有理数，整数也可以表示成两个整数之商的形式. 因此能表示为两个整数之商形式的实数称为有理数，不能表示为两个整数之商形式的实数称为无理数.

有些题目中会涉及无理数的大小比较问题，为了快速解题，可将无理数估算成小数，要熟记常见的无理数与小数的估值：

π	e	$\sqrt{2}$	$\sqrt{3}$	$\sqrt{5}$	$\sqrt{6}$	$\sqrt{7}$	$\sqrt{8}$	$\sqrt{10}$
3.14	2.72	1.41	1.73	2.24	2.45	2.65	2.83	3.16

2.无理数运算

涉及无理数的运算，其结果是有理数还是无理数，是有明确规则可做判断的，具体如下：

(1)任何两个有理数的和、差、积、商仍为有理数(求商时分母不为0)；

(2)一个有理数和一个无理数的和、差结果为无理数；

(3)一个非0有理数和一个无理数的积、商结果为无理数；

(4)两个无理数的和、差、积、商有可能是有理数，也有可能是无理数.

一个有理数和一个无理数的运算结果是比较明确的，无特殊数字0时，结果一定是无理数. 对于二次根式，运算结果是否能转化成有理数，关键就在于能否消掉无理部分. 例如 $\sqrt{2}\times 2\sqrt{2}=4$，无理部分恰好凑成了平方，结果为有理数；$(3+\sqrt{2})+(3-\sqrt{2})=6$，无理部分 $\sqrt{2}$ 刚好互为相反数，结果为有理数；$\sqrt{2}\times\sqrt{6}=2\sqrt{3}$，$\sqrt{3}$ 不能消掉，结果仍然为无理数. 因此两个无理数运算结果是不确定的.

涉及无理数的运算，可根据运算需要，构造平方，将无理数部分转化为有理数，该过程叫作有理化，在分式中通常叫作分母有理化或分子有理化.

分式当中，通常是利用平方差公式 $(a+b)(a-b)=a^2-b^2$ 进行有理化. 如下：

$$\frac{1}{\sqrt{a}+\sqrt{b}}=\frac{\sqrt{a}-\sqrt{b}}{(\sqrt{a}+\sqrt{b})(\sqrt{a}-\sqrt{b})}=\frac{\sqrt{a}-\sqrt{b}}{a-b}$$

$$\sqrt{a}-\sqrt{b}=\frac{(\sqrt{a}-\sqrt{b})(\sqrt{a}+\sqrt{b})}{\sqrt{a}+\sqrt{b}}=\frac{a-b}{\sqrt{a}+\sqrt{b}}$$

二、命题点精讲

命题点 1 完全平方数的应用★

【例 23】(2019)能确定小明的年龄.

(1)小明的年龄是完全平方数.

(2)20 年后小明的年龄是完全平方数.

【解析】

条件(1):完全平方数有多个,显然条件(1)不充分;

条件(2):大于 20 的完全平方数有多个,显然条件(2)不充分;

(1)+(2):

方法一:

能否确定小明年龄,即判断相差 20 的两个完全平方数是否仅有一组. 可直接列出 100 以内的完全平方数,1,4,9,16,25,36, 49, 64, 81, 100,观察易得相差 20 的完全平方数仅一组{16,36},因此可确定小明的年龄,两条件联合充分. 故本题选择 C.

方法二:

设小明今年的年龄为 a^2,20 年后的年龄为 b^2,$a,b\in N^*$,则 $b^2-a^2=20$,整理得 $(b-a)(b+a)=20$,该式为二元二次整系数不定方程,转化为两个正整数乘积为 20,存在三组 1×20, 2×10, 4×5,又因为 $b-a$ 与 $b+a$ 奇偶性相同,所以只能为 2×10,即 $\begin{cases}b-a=2,\\b+a=10,\end{cases}$ 解得 $\begin{cases}a=4,\\b=6,\end{cases}$ 可确定小明的年龄为 $a^2=16$,两条件联合充分. 故本题选择 C.

【例 24】n 为正整数, $\sqrt{20n}$ 为整数,则 n 的最小值为(　　).

(A)3　　(B)4　　(C)5　　(D)6　　(E)20

【解析】

$\sqrt{20n}$ 为整数,则 $20n$ 必为完全平方数,即 $20n$ 可表示为某整数的平方,$20n=2^2\cdot 5n$,观察易得 $n=5$ 是最小取值. 故本题选择 C.

命题点 2 无理数的运算★

思路点拨

当题目中存在无理数时,如无其他解题思路时,可考虑以无理数为切入点进行解题. 常用思路:无理数运算原则、有理化、构造平方.

【例 25】(2009.10)若 x , y 是有理数,且满足 $(1+2\sqrt{3})x+(1-\sqrt{3})y-2+5\sqrt{3}=0$,则 x , y 的值分别为(　　).

(A)1,3　　(B)−1,2　　(C)−1,3　　(D)1,2　　(E)以上选项均不正确

【解析】

原式中存在两个未知数,仅有一个方程,显然不能直接求出则 x , y 的值,式中存在无理数 $\sqrt{3}$,可考虑无理数作为切入点,对原式进行整理将含无理数的项放到一起,可得 $\sqrt{3}(2x-y+5)+x+y-2=0$,对式子进行分析 $x+y-2$ 与0均为有理数,则 $\sqrt{3}(2x-y+5)$ 必为有理数,又因为 $\sqrt{3}$ 为无理数,则 $2x-y+5$ 只能为0. 最终可得 $\begin{cases}2x-y+5=0\\x+y-2=0\end{cases}\Rightarrow\begin{cases}x=-1,\\y=3.\end{cases}$ 故本题选择C.

【例26】$\left(\frac{1}{1+\sqrt{2}}+\frac{1}{\sqrt{2}+\sqrt{3}}+\cdots+\frac{1}{\sqrt{2\ 023}+\sqrt{2\ 024}}\right)\times(1+\sqrt{2\ 024})=($ $)$.

(A)-2 024　　(B)-2 023　　(C)0　　(D)2 024　　(E)2 023

【解析】

式中出现分母带根式的分式且存在多个形式类似的式子累加,可考虑进行分母有理化. 以第一项为例 $\frac{1}{1+\sqrt{2}}=\frac{\sqrt{2}-1}{(\sqrt{2}+1)(\sqrt{2}-1)}=\sqrt{2}-1$,同理对后续每一项均进行分母有理化,则原式可转化为 $(\sqrt{2}-1+\sqrt{3}-\sqrt{2}+\cdots+\sqrt{2\ 024}-\sqrt{2\ 023})\times(1+\sqrt{2\ 024})=(\sqrt{2\ 024}-1)\times(1+\sqrt{2\ 024})=2\ 023$. 故本题选择E.

【例27】(2023) $\sqrt{5+2\sqrt{6}}-\sqrt{3}=($ $)$.

(A) $\sqrt{2}$　　(B) $\sqrt{3}$　　(C) $\sqrt{6}$　　(D) $2\sqrt{2}$　　(E) $2\sqrt{3}$

【解析】

题目中出现了根号套根号的运算,考虑去掉一个根号,基本思路有整体平方或者根号内部凑平方再开方,本题显然不能直接平方,可做如下变形 $\sqrt{5+2\sqrt{6}}-\sqrt{3}=\sqrt{(\sqrt{3})^2+(\sqrt{2})^2+2\sqrt{2}\cdot\sqrt{3}}-\sqrt{3}=\sqrt{(\sqrt{2}+\sqrt{3})^2}-\sqrt{3}=\sqrt{2}+\sqrt{3}-\sqrt{3}=\sqrt{2}$. 故本题选择A.

第二讲 比与比例

考点一 比例的基本运算★

一、知识梳理

1.比与比例的概念

两个非零数相除,又叫作两个数作比. 与除法不同的是,比是两个数之间的比较关系,除法是一种运算更关注结果. 比可用分数形式表示也可用冒号形式表示,记作 $\frac{a}{b}$ 或 $a:b$. 两个数相比所得的商叫作比值. 分数、小数、百分数均可转化为比.

两个比相等的式子构成比例,表示的是两个比之间的关系,通常以等式的形式呈现,例如 $a:b=c:d$ 或 $\frac{a}{b}=\frac{c}{d}$,其中 a , d 称为比例的外项, b , c 称为比例的内项.

2.比与比例的性质

(1)比的基本性质: $\frac{a}{b}=\frac{ka}{kb}\ (k\neq 0)$.

(2)比例的基本性质: $\frac{a}{b}=\frac{c}{d}\Leftrightarrow ad=bc$.

(3)更比性质: $\frac{a}{b}=\frac{c}{d}\Leftrightarrow\frac{a}{c}=\frac{b}{d}\Leftrightarrow\frac{d}{b}=\frac{c}{a}$.

(4)倒比性质: $\frac{a}{b}=\frac{c}{d}\Leftrightarrow\frac{b}{a}=\frac{d}{c}$.

(5)合分比定理: $\frac{a}{b}=\frac{c}{d}\Leftrightarrow\frac{a+b}{b}=\frac{c+d}{d}$, $\frac{a}{b}=\frac{c}{d}\Leftrightarrow\frac{a-b}{b}=\frac{c-d}{d}$, $\frac{a}{b}=\frac{c}{d}\Leftrightarrow\frac{a+b}{a-b}=\frac{c+d}{c-d}$.

(6)等比定理: $\frac{a}{b}=\frac{c}{d}=\frac{e}{f}=k\Rightarrow\frac{a+c+e}{b+d+f}=k\ (b+d+f\neq 0)$.

潮哥敲黑板

比与比例的性质中,均为基于等式的整理变形,且多数并不复杂,不需要刻意记忆,可把握一个原则:题干中出现比与比例,通常习惯化成最简整数比.

等比定理需要注意分母不为零.

二、命题点精讲

命题点1 比与比例基本运算★

思路点拨

“比”是几个量之间的比较关系,已知“比”不能得到这几个量的实际值,已知“比”求实际值时,可采用“见比设k”的求解原则,引入比例系数来表示实际值,再根据条件进行后续求解.

【例28】(2015)若实数a,b,c满足$a:b:c=1:2:5$,且$a+b+c=24$,则$a^2+b^2+c^2=$(　　).

(A)30　　(B)90　　(C)120　　(D)240　　(E)270

【解析】

已知三个量的比,求实际值,可采用“见比设k”,令$a=k,b=2k,c=5k$,则$a+b+c=k+2k+5k=24$,即$k=3$,可得$a=3,b=6,c=15$,原式$=3^2+6^2+15^2=270$. 故本题选择E.

【例29】(2009)对于使$\frac{ax+7}{bx+11}$有意义的一切x的值,这个分式为一定值.

(1)$7a-11b=0$.

(2)$11a-7b=0$.

【解析】

原式为定值,即原式与x的取值无关,可将条件代入分式进行判断.

条件(1):$7a-11b=0\Rightarrow\frac{a}{b}=\frac{11}{7}$,可采用“见比设$k$”,令$a=11k,b=7k$,则$\frac{ax+7}{bx+11}=\frac{11kx+7}{7kx+11}$,显然$x$取不同数值时分式的值不同,所以条件(1)不充分;

条件(2):$11a-7b=0\Rightarrow\frac{a}{b}=\frac{7}{11}$,可采用“见比设$k$”,令$a=7k,b=11k$,则$\frac{ax+7}{bx+11}=\frac{7kx+7}{11kx+11}=\frac{7(kx+1)}{11(kx+1)}=\frac{7}{11}$,分式的值与$x$无关,为定值,所以条件(2)充分. 故本题选择B.

①若某二元一次方程中不存在常数项,则该方程可转化为两个量之间的比例关系(例如$ax-by=0\Rightarrow\frac{a}{b}=\frac{y}{x}$).

②例29中可提炼一个结论,若含参分式为定值,形如$\frac{f(x)}{g(x)}=A$(A为非零常数),则$f(x)$与$g(x)$的对应项系数成比例,进一步可求出参数比例.

命题点 2 比与比例性质的应用★

思路点拨

题干中出现较为复杂的比例形式时,通常先运用比与比例的性质化简为最简整数比,再进行后续求解.

【例 30】已知 $a:3b=\frac{1}{2}:\frac{3}{4}$,$\frac{1}{b}:\frac{1}{c}=4:5$,则 $\frac{c}{a}=(\quad)$.

(A)0 (B)$\frac{1}{5}$ (C)$\frac{2}{5}$ (D)$\frac{4}{5}$ (E)1

【解析】

若想求 c 与 a 的比例关系,只需要将原本复杂的比例形式进行化简,再去进行求解即可,故有

$a:3b=\frac{1}{2}:\frac{3}{4}\Rightarrow a:3b=2:3\Rightarrow a:b=2:1$,$\frac{1}{b}:\frac{1}{c}=4:5\Rightarrow b:c=\frac{1}{4}:\frac{1}{5}\Rightarrow b:c=5:4$,则有 $\begin{cases}a=2b\\c=\frac{4}{5}b\end{cases}$,所以 $\frac{c}{a}=\frac{2}{5}$.

故本题选择 C.

【例 31】若实数 a,b,c 满足 $a+b+c=8$,且 $\frac{a}{2}=\frac{b}{3}=\frac{c}{4}$,则 $a-c=(\quad)$.

(A)$\frac{16}{9}$ (B)$-\frac{16}{9}$ (C)$\frac{8}{9}$ (D)$-\frac{8}{9}$ (E)$\frac{8}{3}$

【解析】

根据 $\frac{a}{2}=\frac{b}{3}=\frac{c}{4}$ 可得 $a:b:c=2:3:4$,又有 $a+b+c=8$,采用“见比设 k”,$2k+3k+4k=8\Rightarrow k=\frac{8}{9}$,

故 $a=\frac{8}{9}\times 2=\frac{16}{9}$,$c=\frac{8}{9}\times 4=\frac{32}{9}$,所以 $a-c=-\frac{16}{9}$,故本题选择 B.

命题点 3 等比定理的应用★

思路点拨

等比定理的应用难点在于是否能想到等比定理,可着重记忆等比定理的使用特征,当题目中出现多个字母的连比形式,且无过多数字信息时,可考虑直接利用等比定理. 需要注意分母之和不能为零. 若无法确定分母之和是否为零,则需要分情况讨论.

【例 32】(2002.10)若 $\frac{a+b-c}{c}=\frac{a-b+c}{b}=\frac{-a+b+c}{a}=k$,则 $k=(\quad)$.

(A)1 (B)1 或−2 (C)−1 或 2 (D)−2 (E)0

【解析】

根据题意可分情况讨论:第一种,当 $a+b+c=0$ 时,则 $a+b=-c$,将其代入原式第一个式子得 $k=\frac{a+b+c}{c}=\frac{-c-c}{c}=-2$;第二种,当 $a+b+c\neq 0$ 时,根据等比定理可以将 $\frac{a+b+c}{c}=\frac{a-b+c}{b}=$

$\dfrac{-a+b+c}{a}=k$ 转化为 $k=\dfrac{a+b-c+a-b+c-a+b+c}{c+b+a}=1$，故 $k=1$ 或 $k=-2$. 故本题选择 B.

【例 33】已知 a，b，c 是 ΔABC 的三边，且满足 $\dfrac{a+4}{3}=\dfrac{b+3}{2}=\dfrac{c+8}{4}$，且 $a+b+c=12$，则 ΔABC 是(　　).

(A)等边三角形　　(B)等腰三角形　　(C)直角三角形

(D)等腰直角三角形　　(E)以上都不是

【解析】

根据等比定理得 $\dfrac{a+4}{3}=\dfrac{b+3}{2}=\dfrac{c+8}{4}=\dfrac{a+4+b+3+c+8}{3+2+4}=\dfrac{a+b+c+15}{9}=\dfrac{12+15}{9}=3$，则 $a=3\times3-4=5$，$b=3\times2-3=3$，$c=3\times4-8=4$，$a^2=b^2+c^2$，满足勾股定理，即 ΔABC 是直角三角形. 故本题选择 C.

考点二　比例统一★★

一、知识梳理

"已知 $x:y=2:3$，$y:z=4:5$，$z-x=14$，求 x 值."

在上述题目中，存在三个量，给出了两两之比，最终求 x 值. 显然解决本题，需要用到 $z-x=14$，该条件为 x 与 z 之间的关系，如果能够建立 x 与 z 之间的比例关系，即可求解最终答案.

但是题目中并没有给出 x 与 z 的比例关系，而是分别给出了 y 与 x，z 的比，需要利用这两个关系来建立求 x 与 z 的比例关系.

由于两个比例关系中，均涉及 y，可利用比的基本性质，围绕 y 将三个量的比例进行统一. y 的比例量分别为 3,4，可扩大到最小公倍数 12 进行统一，令 $x:y=2:3=8:12$，$y:z=4:5=12:15$，于是得到 $x:y:z=8:12:15$，再利用"见比设 k"，设 $x=8k$，$z=15k$，$z-x=15k-8k=14$，解得 $k=2$，$x=16$.

类似上述问题，已知几个量之间的两两之比，需要建立无直接关联的两个量之间的比的问题即为"比例统一"问题. 解题的核心是围绕公共量或不变量进行比例扩大，建立几个量统一的比，再进行后续求解.

二、命题点精讲

命题点 1　比例统一的应用★★

思路点拨　比例统一核心是找到公共量或不变量，有些题目直接给出，当题目中没有直接的条件时，可考虑进行变化，挖掘隐含条件.

【例 34】(2006.10)甲、乙两仓库存储的粮食重量之比为 4:3,现从甲库中调出 10 万吨粮食,则甲、乙两仓库库存粮食吨数之比为 7:6,则甲仓库现存有粮食(　　)万吨.

(A)70　　(B)78　　(C)80　　(D)85　　(E)以上选项均不正确

【解析】

从甲仓库调出 10 万吨粮食,此时乙仓库的粮食数量是不变的,以乙仓库的粮食数量进行统一,统一后调出前的甲、乙两仓库粮食之比为 8:6,调出后的甲、乙两仓库粮食之比为 7:6,设甲调出前为 $8k$,调出后则为 $7k$,故有 $8k-7k=10$,即 $k=10$,所以甲仓库现有粮食 $7k=70$ 万吨,故本题选择 A.

【例 35】(2016)某家庭在一年总支出中,子女教育支出与生活资料支出的比为 3:8,文化娱乐支出与子女教育支出为 1:2,已知文化娱乐支出占家庭总支出的 10.5%,则生活资料支出占家庭总支出的(　　).

(A) 40%　　(B) 42%　　(C) 48%　　(D) 56%　　(E) 64%

【解析】

子女教育:生活资料=3:8,文化娱乐:子女教育=1:2,子女教育为公共量,比例统一得子女教育:生活资料:文化娱乐=6:16:3,设生活资料为 $16k$,文化娱乐为 $3k$,可得总支出为 $\frac{3k}{10.5\%}$,则生活资料占家庭总支出的 $16k\times\frac{10.5\%}{3k}=3.5\%\times16=56\%$. 故本题选择 D.

【例 36】甲、乙仓库存粮之比为 5:4,若从甲仓库运出 60 吨粮食到乙仓库,此时乙仓库的粮食是甲仓库的 2 倍,则甲仓库现有(　　)吨粮食.

(A) 90　　(B) 80　　(C) 70　　(D)60　　(E)50

【解析】

从甲仓库运粮到乙仓库,则甲乙仓库存粮总量不变,开始甲:乙:总量=5:4:9,运出后甲:乙:总量=1:2:3,总量统一得运出后甲:乙:总量=3:6:9,设甲开始有 $5k$,运出后有 $3k$,即 $5k-3k=60$,$k=30$,甲现有 $30\times3=90$. 故本题选择 A.

考点三　正反比的应用★★★

一、知识梳理

若两个变量商为一非零常数,即 $\frac{y}{x}=k$,则称这两个变量成正比例,通常转化为 $y=kx$ ($k\neq0$);若两个变量的乘积为一非零常数,即 $xy=k$,则称这两个变量成反比例,通常表示为 $y=\frac{k}{x}$ ($k\neq0$).

正反比例,是两个变量之间的关系,在应用题行程工程问题中应用较多. 应用题中,行程、工程问题常用公式:

$$s=vt\text{（行程 = 速度 × 时间）}$$

$$w=pt\text{（工程总量 = 效率 × 时间）}$$

上述两个公式,均涉及三个量,但是题目中一旦有一个量不变,那么题目就转换成了两个量之间的关系.

例:若 s 不变,则 $s=vt$,v 与 t 成反比例;若 p 不变,则 $\frac{w}{t}=p$,w 与 t 成正比例.

若三个量中,有两个量都是确定的,则可求第三个量,三个量均为定值,此时题目不存在变量,那么也构不成正反比关系.因此正反比的应用,题目一定涉及了多个过程,涉及的几个量存在不变量,其余的量发生变化,变化的量之间构成正反比关系.

例:甲乙两人走同一段路程 s,甲的速度和时间为 v_1,t_1,乙的速度和时间为 v_2,t_2.该例中,涉及甲、乙两个过程,s,v,t 三个量,但是两个过程中 s 不变,v,t 发生改变,且 $s=vt$,则 v 与 t 成反比例,即 $\frac{v_1}{v_2}=\frac{t_2}{t_1}$,可结合其他条件再进行后续求解.

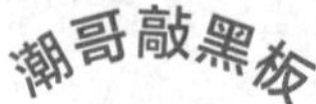

上述涉及的题目中,均可使用方程思想进行求解,正反比提供了另外一种解题思路,多数题目中可快速求解.正反比在行程工程问题中应用较多,但是并不仅仅出现在行程工程问题中,只要存在两个变量乘积或商为定值,即可尝试利用正反比思路进行解题.

二、命题点精讲

命题点1　正反比的应用★★★

正反比的应用关键在于题目的识别,可遵循如下判断依据:

①题目中若存在"分数、小数、百分数、倍数、约数"等信息,可转化为比例关系;

②题目涉及多个过程,且过程之间存在不变量,其他量之间产生了比较关系.

【例37】甲从 A 地到 B 地,若将他的车速提高 20%,可提前 10 分钟到达,则原速行驶需(　　)分钟到达目的地.

(A) 45　　(B) 54　　(C) 60　　(D) 72　　(E) 以上选项均不正确

【解析】

从 A 地到 B 地路程不变,故速度与时间成反比,车速提高 20%,则提速前后的速度之比为 5:6,故时间之比为 6:5,设提速前的时间为 $6k$,则提速后的时间为 $5k$,有 $6k-5k=10$,故 $k=10$,则原速行驶所需要的时间为 $6k=60$ 分钟,故本题选择 C.

【例38】(2015)某人驾车从 A 地赶往 B 地,前一半路程比计划多用时 45 分钟,平均速度只有计划的 80%,若后一半路程的平均速度为 120 千米/小时,此人还能按原定时间到达 B 地,则 A,B 的距离为(   )千米.

(A) 450 (B) 480 (C) 520 (D) 540 (E) 600

【解析】

前一半路程中,速度与时间成反比,实际速度与计划速度之比为 4:5,故实际时间与预计时间之比为 5:4,设实际用时为 $5k$,则计划用时为 $4k$,故有 $5k-4k=0.75$ 小时,即原计划用时为 3 小时,由于此人还能在原定计划时间到达 B 地,故后一半路程用时为 $3-0.75=2.25$ 小时,则后一半路程为 $120\times2.25=270$ 千米,总路程为 540 千米,故本题选择 D.

【例 39】(2013)某工厂生产一批零件,计划 10 天完成任务,实际提前 2 天完成,则每天的产量比计划平均提高了(   ).

(A) 15% (B) 20% (C) 25% (D) 30% (E) 35%

【解析】

工程总量不变,每天产量与时间成反比,实际完成时间与计划时间之比为 4:5,故实际每天产量与计划产量之比为 5:4,所以每天的产量比计划平均提高了 $\frac{5-4}{4}\times100\%=25\%$,故本题选择 C.

【例 40】(2019)某车间计划 10 天完成一项任务,工作 3 天后因故停工 2 天,若仍要按原计划完成任务,则工作效率需要提高(   ).

(A) 20% (B) 30% (C) 40% (D) 50% (E) 60%

【解析】

工作 3 天后的工程总量不变,工作效率与时间成反比,实际完成工作时间与计划时间之比为 5:7,故实际工作效率与计划工作效率之比为 7:5,则工作效率提高了 $\frac{7-5}{5}\times100\%=40\%$,故本题选择 C.

第三讲　绝对值

考点一　绝对值定义★

一、知识梳理

1.绝对值代数意义

给一个实数套上一个绝对值符号“||”,就叫作该数的绝对值. 正数的绝对值是它本身,负数的绝对值是它的相反数,0 的绝对值是 0,即 $|a|=\begin{cases}a, a>0,\\0, a=0,\\-a, a<0.\end{cases}$

若已知绝对值内的正负情况,则可直接去掉绝对值,正数的绝对值可直接去掉,负数的绝对值去掉后要加负号.

若已知一个代数式的绝对值去掉绝对值之后的形式,可反过来得到原代数式的正负情况,即 $\begin{cases}|a|=a\Leftrightarrow a\geqslant 0,\\|a|=-a\Leftrightarrow a\leqslant 0.\end{cases}$

已知绝对值内的正负,可直接去绝对值. 如果题目中没有给出正负信息,仍然想去绝对值,则可分段讨论去绝对值.

分段讨论:以绝对值的零点(使绝对值为 0 的未知数的值)为分界点,划分不同的范围,在不同范围下分别去绝对值.

2.绝对值自比式

形如 $\frac{|a|}{a}$ 或 $\frac{a}{|a|}(a\neq 0)$,一个数的绝对值与该数作比的形式,叫作绝对值的自比式.

绝对值自比式问题,是对定义的一个简单应用. 显然如果没有绝对值,原式结果为 1,加上了绝对值,原式的正负会对结果造成影响,出现 1 或-1 两种情况. 因此绝对值自比式,只需要关注绝对值内代数式的正负情况即可.

例:$\frac{a}{|a|}+\frac{b}{|b|}=\begin{cases}2 & a,b\text{ 均为正},\\0 & a,b\text{ 一正一负},\\-2 & a,b\text{ 两负}.\end{cases}$

3.绝对值的几何意义

一个实数的绝对值可理解为在数轴上该数到原点的距离. $|a|$ 表示数轴上点 a 到原点的距离,

$|a-b|$ 表示数轴上点 a 到点 b 的距离，$|a+b|$ 表示数轴上点 a 到点 $-b$ 的距离.

带有绝对值的方程或不等式中,可利用绝对值的几何意义,将绝对值看成两点之间的距离来进行分析求解.

二、命题点精讲

命题点 1 绝对值定义★

思路点拨

见到绝对值通常需要考虑去绝对值.

①已知绝对值内正负情况可直接去绝对值;

②绝对值内正负情况未知,可分段讨论去绝对值;

③已知去绝对值之后的形式,可反过来得到绝对值内正负情况.

【例 41】(2009.10)设 $y=|x-a|+|x-20|+|x-a-20|$,其中 $0<a<20$,则对于满足 $a\leqslant x\leqslant 20$ 的 x 值,y 的最小值是(　　).

(A)10　(B)15　(C)20　(D) 2　(E)30

【解析】

题目中已给出范围,可以分别计算绝对值内的取值,从而直接去绝对值进行计算. 由题可知 $a\leqslant x\leqslant 20$,则 $x-a\geqslant 0$,$x-20\leqslant 0$,$x-a-20<0$,原式去绝对值得 $y=x-a+20-x+a+20-x=40-x$,当 x 取得最大值 20 时,$y_{\min}=40-20=20$. 故本题选择 C.

【例 42】$-\frac{5}{2}<x<\frac{3}{5}$.

(1) $\left|\frac{5x-3}{2x+5}\right|=\frac{3-5x}{2x+5}$.

(2) $\left|\frac{5x-3}{2x+5}\right|=\frac{5x-3}{2x+5}$.

【解析】

两条件均给出为去绝对值之后的形式,从而可以反推出绝对值内的正负性.

条件(1):根据条件可知 $\frac{5x-3}{2x+5}\leqslant 0\Rightarrow(5x-3)(2x+5)\leqslant 0$ 且 $2x+5\neq 0\Rightarrow -\frac{5}{2}<x\leqslant\frac{3}{5}$,不是结论的非空子集,所以条件(1)不充分;

条件(2):根据条件可知 $\frac{5x-3}{2x+5}\geqslant 0\Rightarrow(5x-3)(2x+5)\geqslant 0$ 且 $2x+5\neq 0\Rightarrow x\geqslant\frac{3}{5}$ 或 $x<-\frac{5}{2}$,不是结论的非空子集,所以条件(2)不充分;

(1)+(2):两条件联合得 $x=\frac{3}{5}$,不是结论的非空子集,所以条件(1)和(2)联合不充分. 故本题选择 E.

注 题目中出现 $|a|=a\Leftrightarrow a\geqslant0$ 或 $|a|=-a\Leftrightarrow a\leqslant0$ 时,一定要注意等于号的取舍.

【例 43】方程 $|x+1|+|3-x|=6$ 的解为(　　).

(A)0　　(B)−2　　(C)4　　(D)5　　(E)−2 或 4

【解析】

题干中没有给出 x 的取值范围,需要进行分段讨论,其中绝对值的界点为 $x=-1$ 和 $x=3$,则可分三种情况进行讨论去绝对值:当 $x<-1$ 时,$-(x+1)+3-x=6$,则 $x=-2$;当 $-1\leqslant x<3$ 时,$x+1+3-x=4\neq6$;当 $x\geqslant3$ 时,$x+1+x-3=2x-2=6$,则 $x=4$,所以方程的解为 $x=-2$ 或 4. 故本题选择 E.

注 分段讨论去绝对值的关键在于确定界点,即使得绝对值内表达式为 0 的 x 值.

【例 44】(2019)设实数 a,b 满足 $ab=6$,$|a+b|+|a-b|=6$,则 $a^2+b^2=$(　　).

(A)10　　(B)11　　(C)12　　(D)13　　(E)14

【解析】

题干中 a,b 正负及大小无法直接明确确定,则无法确定绝对值中表达式的正负性,需要结合题干中其他信息进行讨论,其中 $ab=6>0$,则 a,b 同号,若同正,不妨设 $a>b>0$,$|a+b|+|a-b|=a+b+a-b=2a=6$,解得 $a=3$,$b=\dfrac{6}{a}=2$,代入得 $a^2+b^2=13$;若同负,不妨设 $a<b<0$,$|a+b|+|a-b|=-a-b-a+b=-2a=6$,解得 $a=-3$,$b=\dfrac{6}{a}=-2$,代入得 $a^2+b^2=13$. 故本题选择 D.

命题点 2 绝对值自比式★

思路点拨

对于绝对值自比式问题的求解,其解题的关键在于确定绝对值内的正负情况.

【例 45】若 $ab<0$,则 $\dfrac{a}{|a|}+\dfrac{|b|}{b}+\dfrac{ab}{|ab|}$ 的值为(　　).

(A)−3　　(B)−2　　(C)−1　　(D)±1　　(E)0

【解析】

由 $ab<0$,设 $a<0,b>0$,则 $\dfrac{a}{|a|}+\dfrac{|b|}{b}+\dfrac{ab}{|ab|}=\dfrac{a}{-a}+\dfrac{b}{b}+\dfrac{ab}{-ab}=-1+1-1=-1$. $a>0,b<0$ 结果相同. 故本题选择 C.

【例 46】(2008) $\dfrac{b+c}{|a|}+\dfrac{a+c}{|b|}+\dfrac{a+b}{|c|}=1$.

(1)实数 a,b,c 满足 $a+b+c=0$.

(2)实数 a,b,c 满足 $abc>0$.

【解析】

条件(1)：举反例，$a+b+c=0$，设 $a=1,b=1,c=-2$，则 $\frac{b+c}{|a|}+\frac{a+c}{|b|}+\frac{a+b}{|c|}=\frac{-1}{|1|}+\frac{-1}{|1|}+\frac{2}{|2|}=-1-1+1=-1\neq1$，所以条件(1)不充分；

条件(2)：举反例，$abc>0$，设 $a=b=c=1$，则 $\frac{b+c}{|a|}+\frac{c+a}{|b|}+\frac{a+b}{|c|}=\frac{1+1}{|1|}+\frac{1+1}{|1|}+\frac{1+1}{|1|}=6\neq1$，所以条件(2)不充分；

(1)+(2)：$abc>0$，$a+b+c=0$，则 a，b，c 三个数必为两负一正，设 $a<0$，$b<0$，$c>0$，同时可知 $b+c=-a$，$a+b=-c$，$a+c=-b$，则 $\frac{b+c}{|a|}+\frac{c+a}{|b|}+\frac{a+b}{|c|}=\frac{-a}{|a|}+\frac{-b}{|b|}+\frac{-c}{|c|}=\frac{-a}{-a}+\frac{-b}{-b}+\frac{-c}{c}=1+1-1=1$，所以条件(1)和(2)联合充分. 故本题选择C.

命题点3 绝对值的几何意义★★★

思路点拨

含有多个绝对值的方程和不等式问题，可考虑运用绝对值几何意义，将题目转化为数轴上点之间的距离，进行分析求解.

【例47】(2017)已知 a，b，c 为三个实数，则 $\min\{|a-b|,|b-c|,|a-c|\}\leqslant5$.

(1) $|a|\leqslant5$，$|b|\leqslant5$，$|c|\leqslant5$.

(2) $a+b+c=15$.

【解析】

对于多个绝对值的最小值问题，可以运用绝对值的几何意义进行求解，即数轴上的 a，b，c 三点，距离最近的两点的距离小于等于5即可.

条件(1)：$a,b,c\in[-5,5]$，可得 a,b,c 的最大距离为10，设 a,b,c 的大小关系为 $a<b<c$，当 a,b,c 分别取值 $-5,0,5$ 时，三个距离中，最小的距离为5，之后 a,b,c 三个实数在所规定范围内任意变化取值，则三个距离中的最小距离均小于5,，所以 $\min\{|a-b|,|b-c|,|a-c|\}\leqslant5$，条件(1)充分；

条件(2)：可举反例，$a=0$，$b=-15$，$c=30$，满足 $a+b+c=15$，但距离最小值为15，满足条件不符合结论，条件(2)不充分. 故本题选择A.

考点二 绝对值性质★★

一、知识梳理

1.绝对值性质

绝对值非负性，任意一个实数的绝对值均大于或等于零，即 $|a|\geqslant0$. 除绝对值以外，偶次开方、乘方运算均具有非负性. 若几个非负数(式子)加和为零，则这几个数(式子)均为零，例：若 $|a|+\sqrt{b}+c^2=0$，

则 $a=b=c=0$.

绝对值对称性,互为相反数的两个数的绝对值相等,即 $|-a|=|a|$. 对于含有未知数的绝对值,通常可以运用对称性使未知数前的符号化为正,例如, $|3-x|$ 通常转化为 $|x-3|$,便于进行后续计算.

绝对值等价性,某数绝对值的平方等于该数的平方,即 $|a|^2=a^2$ 或 $\sqrt{a^2}=|a|$. 等价性可以用于去绝对值,其本质是通过平方或者开方,进行等价转化,但是需要注意到原式的取值范围,避免扩大取值范围.

绝对值拆乘性、拆除性,两个数乘积或商的绝对值等于这两个数绝对值的乘积或商,即 $|ab|=|a|\cdot|b|$或 $\left|\frac{a}{b}\right|=\frac{|a|}{|b|}$ $(b\neq 0)$.

2.绝对值不等式

对于任意实数的绝对值满足如下不等关系.

(1) $-|a|\leqslant a\leqslant|a|$.

(2) $|x|\leqslant a\Rightarrow -a\leqslant x\leqslant a$; $|x|\geqslant a\Rightarrow x\geqslant a$ 或 $x\leqslant -a(a>0)$.

(3)绝对值三角不等式:

$$||a|-|b||\leqslant|a\pm b|\leqslant|a|+|b|$$

不等式(1)(2)结合定义易于理解,现对(3)进行证明. 由(1)可得

$$-|a|\leqslant a\leqslant|a|,-|b|\leqslant b\leqslant|b|$$

两式相加可得

$$-(|a|+|b|)\leqslant a+b\leqslant|a|+|b|$$

反向应用(2)可得

$$|a+b|\leqslant|a|+|b|$$

将上式中 b 换成 $-b$,可得

$$|a-b|\leqslant|a|+|-b|=|a|+|b|$$

原式右半部分得证. 需要注意的是,当 $ab\geqslant 0$ 时, $|a+b|=|a|+|b|$;当 $ab\leqslant 0$ 时, $|a-b|=|a|+|b|$.

利用刚证得的结论,有如下变形:

$$|a|=|(a+b)-b|\leqslant|a+b|+|b|\Rightarrow|a|-|b|\leqslant|a+b|$$
$$|b|=|(b+a)-a|\leqslant|a+b|+|a|\Rightarrow|a|-|b|\geqslant-|a+b|$$

同理,反向应用(2)可得

$$||a|-|b||\leqslant|a+b|$$

将上式中 b 换成 $-b$,可得

$$||a|-|b||\leqslant|a-b|$$

原式左半部分得证. 需要注意的是,当 $ab\leqslant 0$ 时, $||a|-|b||=|a+b|$;当 $ab\geqslant 0$ 时, $||a|-|b||=|a-b|$.

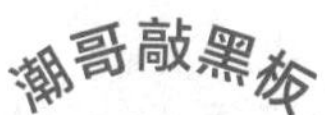

绝对值三角不等式，描述的是$||a|-|b||$，$|a\pm b|$，$|a|+|b|$之间的不等关系，核心在于灵活利用该关系和取等条件进行解题.

三角不等式的证明方法还可以采用平方或向量等方法，此处不做详细说明.且上述证明方法目的是辅助理解，若感觉理解难度较大，可直接跳过证明过程，重点记忆不等式关系及取等条件.

二、命题点精讲

命题点1 绝对值性质的应用★

【例48】(2011)若实数a，b，c满足$|a-3|+\sqrt{3b+5}+(5c-4)^2=0$，则$abc=$(　　).

(A)-4　　(B)$-\frac{5}{3}$　　(C)$-\frac{4}{3}$　　(D)$\frac{4}{5}$　　(E)4

【解析】

根据绝对值、偶次根号、偶次方都具有非负性，相加之和为零的性质，则其值分别为零，可得

$$\begin{cases}a-3=0,\\3b+5=0,\\5c-4=0\end{cases}\Rightarrow\begin{cases}a=3,\\b=-\frac{5}{3},\\c=\frac{4}{5},\end{cases}$$则$abc=3\times\left(-\frac{5}{3}\right)\times\frac{4}{5}=-4$. 故本题选择A.

【例49】(2008.10) $|1-x|-\sqrt{x^2-8x+16}=2x-5$.

(1) $x>2$.

(2) $x<3$.

【解析】

题干中存在偶次方根与绝对值，先进行化简可得$|1-x|-\sqrt{x^2-8x+16}=|1-x|-\sqrt{(x-4)^2}=|x-1|-|x-4|=2x-5$，则当$\begin{cases}x-1\geqslant 0\\x-4\leqslant 0\end{cases}$时，$|x-1|-|x-4|=2x-5$，即$\begin{cases}x\geqslant 1\\x\leqslant 4\end{cases}\Rightarrow 1\leqslant x\leqslant 4$.

条件(1)：$x>2$不是转化结论的非空子集，所以条件(1)不充分；

条件(2)：$x<3$不是转化结论的非空子集，所以条件(2)不充分；

(1)+(2)：$2<x<3$是转化结论的非空子集，所以条件(1)和(2)联合充分. 故本题选择C.

注 通常可利用绝对值的对称性将绝对值内表达式未知数最高幂次项的系数化为正数从而简化运算.

【例50】(2010) $a|a-b|\geqslant|a|(a-b)$.

(1)实数$a>0$.

(2)实数 a,b 满足 $a>b$.

【解析】

条件(1):根据绝对值不等式可得 $|a-b|\geqslant a-b$ 恒成立,又因为 $a>0$,则 $a=|a|$,得 $a|a-b|\geqslant|a|(a-b)$,所以条件(1)充分;

条件(2):根据绝对值不等式可得 $a\leqslant|a|$ 恒成立,又因为 $a>b$,则 $|a-b|=a-b$,得 $a|a-b|\leqslant|a|(a-b)$,所以条件(2)不充分. 故本题选择 A.

命题点 2 绝对值三角不等式★★★

思路点拨

绝对值三角不等式的考查,先要能够识别题目,当题目中涉及两个或多个数和差的绝对值以及绝对值的和差时,要能够想到三角不等式.

三角不等式可进行灵活变形,例如:$|a|=|(a+b)-b|\leqslant|a+b|+|b|$;$|a-c|\leqslant|a-b|+|b-c|$.

【例 51】已知 a,b 均为实数,则 $\frac{|a+b|}{|a|+|b|}<1$.

(1) $ab\geqslant 0$.

(2) $ab<0$.

【解析】

条件(1):由题 $ab\geqslant 0\Rightarrow|a+b|=|a|+|b|\Rightarrow\frac{|a+b|}{|a|+|b|}=1$,所以条件(1)不充分;

条件(2):由题 $ab<0$,此时 a,b 均不为 0,$|a|+|b|>|a+b|\Rightarrow\frac{|a+b|}{|a|+|b|}<1$,所以条件(2)充分. 故本题选择 B.

【例 52】已知 $|x-2|=|2x-7|-|x-5|$,则 x 的取值范围为(　　).

(A) $2<x<5$　(B) $x>5$　(C) $x\leqslant 2$　(D) $2\leqslant x\leqslant 5$　(E) $x\geqslant 5$ 或 $x\leqslant 2$

【解析】

将原式移项可得,$|x-2|+|x-5|=|2x-7|$,其中满足 $x-2+x-5=2x-7$,故有 $(x-2)(x-5)\geqslant 0$,解得 $x\geqslant 5$ 或 $x\leqslant 2$,故本题选择 E.

【例 53】(2021)设 a,b 为实数,则能确定 $|a|+|b|$ 的值.

(1)已知 $|a+b|$ 的值.

(2)已知 $|a-b|$ 的值.

【解析】

条件(1):$|a+b|\leqslant|a|+|b|$,无法确定 $|a|+|b|$ 的具体值,所以条件(1)不充分;

条件(2):$|a-b|\leqslant|a|+|b|$,无法确定 $|a|+|b|$ 的具体值,所以条件(2)不充分;

(1)+(2):根据题意分析可知 a,b 两个实数的取值情况只有两种:同号或异号,即 $ab\geqslant 0$ 或 $ab\leqslant 0$. 已知 $|a+b|$,$|a-b|$ 的值,则可从两者数值大小确定 a,b 是同号还是异号. 若 $ab\geqslant 0$,则有 $|a|+|b|=|a+b|$;若 $ab\leqslant 0$,则有 $|a|+|b|=|a-b|$,能最终确定 $|a|+|b|$ 的值. 所以条件(1)和条件(2)联合充分.

故本题选择 C.

【例 54】(2013)已知 a , b 是实数,则 $|a|\leqslant 1, |b|\leqslant 1$.

(1) $|a+b|\leqslant 1$.

(2) $|a-b|\leqslant 1$.

【解析】

条件(1):由 $|a+b|\leqslant 1$ 不能得到 $|a|$, $|b|$ 单独的范围,所以条件(1)不充分;

条件(2):由 $|a-b|\leqslant 1$ 不能得到 $|a|$, $|b|$ 单独的范围,所以条件(2)不充分;

(1)+(2):根据绝对值三角不等式构造 $|(a+b)+(a-b)|\leqslant|a+b|+|a-b|$,即 $|2a|\leqslant 2$, $|a|\leqslant 1$; $|(a+b)-(a-b)|\leqslant|a+b|+|a-b|$,即 $|2b|\leqslant 2$, $|b|\leqslant 1$,所以联合成立. 故本题选择 C.

【例 55】 $|x-3|+|x-5|$ 的最小值是(　　).

(A)2　　(B)−2　　(C)4　　(D)5　　(E)−3

【解析】

求两个绝对值之和的最小值,可以利用绝对值三角不等式进行求解,原式变形可得 $|x-3|+|x-5|=|x-3|+|5-x|\geqslant|x-3+5-x|=2$,故本题选择 A.

【例 56】(2015)已知 x_1, x_2, x_3 都是实数, $\bar{x}$ 为 x_1, x_2, x_3 的平均数,则 $|x_k-\bar{x}|\leqslant 1, k=1,2,3$.

(1) $|x_k|\leqslant 1, k=1,2,3$

(2) $x_1=0$

【解析】

条件(1):举反例,取 $x_1=-1, x_2=1, x_3=1, \bar{x}=\dfrac{-1+1+1}{3}=\dfrac{1}{3}$, $|x_1-\bar{x}|=\left|-1-\dfrac{1}{3}\right|=\dfrac{4}{3}>1$,所以条件(1)不充分;

条件(2):举反例,取 $x_1=0, x_2=1, x_3=3, \bar{x}=\dfrac{0+1+3}{3}=\dfrac{4}{3}$, $|x_1-\bar{x}|=\left|0-\dfrac{4}{3}\right|=\dfrac{4}{3}>1$,所以条件(2)不充分;

(1)+(2):根据条件可知 $x_1=0$,可得 $\bar{x}=\dfrac{x_2+x_3}{3}$,则根据绝对值三角不等式得

$$\begin{cases}|x_1-\bar{x}|=\left|0-\dfrac{x_2+x_3}{3}\right|=\dfrac{|x_2+x_3|}{3}\leqslant\dfrac{|x_2|+|x_3|}{3}\leqslant\dfrac{2}{3}<1,\\|x_2-\bar{x}|=\left|x_2-\dfrac{x_2+x_3}{3}\right|=\dfrac{|2x_2-x_3|}{3}\leqslant\dfrac{2|x_2|+|x_3|}{3}\leqslant\dfrac{3}{3}=1,\text{ 综上所述 }|x_k-\bar{x}|\leqslant 1, k=1,2,3,\\|x_3-\bar{x}|=\left|x_3-\dfrac{x_2+x_3}{3}\right|=\dfrac{|x_2-2x_3|}{3}\leqslant\dfrac{|x_2|+2|x_3|}{3}\leqslant\dfrac{3}{3}=1,\end{cases}$$

所以条件(1)和(2)联合充分. 故本题选择 C.

注 举反例是否定不等式结论常用的方法,遇到不等式题目,可先找反例否定其充分性;若找不到反例,再按照不等式的性质推导结论.

第三节　章节总结

一、实数分类

1.0 和正整数构成自然数,0 是最小的自然数.

2.常见数集的字母表示:实数 R ,有理数 Q ,整数 Z ,自然数 N ,正整数 N^* .

二、整数的运算

1.对于几个整数,若 $f = gh$,则 g , h 是 f 的约数(因数), f 是 g , h 的倍数.

2.整除特征

(1)能被 2 整除的数:末位数是偶数.

(2)能被 5 整除的数:末位数为 0 或 5.

(3)能被 4 整除的数:末两位能被 4 整除.

(4)能被 3 和 9 整除的数:各位数字之和能被 3 或 9 整除.

3.整除性质

(1)整数 a 和 b 能够被整数 c 整除,则 $a + b$ 与 $a - b$ 能够被 c 整除.

(2)整数 a 能够被整数 c 整除, b 为整数,则 ab 能够被 c 整除.

(3)互质整除性: a , n , k 均为整数,若 an 能被整数 k 整除,且 a 和 k 互质(除 1 以外无其他公约数),则 n 能被 k 整除.

(4)整除周期性:连续的 k 个整数中,有且仅有一个能够被 k 整除.

三、奇数与偶数

1.偶数记为 $2k$ ($k \in Z$),奇数记为 $2k + 1$($k \in Z$),0 为偶数.

2.运算性质

(1)和差运算原则:两个数遵循同偶异奇原则;多个数取决于奇数的个数,若奇数的个数为奇数,则和(差)为奇数,若奇数的个数为偶数,则和(差)为偶数.

(2)乘积运算原则:无论两个数还是多个数均遵循遇偶则偶原则.

(3)两个整数相加和相减,奇偶性一致. 即对于两个整数 m , n , $m + n$ 与 $m - n$ 奇偶性相同.

(4)在确保结果为整数的前提下,绝对值、乘方、开方等运算不影响数字的奇偶性. 即对于整数 $|n|$, $\sqrt{n}$, n^k ,其奇偶性与 n 相同.

四、质数与合数

1.定义:大于等于 2 的整数中,除了 1 和它本身以外,不能被其他自然数整除的数叫作质数,否则为合数.

2.一个质数 n 只包含两个正因数,即 n 只能写成 $n = 1 \times n$.

3.30 以内的质数:2,3,5,7,11,13,17,19,23,29.

4.2 是唯一的偶质数.

5.一个合数必能被拆分成几个质数相乘的形式. 较大的合数进行质因数分解可用短除法.

五、公倍数与公约数

1.两个整数 m , n 的最大公约数,记为 (m,n) ;最小公倍数记为 $[m,n]$.

2.求两个整数的最大公约数和最小公倍数,常用短除法.

3.对于两个整数 m , n ,有 $m \times n = [m,n] \times (m,n)$.

4.韩信点兵问题常见形式的结论:余同加余、和同加和、差同减差.

六、整系数不定方程

1.特征

(1)未知数个数大于方程个数;

(2)未知数与其系数均为整数.

2.二元一次型($ax + by = c$)的解法:

(1)奇偶法:有两项的奇偶性确定;

(2)整除法:未知数系数与常数存在倍数关系;

(3)尾数法:未知数系数中存在 5 或者 5 的倍数.

3.二元二次型的解法:因式分解法,先进行因式分解,然后进行质因数分解,试数得出符合式子的答案.

七、无理数的运算

1.常见完全平方数

11^2	12^2	13^2	14^2	15^2	16^2	17^2	18^2	19^2
121	144	169	196	225	256	289	324	361

2.两个整数若 $n = m^2$,则 $m = \pm\sqrt{n}$,那么这个数 m 叫作 n 的平方根,可表示为 $m = \pm\sqrt{n}$,其中非负的平方根又叫作算术平方根.

3.给任意一个非负整数开方,结果有两类,要么为整数,要么为无理数.

4.能表示为两个整数之商形式的实数称为有理数,不能表示为两个整数之商形式的实数称为无理数.

5.常见无理数的估值

π	e	$\sqrt{2}$	$\sqrt{3}$	$\sqrt{5}$	$\sqrt{6}$	$\sqrt{7}$	$\sqrt{8}$	$\sqrt{10}$
3.14	2.72	1.41	1.73	2.24	2.45	2.65	2.83	3.16

6.无理数运算性质

(1)任何两个有理数的和、差、积、商仍为有理数(求商时分母不为0);

(2)一个有理数和一个无理数的和、差结果为无理数;

(3)一个非0有理数和一个无理数的积、商结果为无理数;

(4)两个无理数的和、差、积、商有可能是有理数,也有可能是无理数.

7.分母出现根式时,常常通过平方差公式,进行分母有理化:

$$\frac{1}{\sqrt{a}+\sqrt{b}}=\frac{\sqrt{a}-\sqrt{b}}{(\sqrt{a}+\sqrt{b})(\sqrt{a}-\sqrt{b})}=\frac{\sqrt{a}-\sqrt{b}}{a-b}$$

$$\sqrt{a}-\sqrt{b}=\frac{(\sqrt{a}-\sqrt{b})(\sqrt{a}+\sqrt{b})}{\sqrt{a}+\sqrt{b}}=\frac{a-b}{\sqrt{a}+\sqrt{b}}$$

八、比与比例

1.比与比例的性质

(1)比的基本性质:$\frac{a}{b}=\frac{ka}{kb}\ (k\neq 0)$.

(2)比例的基本性质:$\frac{a}{b}=\frac{c}{d}\Leftrightarrow ad=bc$.

(3)更比性质:$\frac{a}{b}=\frac{c}{d}\Leftrightarrow\frac{a}{c}=\frac{b}{d}\Leftrightarrow\frac{d}{b}=\frac{c}{a}$.

(4)倒比性质:$\frac{a}{b}=\frac{c}{d}\Leftrightarrow\frac{b}{a}=\frac{d}{c}$.

(5)合分比定理:$\frac{a}{b}=\frac{c}{d}\Leftrightarrow\frac{a+b}{b}=\frac{c+d}{d}$,$\frac{a}{b}=\frac{c}{d}\Leftrightarrow\frac{a-b}{b}=\frac{c-d}{d}$,$\frac{a}{b}=\frac{c}{d}\Leftrightarrow\frac{a+b}{a-b}=\frac{c+d}{c-d}$.

(6)等比定理:$\frac{a}{b}=\frac{c}{d}=\frac{e}{f}=k\Rightarrow\frac{a+c+e}{b+d+f}=k\ (b+d+f\neq 0)$.

2.比与比例运算

(1)见比设k.

(2)若某二元一次方程中不存在常数项,则该方程可转化为两个量之间的比例关系.

(3)比例统一:已知几个量之间的两两之比,需要建立无直接关联的两个量之间的比.则可围绕公共量或不变量进行比例扩大,建立几个量统一的比,再进行后续求解.

3.正反比的应用

(1)若两个变量商为非零常数,即 $\frac{y}{x}=k$,则称这两个变量成正比例;若两个变量的乘积为非零常数,即 $xy=k$,则称这两个变量成反比例.

(2)能够运用正反比进行解题的题目可遵循如下判断依据:①题目中若存在“分数、小数、百分数、倍数、约数”等信息,可转化为比例关系;②题目涉及多个过程,且过程之间存在不变量,其他量之间产生了比较关系.

九、绝对值

1.明确绝对值符号内的正负:$\begin{cases}a\geqslant 0\Leftrightarrow |a|=a,\\ a\leqslant 0\Leftrightarrow |a|=-a.\end{cases}$

2.不明确绝对值符号内正负:分段讨论.

3.绝对值自比式的解题关键在于确定绝对值内的正负个数,例 $\frac{a}{|a|}+\frac{b}{|b|}=\begin{cases}2 & a,b\text{ 均为正},\\ 0 & a,b\text{ 一正一负},\\ -2 & a,b\text{ 两负}.\end{cases}$

4.绝对值几何意义:$|a|$ 表示数轴上点 a 到原点的距离,$|a-b|$ 表示数轴上点 a 到点 b 的距离,$|a+b|$ 表示数轴上点 a 到点 $-b$ 的距离.

5.绝对值性质

(1)非负性:$|a|\geqslant 0$.

(2)对称性:$|-a|=|a|$.

(3)等价性:$|a|^2=a^2$(或 $\sqrt{a^2}=|a|$).

(4)拆乘性:$|ab|=|a|\cdot|b|$.

(5)拆除性:当 $b\neq 0$ 时,$\left|\frac{a}{b}\right|=\frac{|a|}{|b|}$.

6.绝对值不等式

(1) $-|a|\leqslant a\leqslant |a|$.

(2) $|x|\leqslant a\Rightarrow -a\leqslant x\leqslant a$; $|x|\geqslant a\Rightarrow x\geqslant a$ 或 $x\leqslant -a$.

(3)绝对值三角不等式:$||a|-|b||\leqslant |a\pm b|\leqslant |a|+|b|$. 当 $ab\geqslant 0$ 时,$|a+b|=|a|+|b|$;当 $ab\leqslant 0$ 时,$||a|-|b||=|a+b|$.

第四节　强化训练

一、问题求解

第 1~15 小题,每小题 3 分,共 45 分,下列每题给出的 A、B、C、D、E 五个选项中,只有一项是符合试题要求的,请在答题卡上将所选项的字母涂黑.

1.有一个四位数 $3aa1$,它能被 9 整除,则 a 的值为(　　).

(A)7　　(B)5　　(C)3　　(D)1　　(E)0

2.若 n 为任意自然数,则 n^2+n (　　).

(A)为偶数　　(B)为奇数　　(C)当 n 为偶数时是偶数,当 n 为奇数时是奇数

(D)不能确定　　(E)以上结论均不正确

3.现有一片小树林要砍掉扩建房子,有 1 000~1 050 棵树,发现如果每次砍 4 棵树,则剩余 3 棵,如果每次砍 5 棵树,则剩余 2 棵,如果每次砍 6 棵树,则剩余 1 棵树,则这些树有(　　)棵.

(A)1 006　　(B)1 013　　(C)1 023　　(D)1 027　　(E)1 033

4.一个质数的 3 倍与另一个质数的 5 倍之和为 76,则满足条件的解共有(　　).

(A)0 组　　(B)1 组　　(C)2 组　　(D)3 组　　(E)4 组

5.正整数 a 与 296 的乘积是一个完全平方数,则 a 的最小值为(　　).

(A)37　　(B)74　　(C)148　　(D)296　　(E)8

6.已知实数 $1+2\sqrt{3}$ 的整数部分为 x,小数部分为 y,则 $y^2-4x=$(　　).

(A) $2\sqrt{3}$　　(B) $5-2\sqrt{3}$　　(C) $5-12\sqrt{3}$　　(D) $5+12\sqrt{3}$　　(E) $5+2\sqrt{3}$

7.已知 x, y 为非负有理数,且满足 $\sqrt{9+4\sqrt{5}}=x\sqrt{5}+y$,则 $13xy=$(　　).

(A)24　　(B)25　　(C)26　　(D)27　　(E)28

8.若 a, b 为有理数,且满足 $3\sqrt{2}a+(1-\sqrt{2})b+6=0$,则 a, b 的值分别为(　　).

(A)−2、−6　　(B)−2、6　　(C)2、6　　(D)1、−3　　(E)1、3

9.已知 $\frac{1}{x}:\frac{1}{y}=1:4$, $\frac{1}{x}:\frac{1}{z}=2:3$,且 $x+y-z=7$,则 $(x-z)^y=$(　　).

(A)27　　(B)36　　(C)32　　(D)64　　(E)81

10.甲和乙一同去逛街购物,所带钱数比为 6:5,乙去商场共花费 40 元,此时两人剩余钱数之比为 3:2,则两人一共带了(　　)元.

(A)440　　(B)400　　(C)370　　(D)350　　(E)420

11.一辆汽车从甲地开往乙地,每分钟行驶 750 米,预计 50 分钟到达,但行驶到全程的 $\frac{3}{5}$ 时,汽车出了故障,用 5 分钟修理完毕,如果要在预定时间到达乙地,则在余下的路程中,每分钟必须比原来快

( )米.

(A)50 (B)100 (C)150 (D)200 (E)250

12.已知 $x<-3$,则 $\left|3+\left|2-\left|1+x\right|\right|\right|=$( ).

(A) x (B) $-x$ (C)0 (D) $2x$ (E) $-2x$

13.若 $|x-2y+3|$ 与 $|x+y-12|$ 互为相反数,则 $\frac{x+y}{x-y}$( ).

(A)-10 (B)-8 (C)6 (D)8 (E)10

14.实数 a, b, c, d 满足 $\frac{|abcd|}{abcd}=-1$,则 $\frac{|a|}{a}+\frac{|b|}{b}+\frac{|c|}{c}+\frac{|d|}{d}$ 的最大值是( ).

(A)3 (B)2 (C)1 (D)0 (E)以上均不正确

15.若函数 $|x+1|+|x+a|$ 的最小值为3,则实数 a 的值为( ).

(A)5 或 8 (B)-1 或 5 (C)-1 或 -4 (D)4 或 -2 (E)-1 或 8

二、条件充分性判断

第16~25小题,每小题3分,共30分. 要求判断每题给出的条件(1)和(2)能否充分支持题干所陈述的结论. A、B、C、D、E五个选项为判断结果,请选择一项符合试题要求的判断,在答题卡上将所选项的字母涂黑.

(A)条件(1)充分,但条件(2)不充分

(B)条件(2)充分,但条件(1)不充分

(C)条件(1)和条件(2)单独都不充分,但条件(1)和条件(2)联合起来充分

(D)条件(1)充分,条件(2)也充分

(E)条件(1)和条件(2)单独都不充分,条件(1)和条件(2)联合起来也不充分

16.整数 n 能被3整除.

(1) $\frac{6n}{7}$ 为整数且能被3整除.

(2) $\frac{2n}{7}$ 为整数且能被3整除.

17.今年,甲、乙、丙的年龄之和为16,且三人年龄为三个不同的质数. 则 n 年后,仍有两人的年龄为质数.

(1) $n=2$.

(2) $n=8$.

18.(2024)已知 n 是正整数,则 n^2 除以3余1.

(1) n 除以3余1.

(2) n 除以3余2.

19.设 x，y 为正整数，则 x 能被 y 整除.

（1）$\frac{5}{x}+\frac{1}{y}=1$.

（2）$\frac{6}{x}+\frac{2}{y}=1$.

20.有甲、乙两座水库，如果将甲水库存水量的20%输入乙水库，则这两个水库的存水量相同.

（1）甲、乙两座水库原来总存水量为200万立方米.

（2）甲、乙两座水库原来存水量的比为5:3.

21.若 $\frac{a}{b}=\frac{c}{d}=\frac{e}{f}=k$，则 $k=2$.

（1）$\frac{a-c+2e}{b-d+2f}=2$.

（2）$\frac{a+c+e}{b+d+f}=2$.

22.（2008.10）$-1<x\leqslant\frac{1}{3}$.

（1）$\left|\frac{2x-1}{x^2+1}\right|=\frac{1-2x}{1+x^2}$.

（2）$\left|\frac{2x-1}{3}\right|=\frac{2x-1}{3}$.

23.$|2-x|-\sqrt{x^2+4x+4}=-2x$.

（1）$x>0$.

（2）$x<2$.

24.设 a，b 为实数，则 $(a-b)|a|\leqslant a|a-b|$.

（1）$a\geqslant 0$.

（2）$a<b$.

25.设 x，y 为实数，则 $|2x-3y|<a$.

（1）$|x|<\frac{a}{4}$.

（2）$|y|<\frac{a}{6}$.

参考答案：1~5 AADCB　6~10 CCADA　11~15 EBCBD　16~20 BDDAB　21~25 DECDC

第五节 强化训练参考答案及解析

一、问题求解

1.A 【解析】根据题意可得，四位数可以被9整除，可以得到$3+a+a+1$可以被9整除，根据选项发现只有A项符合. 故本题选择A项.

2.A 【解析】根据题意可知，$n^2+n=n(n+1)$，n和$n+1$必为一个奇数一个偶数，所以n^2+n为偶数. 故本题选择A.

3.D 【解析】根据题意可设共有x棵树，则有$\begin{cases}x\div 4=k_1\cdots\cdots 3,\\ x\div 5=k_2\cdots\cdots 2,\\ x\div 6=k_3\cdots\cdots 1,\end{cases}$各式除数与余数相加之和都为7，则$x-7$为4,5,6的公倍数，得$x=[4,5,6]\times k+7=60k+7$，又因$1\ 000<x<1\ 050$，所以当$k=17$时，解得$x=1\ 027$. 故本题选择D.

4.C 【解析】根据题意可设两个质数分别为x，y，则有$3x+5y=76$. 由尾数法可知，当$5y$尾数为5时，$3x$的尾数为1，则x可能的取值为7,17，此时$\begin{cases}x=7,\\ y=11\end{cases}$或$\begin{cases}x=17,\\ y=5\end{cases}$满足条件；当$5y$尾数为0时，$3x$的尾数为6，则$x$可能的取值为2，此时$\begin{cases}x=2,\\ y=14,\end{cases}$不符合题意，舍去. 所以满足条件的解共有2组. 故本题选择C.

5.B 【解析】根据题意可知$296=2^3\times 37$，而$296a$为完全平方数，即$296a=2^3\times 37a$，则a的最小值为$2\times 37=74$. 故本题选择B.

6.C 【解析】根据题意可知$1+2\sqrt{3}\approx 4.464$，故可得$\begin{cases}x=4,\\ y=1+2\sqrt{3}-4=2\sqrt{3}-3,\end{cases}$则$y^2-4x=(2\sqrt{3}-3)^2-16=5-12\sqrt{3}$. 故本题选择C.

7.C 【解析】根据题意可知$\sqrt{5+4\sqrt{5}+4}=\sqrt{(\sqrt{5}+2)^2}=\sqrt{5}+2=x\sqrt{5}+y\Rightarrow\begin{cases}x=1,\\ y=2,\end{cases}$则$13xy=26$.

8.A 【解析】根据题意可得$(3a-b)\sqrt{2}+b+6=0$，则$\begin{cases}3a-b=0,\\ b+6=0,\end{cases}$解得$\begin{cases}a=-2,\\ b=-6.\end{cases}$故本题选择A.

9.D 【解析】根据题意可知$x:y=4:1$，$x:z=3:2$，利用比例统一可得$x:y:z=12:3:8$，设$x=12k$，$y=3k$，$z=8k$，则$x+y-z=7k=7$，解得$k=1$，则$(x-z)^y=4^3=64$. 故本题选择D.

10.A 【解析】根据题意可知花费40元后，乙的钱数改变，甲不变，将甲比例进行统一，则$\begin{cases}\text{甲:乙}=6:5,\\ \text{甲:乙}=3:2=6:4,\end{cases}$乙少了1份，为40元，甲、乙原来一共11份，为440元. 故本题选择A.

11.E 【解析】根据题意可知，剩下的路程需要的时间为 $50\times\left(1-\frac{3}{5}\right)-5=15$ 分钟，原计划的时间为 20 分钟，在行驶剩下的同一段路程，时间与速度成反比，则 $t_{原}:t_{实}=20:15=4:3$，$v_{原}:v_{实}=3:4$，相差一份，而 $v_{原}=750$ 米/分钟，一份为 250 米/分钟，所以每分钟必须比原来快 250 米. 故本题选择 E.

12.B 【解析】由题意可得，当 $x<-3$ 时，$\left|3+|2-|1+x||\right|=|3+|2+1+x||=|3+|3+x||=|3-3-x|=|-x|=-x$. 故本题选择 B.

13.C 【解析】根据题意可知 $|x-2y+3|+|x+y-12|=0$，由非负定零可得 $\begin{cases}x-2y+3=0,\\x+y-12=0\end{cases}\Rightarrow\begin{cases}x=7,\\y=5,\end{cases}$ 代入可得 $\frac{x+y}{x-y}=\frac{7+5}{7-5}=6$. 故本题选择 C.

14.B 【解析】根据题意可知 $\frac{|abcd|}{abcd}=-1$，则这 4 个数为 3 负 1 正或 1 负 3 正，所以 $\frac{|a|}{a}+\frac{|b|}{b}+\frac{|c|}{c}+\frac{|d|}{d}=-2$ 或 2，最大值为 2. 故本题选择 B.

15.D 【解析】根据题意可知，函数 $|x+1|+|x+a|\geqslant|(x+1)-(x+a)|=|1-a|=3$，可解得 $a=4$ 或 $a=-2$. 故本题选择 D.

二、条件充分性判断

16.B 【解析】条件(1)：根据条件可举反例 $n=7$ 时，不是 3 的倍数，所以条件(1)不充分；

条件(2)：根据条件可知 $\frac{2n}{7\times3}=\frac{2n}{21}\in Z$，因为 2 与 21 互质，所以 n 为 21 的倍数，那么就也一定是 3 的倍数，所以条件(2)充分. 故本题选择 B.

17.D 【解析】根据题意可知，相加之和为 16 的三个不同质数分别为 2,3,11.

条件(1)：根据条件可知 $n=2$，则 2 年后，三人的年龄分别为 4,5,13，其中 5 与 13 为质数，所以条件(1)充分；

条件(2)：根据条件可知 $n=8$，则 8 年后，三人的年龄分别为 10,11,19，其中 11 与 19 为质数，所以条件(2)充分. 故本题选择 D.

18.D 【解析】条件(1)：根据条件可知，$n=3k+1\Rightarrow n^2=9k^2+6k+1=3k(3k+2)+1$，故 n^2 除以 3 余 1，所以条件(1)充分；

条件(2)：根据条件可知，$n=3k+2\Rightarrow n^2=9k^2+12k+4=3(3k^2+4k+1)+1$，故 n^2 除以 3 余 1，所以条件(2)充分. 故本题选择 D.

19.A 【解析】条件(1)：根据条件可知 $\frac{5}{x}+\frac{1}{y}=1\Rightarrow5y+x=xy\Rightarrow xy-x-5y=0\Rightarrow(x-5)(y-1)=5$，则 $\begin{cases}x-5=1,\\y-1=5\end{cases}\Rightarrow\begin{cases}x=6,\\y=6\end{cases}$ 或 $\begin{cases}x-5=5,\\y-1=1\end{cases}\Rightarrow\begin{cases}x=10,\\y=2,\end{cases}$ x 能被 y 整除，所以条件(1)充分；

条件(2)：根据条件可知 $\frac{6}{x}+\frac{2}{y}=1\Rightarrow6y+2x=xy\Rightarrow xy-2x-6y=0\Rightarrow(x-6)(y-2)=12$，则

$\begin{cases}x-6=1,\\y-2=12\end{cases}\Rightarrow\begin{cases}x=7,\\y=14\end{cases}$ 或 $\begin{cases}x-6=12,\\y-2=1\end{cases}\Rightarrow\begin{cases}x=18,\\y=3\end{cases}$ 或 $\begin{cases}x-6=2,\\y-2=6\end{cases}\Rightarrow\begin{cases}x=8,\\y=8\end{cases}$ 或 $\begin{cases}x-6=6,\\y-2=2\end{cases}\Rightarrow\begin{cases}x=12,\\y=4\end{cases}$ 或

$\begin{cases}x-6=3,\\y-2=4\end{cases}\Rightarrow\begin{cases}x=9,\\y=6\end{cases}$ 或 $\begin{cases}x-6=4,\\y-2=3\end{cases}\Rightarrow\begin{cases}x=10,\\y=5,\end{cases}$ x 不一定能被 y 整除，所以条件(2)不充分. 故本题选择 A.

20.B 【解析】条件(1)：根据条件可知甲、乙两座水库原来总存水量为 200 万立方米，无法得知输水前两座水库各自存水量，所以条件(1)不充分；

条件(2)：根据条件可设甲水库原有存水量为 $5k$，乙水库原有存水量为 $3k$，将甲水库存水量的 20% 输入乙水库，此时甲水库存水量为 $5k(1-20\%)=4k$，乙水库存水量为 $3k+20\%\times5k=4k$，两个水库存水量相同，所以条件(2)充分. 故本题选择 B.

21.D 【解析】条件(1)：根据条件可得 $\frac{a}{b}=\frac{-c}{-d}=\frac{2e}{2f}=2\Rightarrow k=2$，所以条件(1)充分；

条件(2)：根据条件可得 $\frac{a}{b}=\frac{c}{d}=\frac{e}{f}=2\Rightarrow k=2$，所以条件(2)充分. 故本题选择 D.

22.E 【解析】条件(1)：根据条件可知 $\frac{2x-1}{x^2+1}\leqslant 0\Rightarrow x\leqslant\frac{1}{2}$，不是结论的子集，所以条件(1)不充分；

条件(2)：根据条件可知 $\frac{2x-1}{3}\geqslant 0\Rightarrow x\geqslant\frac{1}{2}$，不是结论的子集，所以条件(2)不充分；

(1)+(2)：两个条件联合可得 $x=\frac{1}{2}$，不是结论的子集，所以条件(1)+(2)联合不充分. 故本题选择 E.

23.C 【解析】根据题意可得 $|2-x|-\sqrt{x^2+4x+4}=|x-2|-\sqrt{(x+2)^2}=|x-2|-|x+2|$，当$x<-2$时，$|x-2|-|x+2|=2-x+x+2=4$；当$-2\leqslant x\leqslant 2$ 时，$|x-2|-|x+2|=2-x-x-2=-2x$；当 $x>2$ 时，$|x-2|-|x+2|=x-2-x-2=-4$；所以 $|2-x|-\sqrt{x^2+4x+4}=-2x$ 的取值范围是$-2\leqslant x\leqslant 2$.

条件(1)：根据条件可得 $x>0$，不是转化结论的非空子集，所以条件(1)不充分；

条件(2)：根据条件可得 $x<2$，不是转化结论的非空子集，所以条件(2)不充分；

(1)+(2)：两个条件联合可得 $0<x<2$，是转化结论的非空子集，所以条件(1)+(2)联合充分. 故本题选择 C.

24.D 【解析】根据题意可知 $a-b\leqslant|a-b|$.

条件(1)：根据条件可知 $a\geqslant 0$，则 $|a|=a$，$(a-b)|a|\leqslant a|a-b|$，所以条件(1)充分；

条件(2)：根据条件可知 $a<b$，则 $a-b<|a-b|$；①当 $a\geqslant 0$ 时，$|a|=a$，则 $(a-b)|a|\leqslant a|a-b|$；②当 $a<0$ 时，$|a|=-a$，$(a-b)|a|=-a(a-b)$，$a|a-b|=-a(a-b)$，即 $(a-b)|a|=a|a-b|$，所以条件(2)充分. 故本题选择 D.

25.C 【解析】条件(1)：根据题意可知 $|x|<\frac{a}{4}$，不确定 y 的范围，所以条件(1)不充分；

条件(2)：根据题意可知 $|y|<\frac{a}{6}$，不确定 x 的范围，所以条件(2)不充分；

(1)+(2)：两个条件联合可得 $|2x-3y|\leqslant|2x|+|3y|=2|x|+3|y|<2\times\frac{a}{4}+3\times\frac{a}{6}=a$，所以条件(1)+(2)联合充分. 故本题选择 C.

第二章　应用题

第一节　章节导读

一、考纲解读

应用题在考纲中并无具体要求，因为应用题本身只是一种题型，不能算作知识点.

根据对历年真题的总结，可将应用题分为两大类，一类是典型应用题，包含行程问题、工程问题、浓度问题、增长率问题、容斥问题、其他问题（利润、植树等）；第二类是知识类应用题，比如数列应用题、二次函数应用题等.

其中典型应用题可看成对方程思想的应用，设未知数、找等量关系、解方程，典型应用题有比较固定的建立等量关系的方向；知识性应用题考查的主要是各部分知识点，只是以应用题的形式进行体现.

本章内容只包含典型应用题的讲解，知识性应用题放到各部分章节中进行讲解.

应用题部分在考试当中占比约 16%~32%，题目数量 4~8 道. 本章节占比较大，整体难度适中，要重点进行学习.

二、重难点及真题分布

1.重难点解读

（1）行程问题：几乎每年都进行考查，出题方向较多，有一定难度，属于重难考点.

（2）工程问题：近 8 年考查 5 次，难度适中，属于重点考点.

（3）浓度问题：近 5 年考查 2 次，其中平均量混合问题可推广到更多出题场景中，难度适中，属于重难考点.

（4）一般应用题：几乎每年都进行考查，无固定出题模式，但考查的是最基本的方程思想，难度不大，属于重点考点.

2.真题分布

年份	考点	占比
2024	增长率问题、工程问题、行程问题	16%
2023	增长率问题、行程问题、其他问题	16%
2022	行程问题、工程问题、浓度问题、利润问题、一般应用题	28%
2021	行程问题、工程问题、容斥问题、浓度问题	20%
2020	行程问题、增长率问题、其他问题	20%

年份	考点	占比
2019	行程问题、工程问题、植树问题	16%
2018	增长率问题、容斥问题、一般应用题	16%
2017	行程问题、增长率问题、容斥问题、一般应用题	28%

三、考点框架

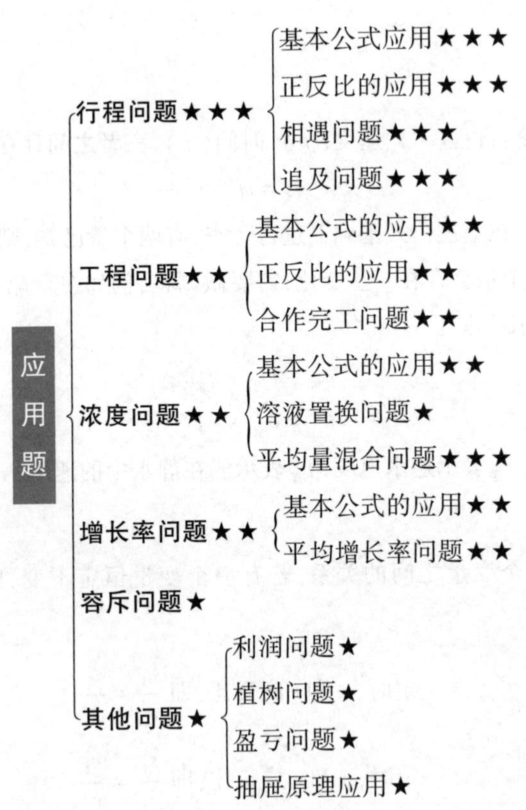

本章共1讲、6个考点、17个命题点，其中包含6个两星命题点、5个三星命题点.

第二节　考点精讲

第一讲　应用题

考点一　行程问题★★★

一、知识梳理

1.基本公式

行程问题中涉及 3 个量：行程（s）、速度（v）、时间（t），三者之间存在如下基本公式：

$$s = vt$$

所有的行程问题均建立在上述公式基础上进行考查，有两个量已知，则可求第三个量.

不同的题目中，上述几个量会存在一些变化，需要做调整，例如在行船问题中，水流速度对船速会带来影响，逆水和顺水的速度不同：

$$v_{顺} = v_{船} + v_{水}$$

$$v_{逆} = v_{船} - v_{水}$$

其中 $v_{顺}$ 表示顺水速度，$v_{逆}$ 表示逆水速度，$v_{船}$ 表示船在静水中的速度，$v_{水}$ 表示水流本身的速度.

2.正反比关系

行程问题的公式，是三个变量之间的关系，若有一个变量恒定不变，则另外两个量构成正反比关系：

$$s\text{一定时，}v\text{和}t\text{成反比，即}\frac{v_1}{v_2} = \frac{t_2}{t_1}$$

$$t\text{一定时，}s\text{和}v\text{成正比，即}\frac{s_1}{s_2} = \frac{v_1}{v_2}$$

$$v\text{一定时，}s\text{和}t\text{成正比，即}\frac{s_1}{s_2} = \frac{t_1}{t_2}.$$

3.相遇问题

“甲、乙分别自 A，B 两地同时出发，相向而行，A，B 两地之间的距离为 S，甲、乙速度分别为 v_1，v_2，经过时间 t 之后，甲、乙相遇.”

上述场景即为典型的相遇问题，两人相向而行，时间相同，相遇即停止，两人的行程关系如图 2-1 所示.

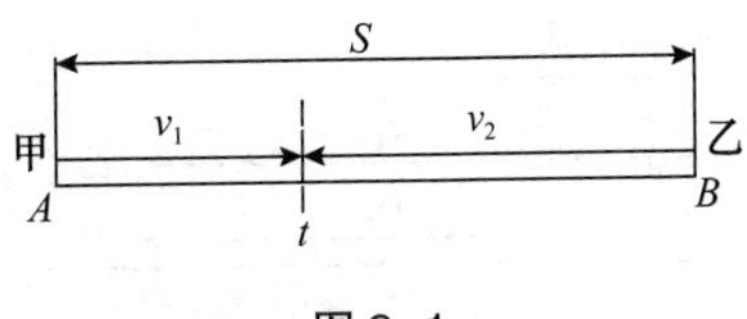

图 2-1

两人的路程和等于 A , B 两地之间的距离，即 $S = S_{甲} + S_{乙}$,用速度和时间表示 $S = v_1 t + v_2 t$,再合并之后可得相遇问题核心公式：

$$S = (v_1 + v_2)t$$

在上述场景中再作调整“若甲、乙相遇后继续行驶，到达对方出发地之后折返，到某一位置后则会出现第二次相遇，按照此模式持续进行下去，会出现第 n 次相遇”，此时题目变为多次相遇问题.

多次相遇问题，核心仍然是建立两人之间的路程关系，以第二次相遇为例，行程关系图如图 2-2 所示.

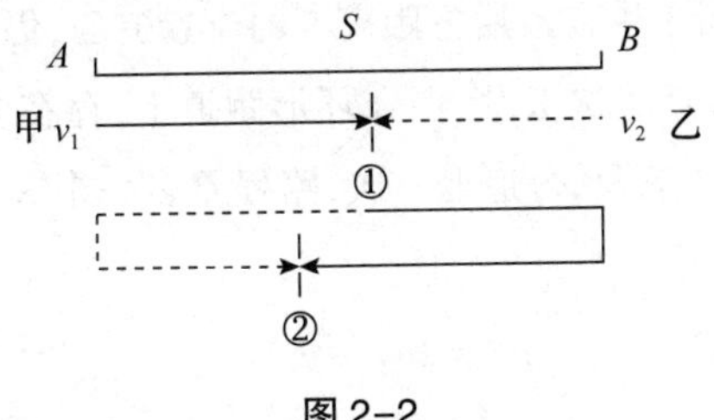

图 2-2

第一次相遇到第二次相遇，两人共同多走了 $2S$,总路程为 $3S$,两人的时间一直相同，若总时间为 t' ,则

$$3S = (v_1 + v_2)t'$$

甲、乙速度一直保持不变，且时间保持一致，可得到 $t' = 3t$.

同理，结合示意图 2-2 可知，每多相遇一次，甲、乙路程和多一个 $2S$,第 n 次相遇的总路程和为 $(2n - 1)S$,用 t_n 表示第 n 次相遇的总时间，则

$$(2n - 1)S = (v_1 + v_2)t_n$$

对相遇问题再做调整“一环形跑道总长为 S ,甲、乙自同一起点同时出发，反向而行，甲、乙速度分别为 v_1 , v_2 ,一定时间 t 之后，甲、乙相遇”. 此类问题叫作环形相遇问题.

环形相遇问题，与直线相遇问题并无本质区别，仍然是建立两人之间的路程关系，显然甲乙路程和等于环形总长，仍然满足 $S = (v_1 + v_2)t$. 相遇之后两人继续沿环形跑道行走，则会出现多次相遇，与直线多次相遇不同的是，环形跑道上，每相遇一次，路程和多一个 S ,第 n 次相遇的总路程和为 nS ,用 t_n 表示第 n 次相遇的总时间，则 $nS = (v_1 + v_2)t_n$.

4.追及问题

“甲、乙分别自 A , B 两地同时出发，同向而行（甲在后，乙在前）, A , B 两地之间的距离为 S ,甲、乙速度分别为 v_1 , v_2 ($v_1 > v_2$),一定时间 t 之后，甲追上乙.”

上述场景即为典型的追及问题，两人同向而行，时间相同，快追慢，追上即停止，两人的行程关系图如图 2-3 所示.

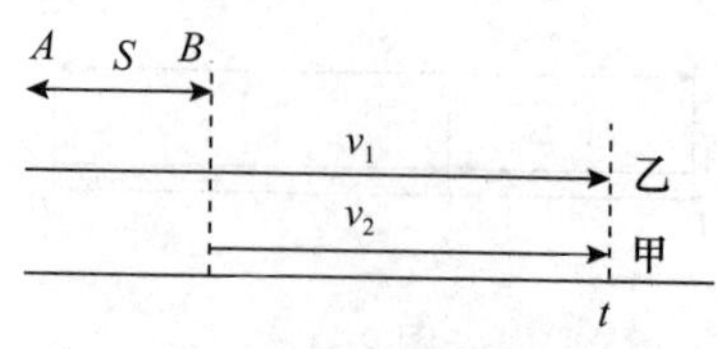

图 2-3

两人的路程差等于 A，B 两地之间的距离，即 $S = S_{甲} - S_{乙}$，用速度和时间代入整理可得追及问题核心公式：

$$S = (v_1 - v_2)t$$

将场景换到环形跑道上"一环形跑道总长为 S，甲、乙自同一起点同时出发，同向而行，甲、乙速度分别为 v_1，v_2（$v_1 > v_2$），一定时间 t 之后，甲追上乙". 此类问题叫作环形追及问题.

环形追及问题，两人虽然是同一起点出发，但由于在环形跑道上，甲会马上超过乙，一定时间后再从后方追上乙，俗称"套圈"，相当于甲在乙后方距离 S 的位置追乙，仍然满足 $S = (v_1 - v_2)t$.

直线上的追及问题通常不考查多次追及，但在环形跑道上，存在多次追及问题. 追上之后两人继续沿环形跑道行走，则会出现多次追及，每追上一次，路程差多一个 S，第 n 次追上的总路程差为 nS，用 t_n 表示第 n 次追上的总时间，则

$$nS = (v_1 - v_2)t_n.$$

二、命题点精讲

命题点 1 基本公式的应用★★★

思路点拨

行程问题的难点通常在于对题意的理解，多数题目可利用如下步骤进行解题：

①画示意图分析过程；

②列出每个过程的相关量（未知量用字母表示）；

③列出等量关系；

④解方程.

【例 1】(2017) 某人从 A 地出发，先乘时速为 220 千米的动车，后转乘时速为 100 千米的汽车到达 B 地，则 A，B 两地的距离为 960 千米.

(1) 乘动车的时间与乘汽车的时间相等.

(2) 乘动车的时间与乘汽车的时间之和为 6 小时.

【解析】

条件(1)：根据条件仅知时间相等，不能确定乘车的具体时间，所以条件(1)不充分；

条件(2)：根据条件仅知总时间，不能确定在两辆车上的各自乘车时间，所以条件(2)不充分；

(1)+(2)：乘动车的时间与乘汽车的时间之和为 6 小时且时间相等，则各为 3 小时，则两地之间的距离为 $220 \times 3 + 100 \times 3 = 960$，所以条件(1)和(2)联合充分. 故本题选择 C.

【例 2】(2002.10) A,B 两地相距 15 公里,甲中午 12 时从 A 地出发,步行前往 B 地,20 分钟后乙从 B 地出发骑车前往 A 地,到达 A 地后乙停留 40 分钟后骑车从原路返回,结果甲、乙同时到达 B 地,若乙骑车比甲步行每小时快 10 公里,则两人同时到达 B 地的时间(　　).

(A)下午 2 时　　(B)下午 2 时半　　(C)下午 3 时　　(D)下午 3 时半

【解析】

分析路程可知甲走了 AB 的路程,乙走了二倍的 AB 路程且比甲少用了一小时.设甲的速度为 v,乙的速度为 $v+10$,则 $\frac{15}{v}-1=\frac{30}{v+10}\Rightarrow v=5$ 或 $v=-30$(舍),故甲用时为 $15\div5=3$ 小时,即下午三时到达 B 地.故本题选择 C.

【例 3】(2001.10)从甲地到乙地,水路比公路近 40 千米.上午 10:00 一艘轮船从甲地驶往乙地,下午 1:00 一辆汽车从甲地开往乙地,最后船、车同时到达乙地.若汽车的速度是每小时 40 千米,轮船的速度是汽车的 $\frac{3}{5}$,则甲乙两地公路长为(　　)千米.

(A) 320　　(B) 300　　(C) 280　　(D) 260

【解析】

设汽车行驶时间为 t,则轮船行驶了 $t+3$,已知汽车的速度为 40km/h,轮船速度为 $\frac{3}{5}\times40=24$km/h,可得 $40t-24(t+3)=40\Rightarrow t=7$,则公路长为 $40\times7=280$ 千米.故本题选择 C.

【例 4】(2022)已知 A,B 两地相距 208km,甲、乙、丙三车的速度分别为 60km/h,80km/h,90km/h,甲、乙两车从 A 地出发去 B 地,丙车从 B 地出发去 A 地,三车同时出发,当丙车与甲、乙两车距离相等时,用时(　　).

(A) 70min　　(B) 75min　　(C) 78min　　(D) 80min　　(E) 86min

【解析】

设花费的时间为 t 小时,如图 2-4 所示,丙到甲乙中间,丙走的路程加上甲走的路程加上甲乙间距离的一半应该等于总路程.列方程为 $v_{丙}\cdot t+v_{甲}\cdot t+\frac{v_{乙}\cdot t-v_{甲}\cdot t}{2}=208$,代入对应的速度可知 $90\cdot t+60\cdot t+\frac{80\cdot t-60\cdot t}{2}=208\Rightarrow t=\frac{208}{160}=\frac{13}{10}=1.3\text{h}$,$t=1.3h=78\text{min}$,故本题选择 C.

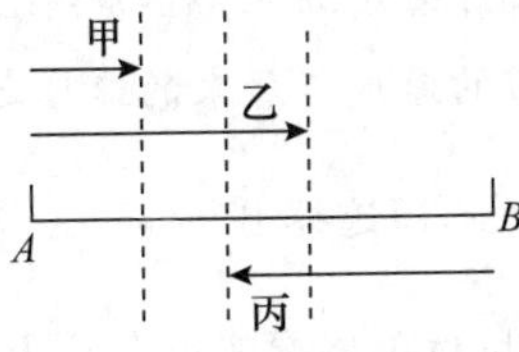

图 2-4

【例 5】两码头相距 360 千米,一艘汽艇顺水航行全程要 9 小时,逆水航行全程要 12 小时,则这艘汽艇在静水中的速度为(　　)千米/小时.

(A) 32　　(B) 28　　(C) 35　　(D) 25　　(E) 30

【解析】

顺水速度为 $v_{顺}=360\div 9=40$ 千米/小时，逆水速度为 $v_{逆}=360\div 12=30$ 千米/小时，设汽艇在静水中的速度为 $v_{船}$，则有 $v_{顺}=v_{船}+v_{水}$，$v_{逆}=v_{船}-v_{水}$，即静水船速为 $v_{静}=\frac{(v_{顺}+v_{逆})}{2}=\frac{(40+30)}{2}=35$ 千米/小时. 故本题选择C.

命题点2　正反比在行程问题中的应用★★★

思路点拨

①题干中出现分数、小数、百分数、倍数等信息时，可建立比例关系；

②题目涉及多个过程，且存在一个不变量时，可建立正反比关系.

【例6】(2015)某人驾车从 A 地赶往 B 地，前一半路程比计划多用时45分钟，平均速度只有计划的80%，若后一半路程的平均速度为120千米/小时，此人还能按原定时间到达 B 地，则 A，B 的距离为(　　)千米.

(A) 450　　(B) 480　　(C) 520　　(D) 540　　(E) 600

【解析】

前一半路程中，速度与时间成反比，实际速度与计划速度之比为4∶5，故实际时间与预计时间之比为5∶4，设实际用时为 $5k$，则计划用时为 $4k$，故有 $5k-4k=0.75$ 小时，即原计划用时为3小时，由于此人还能在原定计划时间到达 B 地，故后一半路程用时为 $3-0.75=2.25$，则后一半路程为 $120\times 2.25=270$ 千米，总路程为540千米，故本题选择D.

【例7】小明从家去学校，如果他每小时比原来多走1.5千米，他走这段路只需要原来时间的 $\frac{4}{5}$，如果他每小时比原来少走1.5千米，则他走这段路的时间比原来时间多(　　).

(A) $\frac{1}{2}$　　(B) $\frac{1}{3}$　　(C) $\frac{1}{4}$　　(D) $\frac{1}{5}$　　(E) $\frac{1}{6}$

【解析】

从家到学校的路程一定，速度与时间成反比，提速与未提速所用时间之比为4∶5，故速度之比为5∶4，设实际速度为 $5k$，则原来速度为 $4k$，故有 $5k-4k=k=1.5$ 千米，即原来的速度为每小时6千米；若每小时比原来少走1.5千米，则降速后的速度与原来的速度之比为4.5∶6＝3∶4，故所用时间之比为4∶3，即走这段路比原来的时间多 $\frac{1}{3}$，故本题选择B.

【例8】(2013.10)老王上午8:00骑自行车离家去办公楼开会，若每分钟骑行150米，则他会迟到5分钟；若每分钟骑行210米，则他会提前5分钟. 会议开始的时间是(　　).

(A) 8:20　　(B) 8:30　　(C) 8:45　　(D) 9:00　　(E) 9:00

【解析】

从家到办公楼的距离不变,速度与时间成反比,则两次骑行的速度之比为 150∶210 = 5∶7,故所用时间之比为 7∶5,两次骑行的时间差为 10 分钟,设第一次骑行所用时间为 $7k$,则有 $7k-5k=2k=10\Rightarrow k=5$,即第一次骑行所用时间为 35 分钟,由于会迟到 5 分钟,所以会议开始的时间为 8:30,故本题选择 B.

【例 9】一辆汽车从甲地开往乙地,如果车速提高 20%,则可以比原定时间提前 1 小时到达;如果以原速行驶 120 千米后,再将速度提高 25%,则可以提前 40 分钟到达,则甲、乙两地相距(　　)千米.

(A)240　　(B)250　　(C)260　　(D)270　　(E)300

【解析】

从 A 地到 B 地路程不变,故速度与时间反比,车速提高 20%,则提速前后的速度之比为 5∶6,故时间之比为 6∶5,设提速前的时间为 $6k$,则提速后的时间为 $5k$,有 $6k-5k=1$,故 $k=1$,则原速行驶所需要的时间为 $6k=6$ 小时;先以原速行驶 120 千米后,车速提升 25%后,提速前后速度之比为 4∶5,故此时时间之比为 5∶4,设提速前后的时间为 $5k_1$,$4k_1$,则 $5k_1-4k_1=k_1=\frac{2}{3}$ 小时,则可得行驶 120 千米后,剩下的距离按原速形式需要 $\frac{10}{3}$ 小时,又因为按原速行驶全路程需要 6 小时,则行驶 120 千米需要 $6-\frac{10}{3}=\frac{8}{3}$ 小时,设甲、乙在两地相距 S 千米,则在原速不变的情况下 $S:120=6:\frac{8}{3}\Rightarrow S=270$ 千米. 故本题选择 D.

命题点 3　相遇问题★★★

思路点拨

①相遇问题核心公式:$s=v_{和}t$;

②直线多次相遇,每多相遇一次,路程和多 $2s$;

③环形多次相遇,每多相遇一次,路程和多 s.

【例 10】(2016)上午 9 时一辆货车从甲地出发前往乙地,同时一辆客车从乙地出发前往甲地,中午 12 时两车相遇,已知货车和客车的速度分别为每小时 90 千米和 100 千米,则当客车到达甲地时货车距乙地的距离为(　　).

(A)30 千米　　(B)43 千米　　(C)45 千米　　(D)50 千米　　(E)57 千米

【解析】

两车相遇时行驶路程之和为总路程(100+90)×3 = 570 千米,当客车继续行驶到达甲地时,行驶时间为 $\frac{270}{100}=2.7$ 小时,则货车距乙地的距离为 300−90×2.7 = 57 千米. 故本题选择 E.

【例 11】甲、乙两列火车从相距 830 千米的两地相向而行,乙车先出发 1 小时后,甲车才出发,则能确定甲出发后到两车相遇的时间.

(1)甲车每小时行 50 千米.

(2)乙车每小时行60千米.

【解析】

条件(1):只知道甲车速度不知道乙车速度,不能确定相遇时间,所以条件(1)不充分;

条件(2):只知道乙车速度不知道甲车速度,不能确定相遇时间,所以条件(2)不充分;

(1)+(2):乙车出发一个小时后甲车出发,则此时甲乙共同时间里走过的总路程为 $830-60\times1=770$,甲乙相遇所需时间为 $770\div(50+60)=7$ 小时,可以确定甲出发后到两车相遇的时间,所以条件(1)和条件(2)联合充分. 故本题选择C.

【例12】甲、乙两人从相距100m的两地出发,相向而行,甲的速度为1.5m/s,乙的速度为1m/s,他们中间有一条狗,以8m/s的速度来回跑,则在两人碰面时,这条狗一共走了(　　)m.

(A)200　　(B)240　　(C)280　　(D)320　　(E)360

【解析】

若计算狗的路程,只需将狗的速度与狗跑的时间相乘即可,狗跑的时间与甲乙相遇所需的时间相等,故有 $100\div(1+1.5)=40$s,所以狗一共走了 $8\times40=320$m,故本题选择D.

【例13】(2014)甲、乙两人上午8:00分别自 A,B 出发相向而行,9:00第一次相遇,之后速度均提高了1.5公里/小时,甲到 B,乙到 A 后都立刻沿原路返回,若两人在10:30第二次相遇,则 A,B 两地相距(　　).

(A)5.6公里　　(B)7公里　　(C)8公里　　(D)9公里　　(E)9.5公里

【解析】

设甲的速度为 v_1,乙的速度为 v_2,两地距离为 s,则第一次相遇可列方程 $(v_1+v_2)\times1=s\Rightarrow v_1+v_2=s$;从第一次相遇到第二次相遇,两人共走过路程为 $2s$,则可列方程 $(v_1+1.5+v_2+1.5)\times1.5=2s$,两方程联立得 $(s+1.5+1.5)\times1.5=2s$,解得 $s=9$. 故本题选择D.

【例14】甲、乙两人在运动场上跑步,甲 a 秒可跑一圈,两人从同一起点出发,甲和乙反向跑,b 秒和甲相遇一次($b<a$),则乙跑一圈需要(　　)秒.

(A) $a-b$　　(B) $\dfrac{a}{a-b}$　　(C) $\dfrac{b}{a-b}$　　(D) $\dfrac{ab}{a-b}$　　(E) $\dfrac{a+b}{a-b}$

【解析】

设一圈路程为 s,甲的速度为 v_1,乙的速度为 v_2,则根据环形相遇问题公式得 $\begin{cases}v_1\times a=s,\\(v_2+v_1)\times b=s,\end{cases}$ 解得 $\begin{cases}v_1=\dfrac{s}{a},\\v_2=\left(\dfrac{a-b}{ab}\right)s,\end{cases}$ 则乙跑一圈所需时间 $t=\dfrac{s}{v_2}=\dfrac{ab}{a-b}$. 故本题选择D.

命题点 4　追及问题★★★

思路点拨

①追及问题核心公式：$s=v_{差}t$；

②环形多次追及，每多追及一次，路程差多 s.

【例 15】甲、乙两人练习跑步，每次都在同一点起跑，则能确定甲、乙两人的速度.

(1) 如果甲让乙先跑 10 米，甲跑 5 秒追上乙.

(2) 如果甲让乙先跑 2 秒，甲跑 4 秒追上乙.

【解析】

条件(1)：甲让乙先跑 10 米，后甲 5 秒追上乙，则有 $5(v_{甲}-v_{乙})=10$，即 $v_{甲}-v_{乙}=2\text{m/s}$，只能计算甲乙的速度差，不能确定两人速度，所以条件(1)不充分；

条件(2)：甲让乙先跑 2 秒，后甲 4 秒追上乙，则有 $4(v_{甲}-v_{乙})=2v_{乙}$，即 $2v_{甲}=3v_{乙}$，只能计算甲乙两人速度之比，不能确定两人速度，所以条件(2)不充分；

(1)+(2)：两个条件联立可得 $\begin{cases}v_{甲}-v_{乙}=2\text{m/s},\\2v_{甲}=3v_{乙}\end{cases}\Rightarrow\begin{cases}v_{甲}=6\text{m/s},\\v_{乙}=4\text{m/s},\end{cases}$ 所以条件(1)和(2)联合充分. 故本题选择 C.

【例 16】一列车长 225 米的慢车以 17 米/秒的速度行驶，一列车长 140 米的快车以 22 米/秒的速度在后面追赶，则快车从追上到完全超过慢车需要(　　)秒.

(A) 63　　(B) 68　　(C) 71　　(D) 72　　(E) 73

【解析】

快车从追上到完全超过慢车，总共比慢车多走了两车的车长之和，为 $225+140=365$ 米，所需时间为 $365\div(22-17)=73$ 秒，故本题选择 E.

【例 17】(2010.10) 在一条与铁路平行的公路上有一行人与一骑车人同向前进，行人速度为 3.6 千米/小时，骑车人速度为 10.8 千米/小时. 如果一列火车从他们后面同向匀速驶来，它通过行人的时间是 22 秒，通过骑车人的时间是 26 秒. 则这列火车的车身长为(　　)米.

(A) 186　　(B) 268　　(C) 168　　(D) 286　　(E) 188

【解析】

设火车的车身长为 l，速度为 v，统一单位得 $3.6\text{km/h}=\frac{3.6\times 1\,000\text{m}}{1\times 3\,600\text{s}}=1\text{m/s}$，$10.8\text{km/h}=\frac{10.8\times 1\,000\text{m}}{1\times 3\,600\text{s}}=3\text{m/s}$，则由于车过人为相距一个车长的追及问题，根据追及问题公式列方程得 $\begin{cases}l=(v-1)\times 22,\\l=(v-3)\times 26,\end{cases}$ 解得 $\begin{cases}v=14\text{m/s},\\l=286\text{m}.\end{cases}$ 故本题选择 D.

注　首先单位要统一，其次火车穿过行人以及骑车人，各自产生的路程差都是火车的车身长.

【例 18】(2005) 一支队伍排成长度为 800 米的队列行军，速度为 80 米/分，在队首的通讯员以三倍于行军的速度跑步到队尾,花1分钟传达首长命令后,立即以同样的速度回到队首,在这往返全程通讯员所花费的时间为(　　).

(A)6.5分　(B)7.5分　(C)8分　(D)8.5分　(E)10分

【解析】

设从队首至队尾的时间为t_1,从队尾回到队首的时间为t_2,可知通讯员的速度为$3\times80=240$,从队首跑到队尾,相当于通讯员与队尾的相遇问题,即$(80+240)t_1=800$,解得$t_1=2.5$;从队尾跑回队首,相当于通讯员与队首的追及问题,即$(240-80)t_2=800$,解得$t_2=5$,中间花费1分钟,则花费的总时间为$2.5+5+1=8.5$. 故本题选择D.

【例19】甲、乙两人环绕周长为1 200米的湖赛跑,则能确定甲跑步的速度.

(1)两人从同一地点出发,背向而行,经过2分钟相遇.

(2)两人从同一地点出发,同向而行,经过10分钟相遇.

【解析】

条件(1):两人背向而行,满足环形相遇,有$2(v_{甲}+v_{乙})=1\ 200$,不能确定甲的跑步速度,所以条件(1)不充分;

条件(2):两人同向而行,满足环形追击,不知道甲乙谁的速度比较快,有$10|v_{甲}-v_{乙}|=1\ 200$,不能确定甲的跑步速度,所以条件(2)不充分;

(1)+(2):由于不知道甲、乙谁的速度比较快,不能确定甲跑步的速度,所以条件(1)和条件(2)联合不充分. 故本题选择E.

考点二　工程问题★★

一、知识梳理

1.基本公式

工程问题中涉及3个量:工程总量(w)、效率(p)、时间(t),三者之间存在如下基本公式:

$$w=pt$$

所有的工程问题均建立在上述公式基础上进行考查,有两个量已知,则可求第三个量.

与行程问题不同的是,多数工程问题中,工程总量并不会给出实际值,大多以"一项工程、一项任务"等代指工程总量,条件中给出个人或合作时间,最终求合作或个人时间. 工程总量常常作为中间量,用字母表示的话,最终也会消掉,为了方便运算,可直接设工程总量为"1"或其他特殊值(通常为时间的最小公倍数).

例:一项工程,甲单独完成需要3天,乙单独完成需要4天,甲乙合作完成需要多少天.

本题给出单独时间最终求合作时间,可设工程总量为"1",则甲乙效率分别为$\frac{1}{3}$,$\frac{1}{4}$,合效率为

$\frac{1}{3}+\frac{1}{4}=\frac{7}{12}$，则合作时间为 $\frac{12}{7}$. 也可以直接设工程总量为 12(甲乙时间的最小公倍数)，则甲乙效率分别为 4,3，合效率为 7，则合作时间为 $\frac{12}{7}$.

多数题目中，等量关系的建立，可遵循如下原则：

总效率=各部分效率之和

工程总量=各部分工程量之和

2.正反比关系

与行程问题类似，工程问题公式是三个变量之间的关系，若有一个变量恒定不变，则另外两个量构成正反比关系：

w 一定时，p 和 t 成反比，即 $\frac{p_1}{p_2}=\frac{t_2}{t_1}$；

t 一定时，w 和 p 成正比，即 $\frac{w_1}{w_2}=\frac{p_1}{p_2}$；

p 一定时，w 和 t 成正比，即 $\frac{w_1}{w_2}=\frac{t_1}{t_2}$.

3.合作完工问题

"一项工程，甲乙合作需要 4 天完成，若甲先做 3 天，剩余由乙完成需要 6 天，求甲单独完成需要多少天."

上述题目中，甲、乙分不同的合作方案进行合作，均完成了该项工程，最终求其他合作方案的时间，类似问题叫作合作完工问题.

解决合作完工问题，可利用**转化思想**，快速进行求解.

上述问题中，两次方案对比，甲少做了 1 天，乙多做了 2 天，两次方案均完成了总工程量，即甲完成 1 天的量等于乙完成 2 天的量，简写为：

1 甲 = 2 乙

此式为甲乙效率之间的关系，可利用此关系对甲乙的工作量进行转化，题目求甲单独完成的时间，可看成在第一方案基础上，乙少做 4 天，利用转化关系可得 4 乙 = 2 甲，甲需要多做 2 天，则甲单独完成需要 6 天.

二、命题点精讲

命题点 1　基本公式的应用★★

思路点拨

工程问题中，典型的出题模式为：已知时间求时间，不出现具体的工程总量，因此工程问题常常设工程总量为"1"或者最小公倍数，从而简化运算.

【例20】(2015)一项工作,甲乙合作需要2天,人工费2 900元,乙丙需4天,人工费2 600元,甲丙合作2天完成了$\frac{5}{6}$,人工费2 400元,甲单独做该工作需要的时间和人工费分别为(　　).

(A)3天,3 000元　　(B)3天,2 850元　　(C)3天,2 700元

(D)4天,3 000元　　(E)4天,2 900元

【解析】

设工程总量为"1",甲、乙、丙单独完成该工作分别需要x,y,z天,每天的人工费分别为a,b,c元,根据工效、时间和工程量之间的关系列方程得$\begin{cases}\left(\frac{1}{x}+\frac{1}{y}\right)\times 2=1,\\ \left(\frac{1}{y}+\frac{1}{z}\right)\times 4=1,\\ \left(\frac{1}{x}+\frac{1}{z}\right)\times 2=\frac{5}{6}\end{cases}\Rightarrow\begin{cases}\frac{1}{x}+\frac{1}{y}=\frac{1}{2},\\ \frac{1}{y}+\frac{1}{z}=\frac{1}{4},\\ \frac{1}{x}+\frac{1}{z}=\frac{5}{12},\end{cases}$解得$\frac{1}{x}=\frac{1}{3}$,所以甲单独完成这项工作需要3天;根据费用问题可得$\begin{cases}(a+b)\times 2=2\,900,\\ (b+c)\times 4=2\,600,\\ (a+c)\times 2=2\,400\end{cases}\Rightarrow\begin{cases}a+b=1\,450,\\ b+c=650,\\ a+c=1\,200,\end{cases}$ 解得$a=1\,000$,则甲单独完成该工作的人工费为$1\,000\times 3=3\,000$元. 故本题选择A.

【例21】(2012.10)一项工作,甲、乙、丙三人各自独立完成需要的天数分别为3,4,6,则丁独立完成该项工作需要4天时间.

(1)甲、乙、丙、丁四人共同完成该项工作需要1天时间.

(2)甲、乙、丙三人各做1天,剩余部分由丁独立完成.

【解析】

可设工程总量为"1",丁独立完成需要x天.

条件(1):根据条件可知$\frac{1}{3}+\frac{1}{4}+\frac{1}{6}+\frac{1}{x}=1$,解得$x=4$,所以条件(1)充分;

条件(2):根据条件可设剩余部分丁独立完成需要y天,则$\frac{1}{3}+\frac{1}{4}+\frac{1}{6}+\frac{1}{x}\times y=1$,不能确定$x$,$y$的值,所以条件(2)不充分. 故本题选择A.

【例22】(2010.10)一件工程要在规定时间内完成,若甲单独做要比规定的时间推迟4天,若乙单独做要比规定的时间提前2天完成,若甲、乙合作了3天,剩下的部分由甲单独做,恰好在规定时间内完成,则规定时间为(　　)天.

(A)19　　(B)20　　(C)21　　(D)22　　(E)24

【解析】

可设规定时间为x天,则甲的工作效率为$\frac{1}{x+4}$,乙的工作效率为$\frac{1}{x-2}$,由于甲x天一直在工作,则甲完成的工作量为$\frac{1}{x+4}\times x$,乙仅工作3天,则乙完成的工作量为$\frac{1}{x-2}\times 3$,则$\frac{1}{x+4}\times x+\frac{1}{x-2}\times 3=1$,解得$x=20$. 故本题选择B.

命题点 2　正反比在工程问题中的应用★★

思路点拨

①题干中出现分数、小数、百分数、倍数等信息时，可建立比例关系，也可用份数思想解题；

②题目涉及多个过程，且存在一个不变量时，可建立正反比关系.

【例 23】(2019)某车间计划 10 天完成一项任务，工作 3 天后因故停工 2 天，若仍要按原计划完成任务，则工作效率需要提高(　　).

(A) 20%　　(B) 30%　　(C) 40%　　(D) 50%　　(E) 60%

【解析】

工作 3 天后，原计划和实际的工作时间之比为 7:5，在工程量一样的情况下，工效与时间成反比，则原计划和实际的工效之比为 5:7，则原功效为 5 份，实际功效为 7 份，因此功效需要提高$\frac{7-5}{5}\times100\%=40\%$. 故本题选择 C.

【例 24】(2022)一项工程施工 3 天后因故停工，2 天之后，工程队效率提高 20%后仍按原计划完成，则原计划工期为(　　).

(A)9 天　　(B)10 天　　(C)12 天　　(D)15 天　　(E)18 天

【解析】

提高效率后工程量不变，此时工程效率与时间成反比，即$\frac{p_{原}}{p_{提}}=\frac{1}{1.2}=\frac{5}{6}$，则$\frac{t_{原}}{t_{提}}=\frac{6}{5}$，相差 1 份，而提速前后相差 2 天，即 1 份为 2 天，原计划时间为 12 天，由于效率提高前已经施工了 3 天，所以原计划工期为 15 天. 故本题选择 D.

【例 25】(2011.10)打印一份材料，若每分钟打 30 个字，需要若干小时打完.当打到此材料的$\frac{2}{5}$时，打字效率提高了 40%，结果提前半小时打完.这份材料的字数是(　　)个.

(A) 4 650　　(B) 4 800　　(C) 4 950　　(D) 5 100　　(E) 5 250

【解析】

工作量剩余$\frac{3}{5}$的材料，提高效率后工作量不变，此时工作效率与时间成反比，即$\frac{p_{原}}{p_{提}}=\frac{1}{1.4}=\frac{5}{7}$，则$\frac{t_{原}}{t_{提}}=\frac{7}{5}$，时间相差 2 份，而提速后时间相差 30 分钟，即 1 份为 15 分钟. 完成剩余$\frac{3}{5}$的材料的时间为 7 份，则$\frac{3}{5}$的材料对应的字数为 7×15×30=3 150 个，因此可得总字数为$\frac{3\,150}{\frac{3}{5}}=5\,250$个. 故本题选择 E.

命题点3 合作完工问题★★

思路点拨

合作完工问题,有不同的合作方案时,可建立效率的转化关系,直接利用转化关系求解单独一部分完工时间,工时费也可直接进行转化.

【例 26】有一项工作任务,甲先做 4 小时,乙接着做 9 小时可以完成,甲先做 6 小时,乙接着做 5 小时可以完成,如果甲先做 2 小时后再让乙接着做,那么乙还需(　　)小时能完成.

(A)9　　(B)10　　(C)11　　(D)12　　(E)13

【解析】

方法一:

可设工程总量为"1",甲、乙单独完成该工作分别需要 x, y 天,则 $\begin{cases}\frac{1}{x}\times 4+\frac{1}{y}\times 9=1,\\ \frac{1}{x}\times 6+\frac{1}{y}\times 5=1,\end{cases}$ 解得 $\frac{1}{x}=\frac{2}{17}$, $\frac{1}{y}=\frac{1}{17}$. 甲先做 2 小时后,剩余工作量为 $1-\frac{2}{17}\times 2=\frac{13}{17}$,再让乙接着做,那么乙还需 $t=\frac{\frac{13}{17}}{\frac{1}{17}}=13$ 小时能做完. 故本题选择 E.

方法二:

可知甲先做 4 小时,乙接着做 9 小时完成任务,甲先做 6 小时,乙接着做 5 小时完成任务,对比发现甲多工作 2 小时,乙少工作 4 小时,即甲 2 小时的工作量等于乙 4 小时的工作量,现在甲工作 2 小时,相比 4 小时少做了 2 小时的工作量,则乙需要多做 4 小时的工作量,所以乙还需要 $9+4=13$ 小时. 故本题选择 E.

【例 27】一项工程由甲、乙两队合作 30 天可完成. 甲队单独做 24 天后,乙队加入,两队合作 10 天后甲队调走,乙队继续做了 17 天才完成. 若这项工程由甲队单独做,则需要(　　).

(A) 60 天　　(B) 70 天　　(C) 80 天　　(D) 90 天　　(E) 100 天

【解析】

方法一:

可设工程总量为"1",甲、乙单独完成该工作分别需要 x, y 天,则 $\begin{cases}\frac{1}{x}\times 30+\frac{1}{y}\times 30=1,\\ \frac{1}{x}\times 34+\frac{1}{y}\times 27=1,\end{cases}$ 解得 $x=70$, $y=52.5$,所以甲队单独完成,需要 70 天,故本题选择 B.

方法二:

甲、乙两队合作 30 天完成,或者甲队工作 $24+10=34$ 天,乙队工作 $10+17=27$ 天完成,对比发现,相当于甲队多工作4天,乙队少工作3天,即甲队4天的工作量等于乙队3天的工作量.所以乙队30天的工作量,相当于甲队40天的工作量,所以甲队单独完成的话,需要30 + 40 = 70天,故本题选择B.

【例28】一批货物要运进仓库.有甲乙两队合运9小时,可运进全部货物的50%,乙队单独运则要30小时才能运完,又知甲队每小时可运进3吨,则这批货物共有(　　).

(A) 135吨　(B) 140吨　(C) 145吨　(D) 150吨　(E) 155吨

【解析】

方法一:

设这批货物共有x吨,乙队单独运要30小时,则乙队每小时可运送$\frac{x}{30}$,甲乙两队合运9小时,可运全部货物的50%,可列等式$9\left(\frac{x}{30}+3\right)=0.5x$,解得$x=135$,故本题选择A.

方法二:

甲乙两队合运9小时可运进全部货物的50%,也就是甲乙两队合运18小时可全部运完.乙单独运30小时可全部运完,故乙运12小时相当于甲运18小时,故如果甲单独运,需要$\frac{30}{12}\times 18=45$小时,则货物总量为$45\times 3=135$吨,故本题选择A.

【例29】(2014)某单位进行办公室装修,若甲乙两个装修公司合作,需10周完成,工时费为100万元,甲公司单独做6周后由乙公司接着做18周完成,工时费为96万元,甲公司每周的工时费为(　　).

(A) 7.5万元　(B)7万元　(C) 6.5万元　(D)6万元　(E) 5.5万元

【解析】

方法一:

设甲、乙公司每周工时费为x万元,y万元,则可得方程$\begin{cases}10x+10y=100,\\6x+18y=96,\end{cases}$解得$\begin{cases}x=7,\\y=3.\end{cases}$故本题选择B.

方法二:

甲、乙各做10周完成,工时费100万元,甲做6周,乙做18周完成,工时费为96万,可得甲少做4周,乙就要多做8周,且工时费少了4万,则可得甲做1周相当于乙做2周,甲少做一周,工时费对应的是1万,当让甲独立完工时,乙相当于做0周,与第一种合作方案比较,乙要少做10周,则甲要多做5周,对应的工时费要增加5万,可得甲单独完工需要15周,总课时费为105万,则甲每周的工时费为$105\div 15=7$万.故本题选择B.

【例30】(2019)某单位要铺设草坪,若甲、乙两公司合作需6天完成,工时费共计2.4万元,若甲公司单独做4天后由乙公司接着做9天完成,工时费共计2.35万元,若由甲公司单独完成该项目,则工时费共计(　　).

(A) 2.25万元　(B) 2.35万元　(C) 2.4万元　(D) 2.45万元　(E) 2.5万元

【解析】

方法一：

可设甲、乙单独完成各需要x,y天，则每天的工时费各为a,b，则$\begin{cases}\dfrac{1}{x}+\dfrac{1}{y}=\dfrac{1}{6},\\ \dfrac{4}{x}+\dfrac{9}{y}=1,\end{cases}$ $\begin{cases}6(a+b)=2.4,\\ 4a+9b=2.35,\end{cases}$解得$x=10,a=0.25$，则甲公司单独完成该项目需支付工时费共计$0.25\times10=2.5$. 故本题选择E.

方法二：

甲、乙两人合作6天完工，工时费2.4万元，甲做4天，乙做9天可以完工，工时费为2.35万元. 可得甲少干两天，乙就得多干3天，工时费少0.05万元，则甲做2天相当于乙做3天，甲做2天，对应的工时费是0.05万元. 当甲单独完工时，乙做0天，与第一种合作方案相比，乙要少做6天，则甲就要多做4天，对应的工时费变化要增加0.1万元. 则可得甲单独完工需要10天，对应的工时费为2.5万元. 故本题选择E.

考点三 浓度问题★★

一、知识梳理

1.基本公式

一种物质溶于另一种物质形成**溶液**，前者叫作**溶质**，后者叫作**溶剂**，可用**浓度**来表示溶质的含量，三者满足如下公式：

$$浓度=\frac{溶质量}{溶液量}$$

其中，分母为溶液量并非溶剂量，溶液量=溶质量 + 溶剂量；溶质量、溶液量不一定是质量，盐溶液通常用质量计算浓度，但酒精溶液通常用体积来计算浓度；浓度计算结果通常化为百分数.

2.溶液置换问题

"现有浓度为a的溶液V升，倒出m升后加满水，混合均匀后浓度为a_1，求浓度a_1."

与上述题目类似，溶液倒出一部分再加满水的问题，叫作**溶液置换问题**. 相当于用一部分水置换掉一部分溶液，溶质有损失，浓度降低，溶液总量保持不变.

倒出m升后，溶液剩余$V-m$，其中含有溶质$(V-m)a$，加满水后溶质不变，总溶液量仍为V，则混合均匀后的浓度为$a_1=\dfrac{(V-m)a}{V}$.

将上述溶液再倒出m升后再加满水，混合均匀后浓度为a_2，求浓度a_2.

第二次溶液置换就是对第一次的重复，浓度计算上也没有任何变化，容易得到$a_2=\dfrac{(V-m)a_1}{V}$，将a_1代入可得$a_2=\dfrac{(V-m)}{V}\dfrac{(V-m)}{V}a=\left(\dfrac{V-m}{V}\right)^2a$.

现将上述溶液置换过程,重复 n 次,最终浓度为 b ,求浓度 b .

基于上述求解过程,可依次考虑第 2, 3,…, n 次,易得每置换一次,浓度就在原来基础上乘上一个 $\frac{(V-m)}{V}$,可得到溶液置换浓度公式:

$$b = a \cdot \left(\frac{V-m}{V}\right)^n .$$

3.溶液配制问题

"现有甲乙两份溶液,甲溶液浓度为 a ,溶液量 A ,乙溶液浓度为 b ($b < a$),溶液量为 B ,将两份溶液混合均匀,得到浓度为 c 的新溶液,求浓度 c ."

将两份溶液混合,得到一份新的溶液,建立混合前后浓度之间关系,求解未知量,此类问题叫作溶液配制问题.

新溶液的溶质为两溶液溶质之和 $Aa+Bb$,总溶液量为 $A+B$,则混合后浓度为 $c=\frac{Aa+Bb}{A+B}$,对式子进行整理可得

$$\frac{c-b}{a-c}=\frac{A}{B} .$$

第一个式子是对浓度基本公式的直接使用,可用于求混合之后的浓度. 整理之后的式子表示的是浓度变化与溶液量之间的关系,题目中存在其他未知量时,可利用该式建立等量关系.

溶液配制问题,可利用十字交叉法,快速建立上述等量关系,列出两溶液,将浓度写在后边,混合后浓度写中间,交叉相减再作比,结果等于溶液量之比,如图 2–5 所示.

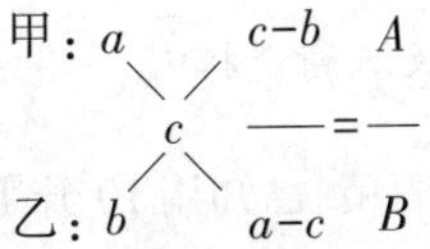

甲: a　　　　$c-b$　　A

　　　　c　　　——=——

乙: b　　　　$a-c$　　B

图 2–5

其中浓度作差,习惯使用大减小(混合后浓度一定介于两浓度之间),浓度差之比习惯化成最简整数比.

十字交叉法是一种快速建立等量关系的方法,且不仅仅针对浓度问题,凡是两个部分混合成一个整体,需要建立各部分平均量关系的题目,均可以利用十字交叉法.

潮哥敲黑板

①平均量:两个量相除得到的量,便可看作平均量,浓度、平均分、平均年龄、平均价格、速度等均可看成平均量.

②利用十字交叉法得到等量关系,等式左侧为平均量差值之比,右侧为平均量计算公式分母对应的量之比. 例: 浓度 $=\frac{溶质量}{溶液量}$,平均分 $=\frac{总分}{人数}$,则浓度、平均分利用十字交叉法得到的分别为溶液量之比、人数之比.

二、命题点精讲

命题点1 基本公式的应用★★

思路点拨

浓度问题的求解多数情况下求解关键在于确定溶质量的变化,溶质量确定之后再利用浓度问题的基本公式进行计算.

【例31】一容器内盛有浓度为45%的盐水,若再加入16千克水,则浓度变为25%,则该容器原本含盐的质量为(　　)千克.

(A)7　　(B)9　　(C)12　　(D)14　　(E)20

【解析】

设原来盐水的重量为x千克,则有$45\%x=25\%(x+16)$,解得$x=20$,则原本的含盐量为$20\times45\%=9$千克,故本题选择B.

【例32】某种溶液由40g浓度为15%的食盐溶液和60g浓度为10%的食盐溶液混合后再蒸发50g水得到,则这种溶液的食盐浓度为(　　).

(A) 20%　　(B) 18%　　(C) 24%　　(D) 28%　　(E) 30%

【解析】

本题中溶质量并没有发生变化,其量为$40\times15\%+60\times10\%=12\text{g}$,溶液为$40+60-50=50\text{g}$,则新溶液的浓度为$\frac{12}{50}\times100\%=24\%$.故本题选择C.

【例33】(2021)现有甲、乙两种浓度酒精,已知用10升甲酒精和12升乙酒精可以配成浓度为70%的酒精,用20升甲和8升乙可以配成浓度为80%的酒精,则甲酒精的浓度为(　　).

(A) 72%　　(B) 80%　　(C) 84%　　(D) 88%　　(E) 91%

【解析】

设甲酒精浓度为a,乙酒精浓度为b,则$\begin{cases}10a+12b=70\%(10+12),\\20a+8b=80\%(20+8),\end{cases}$联立解得$a=91\%$,$b=52.5\%$.故本题选择E.

【例34】(2016)将2升甲酒精和1升乙酒精混合得到丙酒精,则能确定甲、乙两种酒精的浓度.

(1)1升甲酒精和5升乙酒精混合后的浓度是丙酒精浓度的$\frac{1}{2}$倍.

(2)1升甲酒精和2升乙酒精混合后的浓度是丙酒精浓度的$\frac{2}{3}$倍.

【解析】

可设甲酒精浓度为x,乙酒精浓度为y,则丙酒精浓度为$\frac{2\times x+1\times y}{3}=\frac{2x+y}{3}$.

条件(1):可知 $\frac{1\times x+5\times y}{1+5}=\frac{1}{2}\times\frac{2x+y}{3}$,解得 $x=4y$,不能确定 x,y 的具体数值,所以条件(1)不充分;

条件(2):可知 $\frac{1\times x+2\times y}{1+2}=\frac{2}{3}\times\frac{2x+y}{3}$,解得 $x=4y$,不能确定 x,y 的具体数值,所以条件(2)不充分;

(1)+(2):$x=4y$,不能确定 x,y 的具体数值,所以条件(1)和(2)联合不充分. 故本题选择 E.

命题点 2 溶液置换问题★

思路点拨

溶液置换问题可直接用经验公式进行求解. 每次倒出溶液量不同时,公式同样适用.

【例 35】(2014)某容器中装满了浓度为 90% 的酒精,倒出 1 升后用水将容器充满,搅拌均匀后又倒出 1 升,再用水将容器注满,已知此时的酒精浓度为 40%,则该容器的容积是(　　).

(A) 2.5 升　(B)3 升　(C) 3.5 升　(D)4 升　(E) 4.5 升

【解析】

溶液置换问题,设该容器的容积为 V 升,则每次倒出 1 升,重复 2 次,初始浓度为 90%,最终浓度为 40%,直接套用置换公式,$\left(\frac{V-1}{V}\right)^2\times 90\%=40\%$,解得 $V=3$. 故本题选择 B.

【例 36】(2012.10)一满桶纯酒精倒出 10 升后,加满水搅匀,再倒出 4 升后,再加满水. 此时,桶中的纯酒精与水的体积之比是 2∶3. 则该桶的容积是(　　)升.

(A)15　(B)18　(C)20　(D)22　(E)25

【解析】

溶液置换问题,设桶容积为 V,第一次倒出 10 升,第二次倒出 4 升后,初始浓度为 100%,最终酒精与水比例为 2∶3,酒精与溶液比例为 2∶5,即最终浓度为 $\frac{2}{5}$,套用置换公式,$\frac{V-4}{V}\cdot\frac{V-10}{V}\times 100\%=\frac{2}{5}$,解得 $V=\frac{10}{3}$(舍),$V=20$. 故本题选择 C.

命题点 3 平均量混合问题★★★

思路点拨

十字交叉法是一种快速建立等量关系的方法. 关键在于识别题目:两个部分混合成一个整体,涉及三个平均量.

十字交叉法不仅适用于溶液混合问题,可拓展到平均年龄、平均分数、平均价格等多种题目,应用较广泛.

【例 37】(2008)若用浓度为 30% 和 20% 的甲、乙两种食盐溶液配成浓度为 24% 的食盐溶液 500 克,则甲、乙两种溶液应各取(　　)克.

(A) 180, 320　(B) 185, 315　(C) 190, 310　(D) 195, 305　(E) 200, 300

【解析】

根据题意可设甲、乙两种溶液各取 x, y 克，用十字交叉法

$$\begin{matrix} 甲:30\% & & 4\% \\ & 24\% & \\ 乙:20\% & & 6\% \end{matrix}$$

，则 $\begin{cases}\dfrac{4}{6}=\dfrac{x}{y},\\ x+y=500\end{cases}\Rightarrow\begin{cases}x=200,\\ y=300.\end{cases}$ 故本题选择E.

【例 38】(2009)在某实验中，三支试管各盛水若干克，现将浓度为12%的盐水10克倒入A管中，混合后，取出10克倒入B管中，混合后取出10克倒入C管中，结果A，B，C三支试管中的盐水浓度分别为：6%，2%，0.5%，那么三个试管中原来盛水最多的试管及其盛水量分别是(　　).

(A) A试管，10克　(B) C试管，20克

(C) C试管，30克　(D) B试管，40克

(E) C试管，50克

【解析】

方法一：

可设A，B，C三支试管分别盛水 x，y，z 克，且水的浓度为0. 根据题意可知，混合后，A，B，C三支试管中的浓度分别为6%，2%，0.5%，依次利用十字交叉法可得

$$\begin{matrix} 12\% & & 6\% \\ & 6\% & \\ 0\% & & 6\% \end{matrix}\Rightarrow\frac{6}{6}=\frac{10}{x}\Rightarrow x=10,$$

$$\begin{matrix} 6\% & & 2\% \\ & 2\% & \\ 0\% & & 4\% \end{matrix}\Rightarrow\frac{2}{4}=\frac{10}{y}\Rightarrow y=20,\quad \begin{matrix} 2\% & & 0.5\% \\ & 0.5\% & \\ 0\% & & 1.5\% \end{matrix}\Rightarrow\frac{5}{15}=\frac{10}{z}\Rightarrow z=30,$$

原来盛水最多的试管及其盛水量分别是C试管，30克. 故本题选择C.

方法二：

可设A，B，C三支试管分别盛水 x，y，z 克，则 $\dfrac{12\%\times10}{x+10}=6\%$，$\dfrac{6\%\times10}{y+10}=2\%$，$\dfrac{2\%\times10}{z+10}=0.5\%$，解得 $x=10$，$y=20$，$z=30$. 故本题选择C.

【例 39】甲、乙两瓶盐水，甲瓶盐水的浓度是乙瓶盐水的3倍，将100克甲瓶盐水与300克乙瓶盐水混合后得到浓度为15%的新盐水，则甲瓶盐水的浓度为(　　).

(A) 30%　(B) 25%　(C) 20%　(D) 28%　(E) 24%

【解析】

可设乙瓶盐水浓度为 x，则甲瓶盐水浓度为 $3x$，由十字交叉法得

$$\begin{matrix} 甲:3x & & 15\%-x \\ & 15\% & \\ 乙:x & & 3x-15\% \end{matrix}\quad \frac{15\%-x}{3x-15\%}=\frac{100}{300},$$ 解

得 $x = 10\%$，$3x = 30\%$. 故本题选择 A.

【例 40】(2008.10)某班有学生 36 人,期末各科平均成绩为 85 分以上为优秀,若该班优秀学生的平均成绩为 90 分,非优秀生的平均成绩为 72 分,全班平均成绩为 80 分,则该班优秀学生人数为(　　).

(A)12　　(B)14　　(C)16　　(D)18　　(E)20

【解析】

设该班优秀学生人数为 x，非优秀生为 $36-x$，该题属于平均量混合问题,利用十字交叉法可得

$$\begin{array}{ccc} 90 & & 8 \\ & 80 & \\ 72 & & 10 \end{array} \Rightarrow \frac{4}{5}=\frac{x}{36-x} \Rightarrow x=16.$$ 故本题选择 C.

【例 41】(2016)已知某公司男员工的平均年龄和女员工的平均年龄,则能确定该公司员工的平均年龄.

(1)已知该公司员工的人数.

(2)已知该公司男、女员工的人数之比.

【解析】

设该公司的男、女员工人数分别为 x，y，平均年龄为 c，已知男、女员工的平均年龄分别为 a，b，该题属于平均量混合问题,利用十字交叉可得

$$\begin{array}{ccc} a & & c-b \\ & c & \\ b & & a-c \end{array} \quad \frac{c-b}{a-c}=\frac{x}{y}$$

,若希望求得 c 值,需知道 $\frac{x}{y}$ 值.

条件(1):根据条件可知 $x+y$，但不能确定 $\frac{x}{y}$ 的具体数值,故该公司员工的平均年龄不能确定,所以条件(1)不充分;

条件(2):根据条件可知 $\frac{x}{y}$ 的数值,则公司员工的平均年龄 $c=\dfrac{a\frac{x}{y}+b}{\frac{x}{y}+1}$ 可以确定,所以条件(2)充分. 故本题选择 B.

【例 42】某次考试中,全体考生的总平均分为 76 分,男生的平均分为 75 分,女生的平均分为 80.1 分,若参加考试的人数在 380~450 之间,则女生人数为(　　).

(A) 80　　(B) 82　　(C) 79　　(D) 77　　(E) 75

【解析】

根据十字交叉法得

$$\begin{array}{ccc} 75 & & 80.1-76 \\ & 76 & \\ 80.1 & & 76-75 \end{array} \quad \frac{80.1-76}{76-75}=\frac{4.1}{1}=\frac{41}{10}$$

,设男生人数为 $41k$，女生人数为 $10k$ $(k\in Z)$，由题意可得 $380 < 41k+10k < 450$，解得 $7.45 < k < 8.82$，故 $k=8$，所以女生人数是 $10k=10\times 8=80$. 故本题选择 A.

考点四 增长率问题★★

一、知识梳理

增长率用于表示一个量增长程度的大小,例如股票价格涨幅、产量的变化幅度、利率等,其结果通常用百分数来表示. 若某个量减少或下降,也可用负增长表示.

某个量初始值为 a ,变化后最终变为 b ,则其增长率 p 为

$$p=\frac{b-a}{a}.$$

题目中还经常会涉及,已知初始值和增长率求最终值的问题,可对上式进行变形

$$b=a(1+p).$$

若某变量初始值为 a ,连续增长 n 次,最终变为 b_n ,每次增长率相同,均为 p ,则终值为

$$b_n=a(1+p)^n.$$

若每次增长率不同,分别为 $p_1,p_2,\cdots,p_n$,则

$$b_n=a(1+p_1)(1+p_2)\cdots(1+p_n).$$

上述两个过程为**多次增长问题**.

在多次增长问题中,每次增长率各不相同时,可求**平均增长率**,平均增长率不是增长率数值的平均数,而是将每次增长率看成相同所得到的值.

在一个 n 次增长过程,若已知初始值 a 和最终值 b_n ,求平均增长率 p ,直接利用上述第三个式子,可得

$$p=\sqrt[n]{\frac{b_n}{a}}-1.$$

若已知各次的增长率 $p_1,p_2,\cdots,p_n$,求平均增长率,则可利用终值相等建立关系,即 $a(1+p)^n=a(1+p_1)(1+p_2)\cdots(1+p_n)$,整理可得

$$p=\sqrt[n]{(1+p_1)(1+p_2)\cdots(1+p_n)}-1.$$

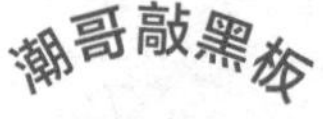

平均增长率问题中,需要注意的是,求平均增长率只可利用上述两个关系式进行求解,即要么已知初始值和最终值,要么已知各次增长率.

二、命题点精讲

命题点 1 基本公式的应用★★

思路点拨

增长率问题中,已知增长率,求前后两个值的比,则不需要给出具体的初始值,可直接用特殊值来表示初始值.

【例 43】(2011.10)已知某种商品的价格从 1 月到 3 月的月平均增长速度为 10%,那么该商品 3 月的价格是其 1 月价格的(　　).

(A) 21%　　(B) 110%　　(C) 120%　　(D) 121%　　(E) 133.1%

【解析】

设 1 月的价格为 x,则 3 月的价格为 $x(1+10\%)^2$,所以该商品 3 月的价格是其 1 月价格的 $\frac{x(1+10\%)^2}{x}\times 100\%=121\%$. 故本题选择 D.

【例 44】(2010)该股票涨了.

(1)某股票连续三天涨了 10%后,又连续三天跌 10%.

(2)某股票连续三天跌了 10%后,又连续三天涨 10%.

【解析】

设该股票原价为 x,现价 y;

条件(1):$y=(1+0.1)^3(1-0.1)^3x=[(1+0.1)(1-0.1)]^3x=0.99^3x<x$,所以条件(1)不充分;

条件(2):$y=(1-0.1)^3(1+0.1)^3x=[(1-0.1)(1+0.1)]^3x=0.99^3x<x$,所以条件(2)不充分;

(1)+(2):两条件矛盾,无法联合,所以条件(1)和(2)联合不充分. 故本题选择 E.

【例 45】(2010)甲企业今年人均成本是去年的 60%.

(1)甲企业今年总成本比去年减少 25%,员工人数增加 25%.

(2)甲企业今年总成本比去年减少 28%,员工人数增加 20%.

【解析】

可设去年和今年人均成本分别为 a,b,去年的总成本 x,员工人数为 y;

条件(1):根据条件可知今年总成本 $(1-25\%)x=75\%x$,员工人数 $(1+25\%)y=125\%y$,$a=\frac{x}{y}$,$b=\frac{75\%x}{125\%y}=60\%\frac{x}{y}$,则 $b=60\%a$,所以条件(1)充分;

条件(2):根据条件可知今年总成本 $(1-28\%)x=72\%x$,员工人数 $(1+20\%)y=120\%y$,$a=\frac{x}{y}$,$b=\frac{72\%x}{120\%y}=60\%\frac{x}{y}$,则 $b=60\%a$,所以条件(2)充分. 故本题选择 D.

【例 46】(2015)某新兴产业在 2005 年末至 2009 年末产值的年平均增长率为 q，在 2009 年末至 2013 年的年平均增长率比前四年下降了 40%，2013 年的产值约为 2005 年产值的 14.46 倍，则 q 约为(　　)($14.46 \approx 1.95^4$).

(A) 30%　　(B) 35%　　(C) 40%　　(D) 45%　　(E) 50%

【解析】

设 2005 年末的产值为 x，则 2009 年末的产值为 $x(1+q)^4$，2009 年末至 2013 年的年平均增长率为 $(1-40\%)q \Rightarrow 0.6q$，则 2013 年末的产值为 $x(1+q)^4(1+0.6q)^4$，所以 $x(1+q)^4(1+0.6q)^4 = 14.46x \Rightarrow (1+q)(1+0.6q) = 1.95$，整理得 $(2q-1)(6q+19)=0 \Rightarrow q_1 = -\frac{19}{6}$(舍)或 $q_2 = \frac{1}{2}$. 故本题选择 E.

注　对于计算较复杂的题目，可采用代入验证法快速得出答案，原则为从最简单的选项开始.

命题点 2　平均增长率问题★★

思路点拨　求平均增长率，直接利用两个关系 $p = \sqrt[n]{\frac{b_n}{a}} - 1$ 或 $p = \sqrt[n]{(1+p_1)(1+p_2)\cdots(1+p_n)} - 1$，即要么已知每次增长率，要么已知初始值和最终值.

【例 47】(2012.10)某商品经过 8 月与 9 月连续两次降价，售价由 m 元降到了 n 元，则该商品的售价平均每次下降了 20%.

(1) $m - n = 900$.

(2) $m + n = 4\ 100$.

【解析】

设每次下降为 x.

条件(1)：$m - n = 900$，下降率无法确定，所以条件(1)不充分；

条件(2)：$m + n = 4\ 100$，下降率无法确定，所以条件(2)不充分；

(1)+(2)：两条件联合 $\begin{cases} m - n = 900, \\ m + n = 4\ 100 \end{cases} \Rightarrow \begin{cases} m = 2\ 500, \\ n = 1\ 600, \end{cases}$ 则 $2\ 500(1-x)^2 = 1\ 600 \Rightarrow x = 20\%$，所以条件(1)和(2)联合充分. 故本题选择 C.

【例 48】(2017)能确定某企业产值的月平均增长率.

(1)已知 1 月的产值.

(2)已知全年的总产值.

【解析】

根据平均增长率公式 $p = \sqrt[n]{\frac{b_n}{a}} - 1$(其中 a 为初始值，b 为终值)，可知平均增长率与初始值及终值有关.

条件(1):仅能确定1月的产值,即初始值,不能确定12月的产值,即终值,故无法确定该企业的月平均增长率,所以条件(1)不充分;

条件(2):仅能确定全年的总产值,不能确定1月的产值及12月的产值,即不能确定初始值及终值,故无法确定该企业的月平均增长率,所以条件(2)不充分;

(1)+(2):两条件联合不能确定12月的产值,即不能确定终值,所以条件(1)和(2)联合不充分.故本题选择E.

考点五 容斥问题★

一、知识梳理

"一个学习小组中,5人喜欢数学,7人喜欢逻辑,2人既喜欢数学又喜欢逻辑,求喜欢数学或逻辑的共有多少人."

该问题属于一个计数问题,计数的对象分成了两部分,但是两部分存在人员重叠,计数需要注意不重不漏,因此计算总数需要考虑各部分与重复部分的关系,此类问题为容斥问题.

上述关系如图2-6所示.

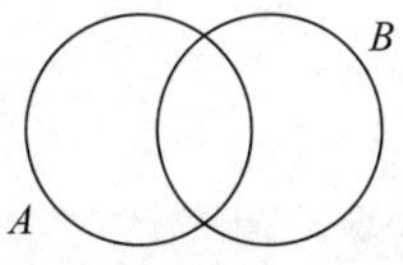

图2-6

其中A表示喜欢数学的人数,B表示喜欢逻辑的人数,$A\cup B$表示总人数(求并集,求A,B中全部元素个数且无重复),$A\cap B$表示重叠部分人数(求交集).

求总人数,如果直接用A,B相加,重叠部分会计算两次,因此需要减去重叠部分,可得两者容斥公式

$$A\cup B=A+B-A\cap B$$

在上述基础上再多加一个计数对象,变为三者容斥问题,三部分的关系中,会存在两两重叠,也会存在三部分重叠的部分,关系如图2-7所示.

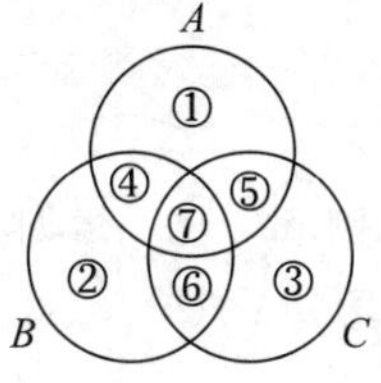

图2-7

其中 A，B，C 分别表示三个计数部分的元素个数，$A\cup B\cup C$ 表示总数，$A\cap B$，$A\cap C$，$B\cap C$ 分别表示两两重叠部分的元素个数，$A\cap B\cap C$ 表示三者重叠部分的元素个数.

将所有部分均单独标号，可分成三类，①，②，③为无重叠部分，④，⑤，⑥为仅两两重叠部分，⑦为三者重叠部分. 显然 $\begin{cases}A\cap B=④+⑦,\\A\cap C=⑤+⑦,\\B\cap C=⑥+⑦,\end{cases}$ $A\cap B\cap C=⑦$.

求总人数，如果直接用 A,B,C 相加，重叠部分会进行重复计数，若直接减去 $A\cap B$，$A\cap C$，$B\cap C$，则三者重叠部分减了三次，为了确保计数不漏元素，需要再单独加上 $A\cap B\cap C$，可得三者容斥公式

$$A\cup B\cup C=A+B+C-A\cap B-A\cap C-B\cap C+A\cap B\cap C.$$

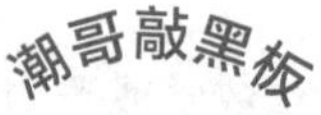

容斥问题公式的使用，需要根据条件的不同做出适当的调整，解题关键是用图示的方式分析清楚所需计数的各部分之间的关系，保证计数部分不重不漏.

二、命题点精讲

命题点1 容斥问题★

容斥问题解题的关键在于结合图示分析清楚各部分之间的关系，计数保证不重不漏.

【例49】(2011)某年级60名学生中，有30人参加合唱团、45人参加运动队，其中参加合唱团而未参加运动队的有8人，则参加运动队而未参加合唱团的有(　　).

(A)15人　　(B)22人　　(C)23人　　(D)30人　　(E)37人

【解析】

作文氏图如图2-8所示，可得 $\begin{cases}30=①+②,\\45=②+③,\\8=①,\end{cases}$ 解得 $③=45-30+8=23$. 故本题选择C.

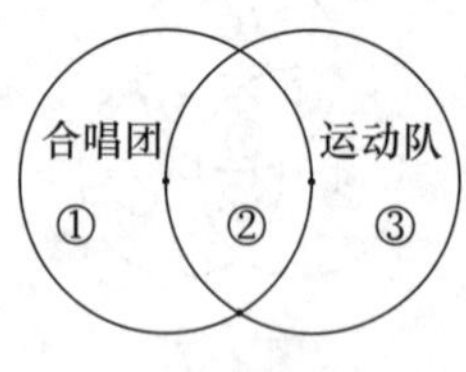

图2-8

【例 50】(2017)老师问班上 50 名同学周末复习情况,结果有 20 人复习过数学,30 人复习过语文,6 人复习过英语,且同时复习过数学和语文的有 10 人,同时复习过语文和英语的有 2 人,同时复习过英语和数学的有 3 人. 若同时复习过这三门课的人为 0,则没复习过这三门课程的学生人数为(　　).

(A)7　　(B)8　　(C)9　　(D)10　　(E)11

【解析】

可作文氏图,如图 2-9 所示,则复习至少一科的人数为 $20+30+6-2-10-3=41$ 人,所以没复习过这三门课程的学生人数为 $50-41=9$ 人. 故本题选择 C.

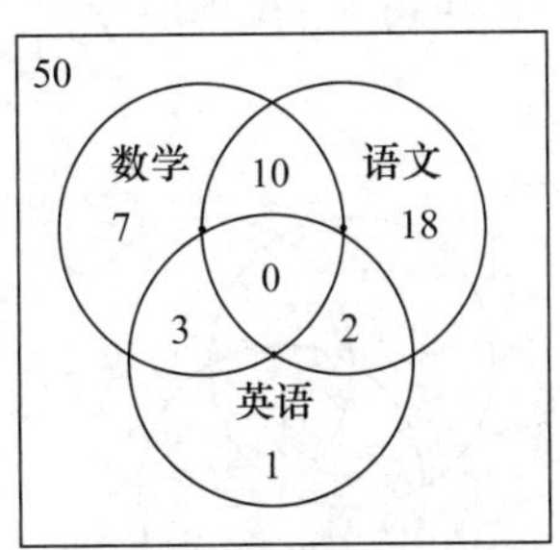

图 2-9

【例 51】(2018)有 96 位顾客至少购买了甲、乙、丙三种商品中的一种,经调查:同时购买了甲、乙两种商品的有 8 位,同时购买了甲、丙两种商品的有 12 位,同时购买了乙、丙两种商品的有 6 位,同时购买了三种的有 2 位,则仅购买一种商品的顾客有(　　)位.

(A) 70　　(B)72　　(C) 74　　(D) 76　　(E) 82

【解析】

用 A, B, C 分别表示购买甲、乙、丙三种商品的人数,则 $\begin{cases} A\cup B\cup C=96, \\ A\cap B=8, \\ A\cap C=12, \\ B\cap C=6, \\ A\cap B\cap C=2, \end{cases}$ 三者关系如图 2-10 所示,设仅购买一种商品的人数为 x,根据图示可得 $A\cup B\cup C=x+A\cap B+A\cap C+B\cap C-2\times A\cap B\cap C$,代入数据,计算可得 $x=74$. 故本题选择 C.

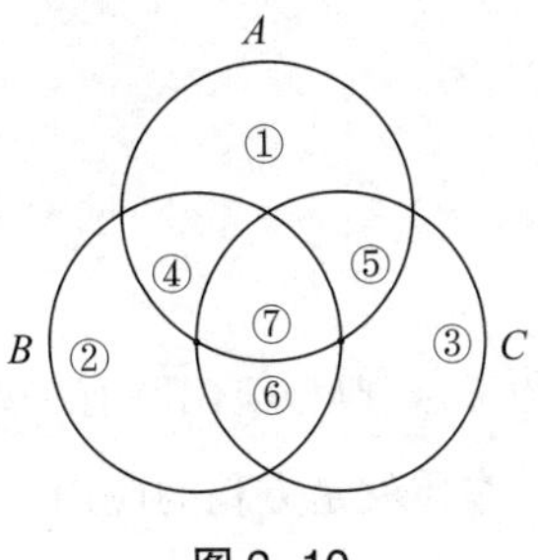

图 2-10

【例 52】(2021)某便利店第一天售出 50 种商品,第二天售出 45 种,第三天售出 60 种,前两天售出商品有25种相同,后两天售出商品有30种相同,这三天售出商品至少有(　　)种.

(A) 70　　(B) 75　　(C) 80　　(D) 85　　(E) 100

【解析】

方法一:

如图2-11所示,可设三天售出商品种类数分别为A, B, C, $A\cap B\cap C=x$,仅两部分相同的商品数为$25-x$,$30-x$,y.三天售出商品的总和为$A\cup B\cup C=A+B+C-A\cap B-A\cap C-B\cap C+A\cap B\cap C$,

即$A\cup B\cup C=50+45+60-25-30-(x+y)+x=100-y$, $\begin{cases}25-y\geqslant 0,\\30-y\geqslant 0\end{cases}\Rightarrow y\leqslant 25$,因此当$y_{\max}=25$时,

$(A\cup B\cup C)_{\min}=75$.故本题选择B.

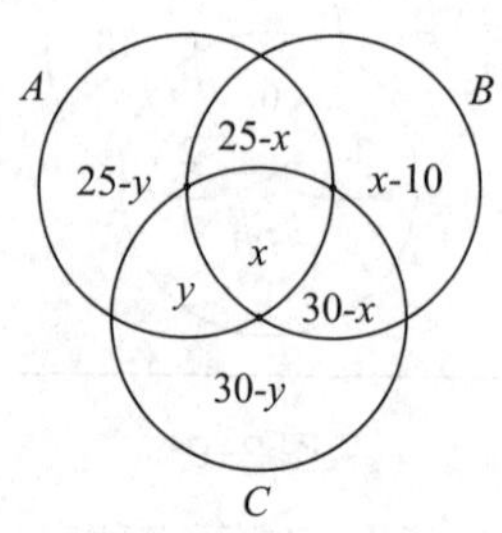

图2-11

方法二:

可知第一天和第二天的商品有$25+25+20=70$种,如图2-12所示,第三天售出的60种商品中,有30种和第二天相同,要使这三天售出商品最少,则在第三天剩下的30种商品中,有25种与第一天的25种商品相同,所以这三天售出商品至少有$70+5=75$种.故本题选择B.

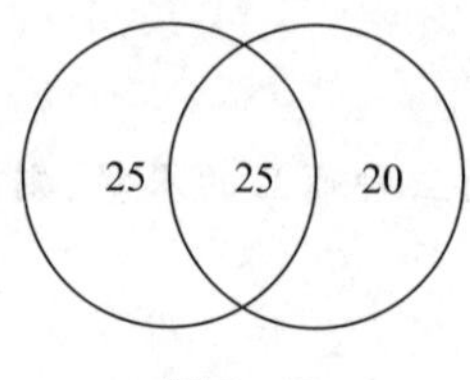

图2-12

考点六　其他问题★

一、知识梳理

前几个考点中是一些典型的应用题考点,典型应用题有一些固定的公式和解题思路,但是应用题本身考法较为广泛,有较多的命题角度,本质就是方程的应用.

除了典型应用题外,还会考查一般应用题,此类问题无法列举出所有的类型,也无需特殊的讲解说明,只需按照最基本的解题思路进行求解即可:

(1)设未知数;

(2)根据题干建立等量关系,列出方程;

(3)解方程或方程组.

典型问题以外,存在部分命题点,虽然能够明确成为一类,但考查到的知识点较少,难度并不高.现将类似几个命题点汇总如下.

1.利润问题

利润问题中涉及4个量:售价、成本、利润、利润率.几个量之间存在如下关系:

$$利润 = 售价 - 成本;$$

$$利润率 = \frac{利润}{成本}.$$

题目中还会涉及打折问题,商品打几折,就是按原价的几成进行计价,例如打九折,就是按原价的90%进行计价.

2.植树问题

“在400米长的一段路的一侧种树,每10米种一棵,两端均种树,总共种几棵.”

类似在一定的距离上等间距种树的问题为**植树问题**.本题中,每10米种一棵树,则总长可以分为40段,但是树种在端点上,40段共有41端点,因此共需要种41棵树.

植树问题涉及3个量:种树的总距离、两棵树的间距、种树的棵数.通常情况下,要求两端均种树,则三者之间满足:

$$棵数 = \frac{总距离}{间距} + 1.$$

题目还改为**封闭型植树问题**,即植树的位置为封闭的道路,此时相当于是将直线型道路的首尾相连,共分成多少段,则有多少个端点,无需再多加1,即

$$棵数 = \frac{总距离}{间距}.$$

植树问题,可以迁移到不同的场景中,比如敲钟的间隔问题、锯木头问题等,其关键不在于套用固定公式,而是要弄清楚总距离、间隔、棵数三者之间的关系,要根据不同条件做适当的调整.

3.盈亏问题

“将一定数量的书分给n个人,若每人分3本则余10本,若每人分5本则缺2本,问共有多少个人.”

类似将一定数量物品分给若干个人,一次分配有剩余,一次分配数量不够,求人数或总数量的问题,叫作**盈亏问题**.本题中,第二次相当于是在第一次的基础上每人多分了2本,将第一次剩的10本分给这几个人,还需要额外的2本,因此总人数$n = \frac{10 + 2}{2} = 6$.推广到一般问题,可得到如下关系:

$$人数 = \frac{盈余数 + 不足数}{差额}.$$

也可直接列方程，以上题为例，$3n+10=5n-2$，可直接求解答案，也可变形得 $n=\frac{10+2}{5-3}$，与上述结论保持一致.

4.抽屉原理

抽屉原理常用于解决一些涉及存在性的数学问题，其简单形式如下：

将 $n+1$ 个苹果，任意放到 n 个抽屉里（n 为正整数），则至少有一个抽屉里有 2 个苹果.

在上述表述中，若使抽屉里有 2 个苹果，很容易实现，但如果考虑最少有几个抽屉有 2 个苹果，则需要考虑最不利的情况，即每个抽屉放 1 个苹果，共 n 个苹果，还剩余 1 个苹果，此时无论放到哪个抽屉，一定会出现有 2 个苹果的抽屉，则任意放苹果，最少有一个抽屉里有 2 个苹果.

能运用抽屉原理的题目，常常会出现“至少、总是”等限定词，要求判断某种情况是否存在，或考虑如何保证某种情况出现. 此类题目均可采用上述模型，分析清楚“抽屉、苹果”分别对应题目中哪些信息，解决问题的核心是考虑最不利情况，考虑即使出现了最不利情况，仍然能满足结果的情况.

例 1：现有去掉大小王的一副扑克牌，至少抽多少张，就一定能保证存在花色相同的两张.

扑克牌共 4 种花色，最不利情况就是每次抽到的花色均不同，需要抽共 4 次，但是第 5 次再抽完就一定会存在花色相同的两张牌，因此结果为 5. 本题中，可将扑克牌看成苹果，花色看成抽屉.

例 2：小张做管综数学题，均为选择题，问小张至少要做到第几题的时候，就一定能保证有两道题的答案相同.

管综数学题选项有 5 个，考虑最不利情况，每道题选项均不同，需要 5 道题，做到第 6 题，就一定会出现选项相同的两道题. 本题中，可将题目看成苹果，选项看成抽屉.

二、命题点精讲

命题点 1 利润问题★

思路点拨

利润问题可根据已知条件设立未知数，然后再利用利润的基本公式列方程求解.

【例 53】（2010）某商品的成本为 240 元，若按该商品标价的 8 折出售，利润率是 15%，则该商品的标价为（　　）.

（A）276 元　　（B）331 元　　（C）345 元　　（D）360 元　　（E）400 元

【解析】

可设商品的标价为 x 元，则由利润率公式得 $\frac{0.8x-240}{240}=15\%$，解得 $x=345$. 故本题选择 C.

【例 54】（2009.10）甲、乙两商店某种商品的进货价格都是 200 元，甲店以高于进价 20%的价格出售，乙店以高于进价 15%的价格出售，结果乙店的售出件数是甲店的 2 倍. 扣除营业税后乙店的利润比甲店多5 400元. 若设营业税是营业额的5%,那么甲、乙两店售出的商品各为(　　)件.

(A)450,900　(B)500,1 000　(C)550,1 100　(D)600,1 200　(E)650,1 300

【解析】

可设甲店售出x件,乙店售出为$2x$件,

	件数	成本	营业额	营业税
甲	x	$200x$	$200\cdot(1+20\%)x$	$200(1+20\%)x\cdot5\%$
乙	$2x$	$200\cdot2x$	$200\cdot(1+15\%)\cdot2x$	$200(1+15\%)\cdot2x\cdot5\%$

则甲店利润$[200\cdot(1+20\%)x-200x-200(1+20\%)x\cdot5\%]=28x$,乙店利润$[200\cdot(1+15\%)\cdot2x-200\cdot2x-200(1+15\%)\cdot2x\cdot5\%]=37x$,则$37x-28x=5\ 400$,解得$x=600$,所以甲、乙两商店售出的商品各为600,1 200件. 故本题选择D.

命题点2 植树问题★

思路点拨

①线型植树问题,棵数等于距离除以间距再加1,注意单双侧问题;

②封闭型植树问题,棵数等于距离除以间距.

【例55】有一个三角形鱼塘,三边长分别为120米、60米、90米,沿鱼塘周围每隔6米种一棵杨树,则需要种(　　)棵杨树.

(A)44　(B)45　(C)46　(D)35　(E)50

【解析】

在三角形鱼塘种植杨树,属于环形植树问题,直接用总距离除以间距计算即可,有$(120+60+90)\div6=45$棵,故本题选择B.

【例56】某单位两座办公楼之间有条长204米的道路,在道路起点的两侧和终点的两侧已各栽种了一棵树. 现在要在这条路的两侧栽种更多的树,使每一侧每两棵树之间的间隔不多于12米. 如栽种每棵树需要50元人工费,则为完成栽种工作,在人工费这一项至少需要做(　　)元预算.

(A) 1 600　(B) 1 700　(C) 1 800　(D) 1 900　(E) 2 000

【解析】

本题属于直线种树问题,若人工费预算最少,则需要植树数目最少,也就是间距最大为12米. 故每侧需要种树数量为$204\div12+1=18$棵,由于已经在起点和终点各种植了一棵树,故每侧需要种树数量为$18-2=16$棵,总种树数量为$16\times2=32$棵,预算经费为$32\times50=1\ 600$,故本题选择A.

【例57】(2019)将一批树苗种在一个正方形花园的边上,四角都种,如果每隔3米种一棵,那么剩余10棵树苗,如果每隔2米种一棵,那么恰好种满整个正方形的3条边,则这批树苗有(　　).

(A) 54棵　(B)60棵　(C) 70棵　(D) 82棵　(E) 94棵

【解析】

可设正方形花园边长 x 米，树苗有 y 棵，四边种树时，可得方程 $4\left(\frac{x}{3}-1\right)+4=y-10$；三边种树时，可得方程 $3\left(\frac{x}{2}-1\right)+4=y$，两个方程联立解得 $y=82$. 故本题选择 D.

命题点 3 盈亏问题★

【例 58】(2015) 几个朋友外出游玩，购买了一些瓶装水，则能确定购买的瓶装水数量.

(1) 若每人分三瓶，则剩余 30 瓶.

(2) 若每人分 10 瓶，则只有 1 人不够.

【解析】

条件(1)条件(2)单独显然均不能确定购买的瓶装水的数量，将两个条件联合可得，若设总人数为 n，条件(2)中，不足的瓶数为 a ($0 \leqslant a < 10$)，则有 $n=\frac{30+a}{10-3}=\frac{30+a}{7}$，又因为人数 n 为整数，故 $30+a$ 为 7 的倍数，故 $a=5$，可得人数为 5，总瓶装水数目为 $5\times3+30=45$ 瓶，故本题选择 C.

【例 59】(2020) 某公司计划租 n 辆车出游，则能确定出游人数.

(1) 若租 20 座的车辆，只有 1 辆没坐满.

(2) 若租 12 座的车辆，则缺 10 个座位.

【解析】

条件(1)条件(2)单独显然均不能确定出游人数，将两个条件联合可得，设条件(1)中多余的座位数为 $a(0<a<20)$. 则有 $n=\frac{a+10}{20-12}=\frac{a+10}{8}$，由于车辆数 n 为整数，故 $a+10$ 为 8 的倍数，故 $a=6$ 或 $a=14$，不能确定计划租车数目，从而不能确定出游人数，两个条件联合不充分，故本题选择 E.

【例 60】(2013.10) 老王上午 8:00 骑自行车离家去办公楼开会，若每分钟骑行 150 米，则他会迟到 5 分钟；若每分钟骑行 210 米，则他会提前 5 分钟. 会议开始的时间是(　　).

(A) 8:20　　(B) 8:30　　(C) 8:45　　(D) 9:00　　(E) 9:15

【解析】

需要注意题目中的路程为分配的量，故所需时间 $t=\frac{210\times5+150\times5}{210-150}=30$，则会议开始的时间为 8:30，故本题选择 B.

命题点 4 抽屉原理的应用★

思路点拨

抽屉原理的应用问题，只需要分析清楚总的情况，考虑最不利情况再解题即可.

【例 61】不透明的箱子中有红、黄、蓝、绿四种颜色的球各 20 个，一次至少摸出（　　）个球才能保证摸出两个相同颜色的球.

(A)3　　(B)4　　(C)5　　(D)10　　(E)11

【解析】

把红、黄、蓝、绿四种颜色看成四个不同的抽屉，考虑最差的情况，每种颜色的球各取出 1 个，则下一个取出的球必然是与其中一个颜色相同，故至少摸出 5 个球才能保证摸出两个相同颜色的球，故本题选择 C.

【例 62】袋子中有 2 个红球，3 个黄球，4 个蓝球，5 个绿球，一次至少摸出（　　）个球就能保证摸到两种颜色的球.

(A)3　　(B)4　　(C)5　　(D)6　　(E)7

【解析】

考虑最不利的情况，是将一种颜色的球全部拿出来之后，不论摸出来的球是什么颜色，都与之前的球的颜色不同，因为四种球的个数各不相同，所以最不利的情况，应该是把个数最多的球都拿出来，接下来摸出来的球一定与之前颜色不同，因此至少摸出 6 个球. 故本题选择 D.

【例 63】一次数学竞赛共 5 道选择题，评分标准为：基础分 5 分，答对一题得 3 分，答错扣 1 分，不答不得分. 要保证至少有 4 人得分相同，最少需要（　　）人参加竞赛.

(A)30　　(B)42　　(C)55　　(D)76　　(E)82

【解析】

经过分析列举，可知 5 题共 18 种不同的得分情况，要保证有四人得分相同，最少需要 $18\times3+1=55$ 人参加竞赛. 故本题选择 C.

【例 64】(2023)有体育、美术、音乐、舞蹈 4 个兴趣班，每名同学至少参加 2 个，则至少有 12 名同学参加的兴趣班完全相同.

(1)参加兴趣班的同学共有 125 人.

(2)参加 2 个兴趣班的同学有 70 人.

【解析】

每个人可以选择 2 个或 3 个或 4 个兴趣班，即每个人的选择共有 $C_4^2+C_4^3+C_4^4=11$ 种.

条件(1)：根据条件可得，将这 125 人尽可能平均分到 11 种选择中去，则 $125\div11=11\cdots\cdots4$，即有每种选择都可以平均分到 11 个人，还剩下 4 个人没有选择，那这 4 个人只能再去选择这 11 种选择，即肯定至少有 12 个人的选择完全相同. 条件(1)充分；

条件(2)：根据条件可得，选择 2 个兴趣班，则每个人有 $C_4^2=6$ 种选择，将这 70 人尽可能平均分到这 6 种选择中去，则 $70\div6=11\cdots\cdots4$，同条件(1)，即有每种选择都可以平均分到 11 个人，还剩下 4 个人没有选择，那这 4 个人只能再去选择这 6 种选择，即肯定至少有 12 个人的选择完全相同，条件(2)充分. 故本题选择 D.

第三节　章节总结

一、行程问题

1.基本公式：$s=vt$.

2.行船问题：$v_{顺}=v_{船}+v_{水}$；$v_{逆}=v_{船}-v_{水}$.

3.正反比关系

$$s\text{ 一定时}, v\text{ 和 }t\text{ 成反比,即 }\frac{v_1}{v_2}=\frac{t_2}{t_1};$$

$$t\text{ 一定时}, s\text{ 和 }v\text{ 成正比,即 }\frac{s_1}{s_2}=\frac{v_1}{v_2};$$

$$v\text{ 一定时}, s\text{ 和 }t\text{ 成正比,即 }\frac{s_1}{s_2}=\frac{t_1}{t_2}.$$

4.相遇问题

(1)直线相遇:单次相遇 $S=(v_1+v_2)t$,多次相遇 $(2n-1)S=(v_1+v_2)t_n$.

(2)环形相遇:单次相遇 $S=(v_1+v_2)t$,多次相遇 $nS=(v_1+v_2)t_n$.

5.追及问题

(1)直线追及：$S=(v_1-v_2)t$.

(2)环形追及:单次追及 $S=(v_1-v_2)t$,多次追及 $nS=(v_1-v_2)t_n$.

二、工程问题

1.基本公式：$w=pt$.

2.正反比关系

$$w\text{ 一定时}, p\text{ 和 }t\text{ 成反比,即 }\frac{p_1}{p_2}=\frac{t_2}{t_1};$$

$$t\text{ 一定时}, w\text{ 和 }p\text{ 成正比,即 }\frac{w_1}{w_2}=\frac{p_1}{p_2};$$

$$p\text{ 一定时}, w\text{ 和 }t\text{ 成正比,即 }\frac{w_1}{w_2}=\frac{t_1}{t_2}.$$

3.常用解题思路

(1)设总量为“1”或最小公倍数.

(2)常用关系:总效率=各部分效率之和;工程总量=各部分工程量之和.

4.合作完工问题,有不同的合作方案时,可建立效率的转化关系,直接利用转化关系求解单独一部分完工时间,工时费也可直接进行转化.

三、浓度问题

1.基本公式：浓度 $= \frac{溶质量}{溶液量}$.

2.溶液置换公式：$b = a \cdot \left(\frac{V-m}{V}\right)^n$.

3.平均量混合问题可用十字交叉法.

(1)十字交叉法识别特征：两个部分混合成一个整体，涉及三个平均量.

(2)十字交叉法，不仅适用于溶液混合问题，可拓展到平均年龄、平均分数、平均价格等多种题目.

四、增长率问题

1.基本公式：$p = \frac{b-a}{a}$.

2.利用增长率求最终值：

(1)单次增长：$b = a(1+p)$.

(2)多次增长且增长率相同：$b_n = a(1+p)^n$.

(3)多次增长且增长率不同：$b_n = a(1+p_1)(1+p_2)\cdots(1+p_n)$.

3.平均增长率

(1)已知初始值 a 和最终值 b_n：$p = \sqrt[n]{\frac{b_n}{a}} - 1$.

(2)已知各次的增长率：$p = \sqrt[n]{(1+p_1)(1+p_2)\cdots(1+p_n)} - 1$.

五、容斥问题

1.两者容斥

$$A \cup B = A + B - A \cap B$$

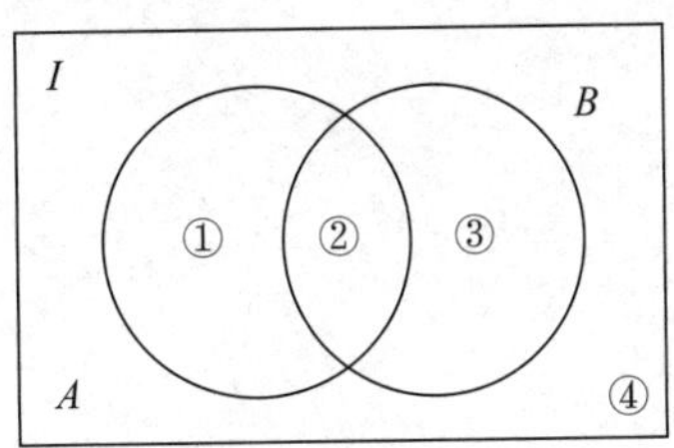

图 2-13

2.三者容斥

$$A \cup B \cup C = A + B + C - A \cap B - B \cap C - A \cap C + A \cap B \cap C.$$

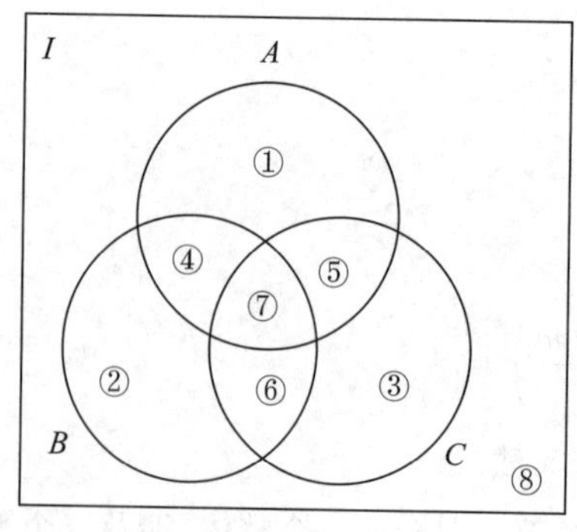

图 2-14

六、其他问题

1.一般应用题通用思路

(1)设未知数;

(2)根据题干建立等量关系,列出方程;

(3)解方程或方程组.

2.利润问题基本公式:利润 = 售价 - 成本;利润率 $=\frac{\text{利润}}{\text{成本}}$.

3.植树问题基本公式

(1)直线型:棵数 $=\frac{\text{总距离}}{\text{间距}}+1$.

(2)封闭型:棵数 $=\frac{\text{总距离}}{\text{间距}}$.

4.盈亏问题基本公式:人数 $=\frac{\text{盈余数}+\text{不足数}}{\text{差额}}$.

5.抽屉原理问题

将 $n+1$ 个苹果,任意放到 n 个抽屉里(n 为正整数),则至少有一个抽屉里有 2 个苹果.

第四节　强化训练

一、问题求解

第 1~15 小题，每小题 3 分，共 45 分，下列每题给出的 A、B、C、D、E 五个选项中，只有一项是符合试题要求的，请在答题卡上将所选项的字母涂黑.

1.小张开车从甲地开往乙地交货，如果他往返都以每小时 60 千米的速度行驶，正好可以按时返回甲地. 可是，当到达乙地时，他发现从甲地到乙地的速度只有每小时 50 千米，如果他想按时返回甲地，他应以每小时(　　)千米的速度往回开.

(A)60　　(B)65　　(C)70　　(D)75　　(E)80

2.A，B 两地相距 2 400 米，甲、乙两人分别从 A，B 两地同时出发，相向而行，两人在途中某处相遇后，甲又继续行进 18 分钟到达 B 地，乙又继续行进 50 分钟到达 A 地，则甲比乙每分钟多走(　　)米.

(A)10　　(B)15　　(C)20　　(D)25　　(E)30

3.两名运动员在湖周围环形跑道上练习长跑，甲每分钟跑 250 米，乙每分钟跑 200 米. 两人同时同地同向出发，经过 45 分钟甲追上乙，若两人同时同地反向出发，则经过(　　)分钟两人相遇.

(A)7　　(B)6　　(C)5　　(D)4　　(E)3

4.公司的一项工程由甲、乙两队合作 6 天完成，公司需付 8 700 元；由乙、丙两队合作 10 天完成，公司需付 9 500 元；甲、丙两队合作 7.5 天完成，公司需付 8 250 元. 若单独承包给一个工程队并且要求不超过 15 天完成全部工作，则公司付钱最少的队为(　　).

(A)甲　　(B)乙　　(C)丙　　(D)甲和乙　　(E)甲和丙

5.某工厂生产一批零件，计划 12 天完成任务，实际延后 3 天完成，则每天的产量比计划降低了(　　).

(A)15%　　(B)20%　　(C)25%　　(D)30%　　(E)35%

6.一个水池底部装有一个常开的排水管，上部装有若干个进水管，进水管的规格都相同，当打开 4 个进水管时，需要 5 小时才能注满水池；当打开 2 个进水管时，需要 15 小时才能注满水池，现在需要 2 小时将水池注满，则至少要打开进水管(　　)个.

(A)5　　(B)6　　(C)7　　(D)8　　(E)9

7.(2024)某水库，上游均匀注水，当水库蓄水大于警戒水位时，需要开闸泄洪，如果开 4 个闸门，则 8 天能到安全水位，如果开 5 个闸门，则 6 天能到达安全水位，如果开 7 个闸门，则(　　)天能到安全水位.

(A)4.8　　(B)4　　(C)3.6　　(D)3.2　　(E)3

8.将浓度分别为 20%，30%，50%的溶液混合到一起，得到浓度为 36%的溶液 50 升，已知浓度为 30%的溶液用量是浓度为 20%的溶液用量的 2 倍，则浓度为 30%的溶液的用量为(　　)升.

(A)10　　(B)18　　(C)20　　(D)30　　(E)60

9.甲杯中有纯酒精 12 克,乙杯中有水 15 克,第一次将甲杯中的部分纯酒精倒入乙杯,使酒精与水混合,第二次将乙杯中的部分混合溶液倒入甲杯,这样甲杯中纯酒精含量为 50%,乙杯中的纯酒精含量为 25%,则第二次从乙杯中倒入甲杯混合溶液是(　　)克.

(A)13　　(B)14　　(C)15　　(D)16　　(E)17

10.一瓶浓度为 20%的消毒液倒出一半后,加满水混合均匀,再倒出一半,又加满水混合均匀,此时消毒液的浓度变为(　　).

(A)15%　　(B)12%　　(C)10%　　(D)7%　　(E)5%

11.甲容器中有 5%的盐水 120 克,乙容器中有某浓度的盐水若干,现从乙中取出 480 克盐水放入甲溶液,混合成浓度为 13%的盐水,则乙容器中的盐水浓度为(　　).

(A)8%　　(B)12%　　(C)15%　　(D)16%　　(E)20%

12.某企业发展迅速,每年利润一直增长,2017 年利润为 2 亿元,2019 年利润为 2.88 亿元,若 2020 年保持前两年利润的年平均增长率不变,则 2020 年的利润为(　　)亿元.

(A)3.08　　(B)3.28　　(C)3.456　　(D)3.5　　(E)3.628

13.某班参加课外运动活动,要求每个学生都至少要参加一项,其中有 24 人参加篮球运动,34 人参加足球运动,26 人参加排球运动,同时参加排球和足球的有 12 人,同时参加篮球和足球的有 8 人,同时参加篮球和排球的有 9 人,3 项运动都参加的有 3 人,则该班有(　　)人.

(A)58　　(B)60　　(C)62　　(D)64　　(E)66

14.某单位两座办公楼之间有条长 204 米的道路,在道路起点的两侧和终点的两侧已各栽种了一棵树.现在要在这条路的两侧栽种更多的树,使每一侧每两棵树之间的间隔不多于 12 米. 如栽种每棵树需要 50 元人工费,则为完成栽种工作,在人工费这一项至少需要做(　　)元预算.

(A)1 600　　(B)1 700　　(C)1 800　　(D)1 900　　(E)2 000

15.给一个正方体木块的 6 个面分别涂色,颜色从红、黄、蓝、绿四种颜色中选择,每个面涂 1 种颜色,不论怎么涂,至少有(　　)个面涂的颜色相同.

(A)2　　(B)3　　(C)4　　(D)5　　(E)6

二、条件充分性判断

第 16~25 小题,每小题 3 分,共 30 分. 要求判断每题给出的条件(1)和(2)能否充分支持题干所陈述的结论. A,B,C,D,E 五个选项为判断结果,请选择一项符合试题要求的判断,在答题卡上将所选项的字母涂黑.

(A)条件(1)充分,但条件(2)不充分

(B)条件(2)充分,但条件(1)不充分

(C)条件(1)和条件(2)单独都不充分,但条件(1)和条件(2)联合起来充分

(D)条件(1)充分,条件(2)也充分

(E)条件(1)和条件(2)单独都不充分,条件(1)和条件(2)联合起来也不充分

16.甲、乙两人从同一地点出发环绕周长为 400 米的跑道跑步,则能确定甲、乙两人跑步的速度.

(1)两人背向而行,经过 2 分钟相遇.

(2)两人同向而行,经过 20 分钟相遇.

17.甲、乙两人赛跑,甲的速度是 6 米/秒.

(1)乙比甲先跑 18 米,甲起跑后 9 秒钟追上乙.

(2)乙比甲先跑 5 秒,甲起跑后 10 秒钟追上乙.

18.静水船速为 a ,水流速度为 b ,舟行江中,先顺流而下,后逆流而上,总路程为 s ,则所用时间为 $\frac{s}{a}$.

(1)顺流而下的路程等于逆流而上的路程.

(2)顺流而下的时间等于逆流而上的时间.

19.某种新鲜水果的含水量为98%,一天后的含水量降为97.5%,某商店以每斤 1 元的价格购进了1 000 斤新鲜水果,预计当天能售出 60%,两天内售完,则利润可达到 20%.

(1)每斤水果的平均售价为 1.4.

(2)每斤水果的平均售价为 1.2.

20.在一次测验中,则能确定该班学生的平均成绩.

(1)已知该班男、女的平均成绩.

(2)已知该班男、女人数之比.

21.将价值 200 元的甲原料与价值 480 元的乙原料配成一种新原料,则新原料的售价是 17 元.

(1)新原料每千克的售价比甲原料每千克的售价少 3 元.

(2)新原料每千克的售价比乙原料每千克的售价多 1 元.

22.商品的价格保持不变.

(1)某商品第一次涨价 5%的基础上,第二次又涨价 10%,第三次在第二次涨价的基础上降价 15%.

(2)某商品第一次降价 5%,第二次涨价 5%.

23.(2018)如果甲公司的年终奖总额增加 25%,乙公司的年终奖总额减少 10%,两者相等.则能确定两公司的员工人数之比.

(1)甲公司的人均年终奖与乙公司的相同.

(2)两公司的员工人数之比与两公司的年终奖总额之比相等.

24.(2018)甲购买了若干件 A 玩具、乙购买了若干件 B 玩具送给幼儿园,甲比乙少花了 100 元.则能确定甲购买的玩具件数.

(1)甲乙共购买了 50 件玩具.

(2) A 玩具的价格是 B 玩具的两倍.

25.某公司组织员工到公园划船,有 48 人参加.

(1)每只船坐 6 人,余 18 人无船可乘.

(2)每只船坐 10 人,仅有一只船未坐满.

参考答案:1~5 DCCAB　6~10 EBCBE　11~15 CCAAA　16~20 ECBAC　21~25 CEDEE

第五节　强化训练参考答案及解析

一、问题求解

1.D 【解析】根据题意可设全程为S,往回开速度为v,则有$\frac{2S}{60}=\frac{S}{50}+\frac{S}{v}$,解得$v=75$千米/小时. 故本题选择D.

2.C 【解析】方法一:

根据题意可得$\begin{cases}18v_{甲}+50v_{乙}=2\,400,\\ \frac{18v_{甲}}{v_{乙}}=\frac{50v_{乙}}{v_{甲}}\end{cases}\Rightarrow\begin{cases}v_{甲}=50米/分,\\ v_{乙}=30米/分,\end{cases}$则甲比乙每分钟多走20米. 故本题选择C.

方法二:

根据题意可设甲、乙相遇的时间为t分钟,则$18v_{甲}=v_{乙}t\Rightarrow\frac{v_{甲}}{v_{乙}}=\frac{t}{18}$,$50v_{乙}=v_{甲}t\Rightarrow\frac{v_{甲}}{v_{乙}}=\frac{50}{t}$,所以$\frac{50}{t}=\frac{t}{18}\Rightarrow t=30$,$v_{甲}=\frac{2\,400}{30+18}=50$米/分钟,$v_{乙}=\frac{2\,400}{30+50}=30$米/分钟,甲比乙每分钟多走20米. 故本题选择C.

3.C 【解析】根据题意可知环形公路的总长度为$(250-200)\times45=2\,250$米,则两人同时同地反向出发经过$\frac{2\,250}{250+200}=5$小时相遇. 故本题选择C.

4.A 【解析】根据题意可设甲、乙、丙的工效分别为x, y, z,工时费分别为a, b, c,按照题意可列方程$\begin{cases}6(x+y)=1,\\10(y+z)=1,\\7.5(x+z)=1\end{cases}\Rightarrow\begin{cases}x=\frac{1}{10},\\ y=\frac{1}{15},\\ z=\frac{1}{30},\end{cases}\begin{cases}6(a+b)=8\,700,\\10(b+c)=9\,500,\\7.5(a+c)=8\,250\end{cases}\Rightarrow\begin{cases}a=800,\\ b=650,\\ c=300,\end{cases}$若单独承包给甲工程队,则需要10天,工程费为8 000元;若单独承包给乙工程队,需要15天,工程费为9 750元;若单独承包给丙工程队不满足不超过15天的要求. 故本题选择A.

5.B 【解析】根据题意可得工作量一样,工效与时间成反比,$t_{原}:t_{实}=12:15=4:5$,可得$p_{原}:p_{实}=5:4$,则实际工效比原计划工效降低了1份,即降低了$\frac{1}{5}\times100\%=20\%$. 故本题选择B.

6.E 【解析】根据题意可设,进水管每小时进水量为x,排水管每小时排水量为y,水池的容量为1,至

少要打开 n 个进水管. 则有 $\begin{cases}4x-y=\dfrac{1}{5},\\2x-y=\dfrac{1}{15},\end{cases}$ 解得 $\begin{cases}x=\dfrac{1}{15},\\y=\dfrac{1}{15},\end{cases}$ 那么 $2\left(\dfrac{1}{15}n-\dfrac{1}{15}\right)=1\Rightarrow n=8.5$,则要 2 小时将水池注满,则至少要打开进水管 9 个. 故本题选择 E.

7.B 【解析】方法一:

根据题意可设上游每天注水量为 x,每个闸门每天泄水量为 y,警戒水位超出安全水位量为 z,开 7 个闸门时需要 n 天,则有 $\begin{cases}z+8x=4y\times 8,\\z+6x=5y\times 6,\\z+nx=7y\times n,\end{cases}$ 解得 $n=4$. 故本题选择 B.

方法二:

根据题意可设每日每闸泄洪量为 1 份,警戒水位超出安全水位量为 x,开 7 个闸门时需要 n 天,则有 $\begin{cases}4\times 1\times 8=x+8\text{天新注水量},\\5\times 1\times 6=x+6\text{天新注水量},\end{cases}$ 解得 $\begin{cases}\text{每天注水量}=1\text{份},\\x=24\text{份},\end{cases}$ $7\times 1\times n=24+n\times 1$,解得 $n=4$ 天. 故本题选择 B.

8.C 【解析】根据题意可设 20%的溶液 x 升,浓度为 30%的溶液 $2x$ 升,则溶液为 50%的溶液用量为 $(50-3x)$ 升,根据溶质守恒可得 $20\%\times x+30\%\times 2x+50\%(50-3x)=36\%\times 50$,解得 $x=10$,所以浓度为 30%的溶液的用量为 20 升. 故本题选择 C.

9.B 【解析】根据题意可设第一次甲杯倒入乙杯的酒精是 x 克,则乙杯浓度 $=\dfrac{x}{15+x}=25\%$,解得 $x=5$ 克,此时,乙杯中有混合溶液 $15+5=20$ 克,甲杯中剩余纯酒精 7 克;由此可设第二次从乙杯倒入甲杯的混合溶液是 y 克,则 $\dfrac{25\%y+7}{7+y}=50\%$,解得 $y=14$ 克. 故本题选择 B.

10.E 【解析】根据题意可设原溶液体积为 V,由浓度置换公式可得新浓度 $=\left(\dfrac{V-0.5V}{V}\right)^2\cdot 20\%=5\%$. 故本题选择 E.

11.C 【解析】根据题意可利用十字交叉法进行求解,

$$\begin{array}{ccc}\text{甲}:5\% & & x-13\% \\ & 13\% & \\ \text{乙}:x & & 8\%\end{array}$$

,则 $\dfrac{x-13\%}{8\%}=\dfrac{120}{480}$,解得 $x=15\%$. 故本题选择 C.

12.C 【解析】根据题意可设平均增长率为 p,则 $2(1+p)^2=2.88$,解得 $p=20\%$,所以 2020 年的利润为 $2.88\times(1+20\%)=3.456$ 亿元. 故本题选择 C.

13.A 【解析】根据容斥公式 $A\cup B\cup C=A+B+C-A\cap B-A\cap C-B\cap C+A\cap B\cap C$ 可得 $A\cup B\cup C=24+34+26-12-8-9+3=58$. 故本题选择 A.

14.A 【解析】根据题意可得，棵树 $=\frac{\text{总距离}}{\text{间距}}+1$，要想使费用最少，树的间隔应尽量大，即为 12 米. 所以单边的植树数目为：$\frac{204}{12}+1=18$，又因为两端的树木已经种植，则道路一侧还需要种 $18-2=16$ 棵，所以道路两侧的总人工费至少为 $16\times2\times50=1\ 600$ 元. 故本题选择 A.

15.A 【解析】把红、黄、蓝、绿四种颜色看作 4 个抽屉，6 个面看成 6 个元素，利用抽屉原理最差情况，要使涂的颜色相同的面数最少，则只要使每个抽屉的元素尽量平均，故有 $6\div4=1\cdots\cdots2$，故至少有 $1+1=2$ 个面涂的颜色相同. 故本题选择 A.

二、条件充分性判断

16.E 【解析】条件(1)：根据条件可知 $400=2(v_{甲}+v_{乙})$，即 $v_{甲}+v_{乙}=200$，无法确定甲、乙两人跑步的速度，所以条件(1)不充分；

条件(2)：根据条件可知，当甲的速度大于乙的速度时，$400=20(v_{甲}-v_{乙})$，即 $v_{甲}-v_{乙}=20$；当甲的速度小于乙的速度时，$400=20(v_{乙}-v_{甲})$，即 $v_{乙}-v_{甲}=20$；无法确定甲、乙两人跑步的速度，所以条件(2)不充分；

(1)+(2)：两个条件联合可得 $\begin{cases}v_{甲}+v_{乙}=200,\\v_{甲}-v_{乙}=20\end{cases}\Rightarrow\begin{cases}v_{甲}=110,\\v_{乙}=90\end{cases}$ 或 $\begin{cases}v_{甲}+v_{乙}=200,\\v_{乙}-v_{甲}=20\end{cases}\Rightarrow\begin{cases}v_{甲}=90,\\v_{乙}=110,\end{cases}$ 无法确定甲、乙两人的跑步速度，所以条件(1)+(2)联合不充分. 故本题选择 E.

17.C 【解析】根据题意可设甲、乙速度分别为 x，y.

条件(1)：根据条件可知 $9(x-y)=18$，无法确定 x，y 的具体值，所以条件(1)不充分；

条件(2)：根据条件可知 $10(x-y)=5y$，无法确定 x，y 的具体值，所以条件(2)不充分；

(1)+(2)：两条件联合得 $\begin{cases}9(x-y)=18,\\10(x-y)=5y,\end{cases}$ 解得 $\begin{cases}x=6,\\y=4,\end{cases}$ 所以条件(1)和(2)联合充分. 故本题选择 C.

18.B 【解析】条件(1)：根据条件可知 $s_{顺}=s_{逆}=\frac{s}{2}$，则顺流所用时间为 $\frac{\frac{s}{2}}{a+b}$，逆流所用时间为 $\frac{\frac{s}{2}}{a-b}$，

则总时间为 $\frac{\frac{s}{2}}{a+b}+\frac{\frac{s}{2}}{a-b}=\frac{\frac{s}{2}(a-b)+\frac{s}{2}(a+b)}{(a+b)(a-b)}=\frac{s\times a}{a^2-b^2}=\frac{s\times a}{(a^2-b^2)}$，所以条件(1)不充分；

条件(2)：根据条件可设 $t_{顺}=t_{逆}=t$，则顺流所走路程为 $(a+b)\times t$，逆流所走路程为 $(a-b)\times t$，则总路程为 $s=(a+b)\times t+(a-b)\times t$，解得 $t=\frac{s}{2a}$，则总时间为 $2t=2\times\frac{s}{2a}=\frac{s}{a}$，所以条件(2)充分. 故本题选择 B.

19.A 【解析】可设平均售价为 x 元，含水量为 98%，干重占为 2%，干重的质量不变. 设一天后水果总

量变为 a，则 $1\,000 \times 40\% \times 2\% = 2.5\% a \Rightarrow a = 320$ 斤，总共卖出 920 斤.

条件(1)：利润率 $= \frac{920 \times 1.4 - 1\,000}{1\,000} \times 100\% = 28.8\% > 20\%$，所以条件(1)充分；

条件(2)：利润率 $= \frac{920 \times 1.2 - 1\,000}{1\,000} \times 100\% = 10.4\% < 20\%$，所以条件(2)不充分. 故本题选 A.

20.C 【解析】根据题意可设男、女平均成绩分别为 x，y，平均成绩为 c.

条件(1)：根据条件已知 x，y，无法确定男、女人数，故该班学生平均成绩无法确定，所以条件(1)不充分；

条件(2)：根据题意已知 x，y 之比，缺少男、女平均成绩的条件，故班级学生的平均成绩无法确定，所以条件(2)不充分；

(1)+(2)：根据题意可利用十字交叉法进行求解，

男：x　　$y-c$　男生人数

　　　c　　——=————

女：y　　$c-x$　女生人数

，则该班学生的平均成绩可确定，所以条件(1)和(2)联合充分. 故本题选择 C.

21.C 【解析】根据题意可设新原料的售价为 x.

条件(1)：根据条件可知甲原料每千克售价 $x+3$，无法确定乙原料的价格，所以条件(1)不充分；

条件(2)：根据条件可知乙原料每千克售价 $x-1$，无法确定甲原料的价格，所以条件(2)不充分；

(1)+(2)：两个条件联合根据十字交叉法可得

男：$x+3$　　$x-(x-1)$　　1

　　　　x　　————=—

乙：$x-1$　　$x+3-x$　　3

，即 $\frac{1}{3} = \frac{\frac{200}{x+3}}{\frac{480}{x-1}}$，解得 $x = 17$. 故本题选择 C.

22.E 【解析】根据题意可设商品原价为 100.

条件(1)：根据条件可得 $100(1+5\%)(1+10\%)(1-15\%) = 98.175 < 100$，所以条件(1)不充分；

条件(2)：根据条件可得 $100(1-5\%)(1+5\%) = 99.75 < 100$，所以条件(2)不充分；

(1)+(2)：两个条件联合不成立，所以条件(1)+(2)联合不充分. 故本题选择 E.

23.D 【解析】根据题意可设甲公司的年终奖总额为 a，乙公司的年终奖总额为 b，则 $a(1+25\%) = b(1-10\%) \Rightarrow \frac{a}{b} = \frac{18}{25}$，设甲公司的人数是 x，乙公司的人数是 y.

条件(1)：根据条件可知甲公司的人均年终奖与乙公司的相同，则 $\frac{a}{x} = \frac{b}{y} \Rightarrow \frac{x}{y} = \frac{a}{b} = \frac{18}{25}$，所以条件(1)充分；

条件(2)：根据条件可知两公司的员工人数之比与两公司的年终奖总额之比相等，则 $\frac{x}{y} = \frac{a}{b} = \frac{18}{25}$，所以条件(2)充分. 故本题选择 D.

24.E 【解析】条件(1):根据条件可知只知道总的件数不知道价格,不能确定甲购买件数,所以条件(1)不充分;

条件(2):根据条件可知只知道价格之比,不能确定甲购买件数,所以条件(2)不充分;

(1)+(2):两个条件联合可设甲购买 A 玩具 x 件,则乙购买 B 玩具 $50-x$ 件,A 玩具的价格为 $2a$,B 玩具的价格为 a,由题意列方程得 $(50-x)a-2a\cdot x=100$,整理得 $50a-3ax=100$,无法解出 x,所以条件(1)和(2)联合不充分. 故本题选择 E.

25.E 【解析】根据题干可知,题目需要确认总人数,船只数量未知,很容易判断出两个条件单独均不充分,考虑联合,题目可看成将若干人分配给船只,一次有盈余一次人数不足,本题属于盈亏问题,设船只数为 n,第二次分配缺 x 人,$0<x<10$,根据盈亏公式可得 $\frac{18+x}{10-6}=n$,使得 n 为整数的 x 值有 2,6 两个结果,因此不能唯一确定最终结果. 故本题选择 E.

第三章　代数式运算

第一节　章节导读

一、考纲解读

管理类联考考试大纲中代数式运算部分如下：

1.整式

(1)整式及其运算

(2)整式的因式与因式分解

2.分式及其运算

代数式涉及内容较为广泛,本章属于代数式运算的基础内容,很多考点属于不一定单独考查,但是可作为其他题目的基础,比如因式分解大概率不会单独命题,但是复杂的代数式一定涉及式子的整理,则有可能会用到因式分解.

代数式运算在考试当中占比约4%~12%,题目数量1~3道.本章节整体难度适中,相对容易掌握.

二、重难点及真题分布

1.重难点解读

(1)**常用公式的应用**:几乎每年都会考查,结合到其他知识点中进行考查,属于重点考点.

(2)**因式定理**:2010年前后多次考查,近几年未曾考查,但是从知识点定位上来讲,该考点较为典型,有考查价值,属于重难考点.

(3)**正负幂次对称分式**:近5年考查2次,属于典型的一种分式运算命题点,属于重点考点.

2.真题分布

年份	考点	占比
2024	乘法公式、因式分解	8%
2023	因式分解	8%
2022	常用公式、正负幂次对称分式、分式运算	12%
2021	分式裂项、因式分解	8%
2020	正负幂次对称分式	4%
2019	无	0%
2018	因式分解	4%
2017	无	0%

三、考点框架

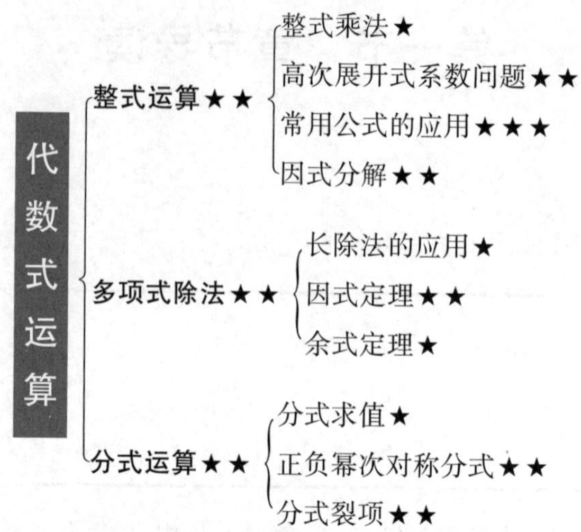

本章划分为1讲、3个考点、10个命题点,其中包含5个两星命题点、1个三星命题点.

第二节　考点精讲

第一讲　代数式运算

考点一　整式运算★★

一、知识梳理

代数式分类

由数和字母经过有限次的加、减、乘、除、乘方和开方等代数运算得到的式子,称为代数式,单个数字或字母也是代数式,代数式有如下分类:

$$\text{代数式}\begin{cases}\text{有理式}\begin{cases}\text{整式}\begin{cases}\text{单项式}\\\text{多项式}\end{cases}\\\text{分式}\end{cases}\\\text{无理式}\end{cases}$$

代数式运算中,通常情况下,乘法可以用“·”表示或直接省略,除法以分数形式表示,且习惯数字在前字母在后,例:$3ab$ 表示 $3 \times a \times b$,$a \div b$ 表示 $\frac{a}{b}$.

代数式中仅包含加、减、乘、除、整数次乘方运算的式子叫作有理式,分母中有字母的有理式叫作分式,分母中无字母的有理式叫作整式. 代数式中包含开方、非整数次乘方或对数等运算的式子叫作无理式,本书中涉及的无理式主要以根式为主.

整式中,没有加减运算的式子叫作单项式,单项式中数字叫作该单项式的系数,所有字母的幂次和叫作该单项式的次数,两个单项式的字母相同幂次也相同,则称这两个单项式为同类项.

几个单项式做和差运算所得的式子叫作多项式,多项式中的每个单项式叫作多项式的项,没有字母的项叫作常数项. 多项式中,次数最高的项的次数也叫作该多项式的次数,多项式中的字母也可叫作元,例:$x^2 + 3x + 1$ 叫作一元二次多项式,$x^2 + 3xy + y^2$ 叫作二元二次多项式.

整式运算

1.整式加减法

整式加减法的运算,只需要把同类项的系数进行加减即可,即合并同类项. 书写习惯上,通常按照次数由高到低进行书写.

2.整式乘法

整式乘法运算(此处指多项式相乘),要对各项交错相乘,然后合并同类项.

例:$(x^2+x+3)(2x^2+3x-1)$,两个二次三项式相乘,交错相乘展开,结果有9项,为$2x^4+3x^3-x^2+2x^3+3x^2-x+6x^2+9x-3$,合并同类项后结果为$2x^4+5x^3+8x^2+8x-3$.

多项式项数较多时,乘法过程较为烦琐.但若题目中只想得到特定的某一项,不涉及全部展开式,则可直接观察原式找特定项.例如,展开式的最高次项一定是两个多项式的最高次项相乘所得,常数项一定是两常数项相乘所得.上例中,最高次为$x^2\cdot 2x^2=2x^4$,常数项为$3\cdot(-1)=-3$,三次项为$x^2\cdot 3x+x\cdot 2x^2=5x^3$.

3.赋值法

在上述例子基础上,求$(x^2+x+3)(2x^2+3x-1)$展开式的各项系数之和,该如何考虑.

我们已经得到了该式的展开式$(x^2+x+3)(2x^2+3x-1)=2x^4+5x^3+8x^2+8x-3$,直接将系数相加可得$2+5+8+8-3=20$.但是得到展开式的过程较为烦琐,可利用赋值法快速得到系数和,两个二次式相乘最高次一定为4次,故原式可表示为

$$(x^2+x+3)(2x^2+3x-1)=a_0+a_1x+a_2x^2+a_3x^3+a_4x^4.$$

求系数和即求$a_0+a_1+a_2+a_3+a_4$,观察原式,可直接令$x=1$,等式右侧即可得到全部系数和

$$a_0+a_1+a_2+a_3+a_4=(1+1+3)(2+3-1)=20.$$

此方法常见于求高次展开式的系数和(差)问题.

4.常用公式

存在一些固定的乘法运算式,出现频率较高或能够作为结论进一步解决其他问题,此类运算式可作为公式,应熟练掌握,常见公式如下.

(1)平方差公式:$a^2-b^2=(a+b)(a-b)$.

(2)完全平方公式:$a^2\pm 2ab+b^2=(a\pm b)^2$.

(3)三个数和的平方:$a^2+b^2+c^2+2ab+2bc+2ca=(a+b+c)^2$.

(4)完全平方公式变式:$a^2+b^2+c^2\pm ab\pm bc\pm ca=\frac{1}{2}[(a\pm b)^2+(b\pm c)^2+(c\pm a)^2]$.

(5)立方和公式:$a^3+b^3=(a+b)(a^2-ab+b^2)$.

(6)立方差公式:$a^3-b^3=(a-b)(a^2+ab+b^2)$.

(7)完全立方公式:$(a\pm b)^3=a^3\pm 3a^2b+3ab^2\pm b^3$.

5.因式分解

把一个复杂多项式分解成几个简单整式乘积的形式,这种变形称作多项式的因式分解.

因式分解在管理类联考中,不大可能作为单独一个考点进行考查,但是遇到复杂代数式,需要对式子进行整理变形,多数情况下会涉及因式分解.

因式分解的常见方法有如下几种.

(1)提取公因式

最基础的因式分解方法,直接提取多项式中的公共部分,写成因式乘积的形式,例:$ab+a=a(b+1)$.

(2)运用公式

观察代数式,符合常用公式的部分,直接运用公式对原式进行整理.

(3)拆项补项

多项式不能直接进行因式分解时,可通过增补或拆分某些项,然后再进行因式分解,例:

$$\begin{aligned}&ab+a+b\\=&a(b+1)+b+1-1\\=&(a+1)(b+1)-1\end{aligned}$$

该式中通过增加一个常数的方式实现了部分的因式分解.

(4)十字相乘法

两个一次因式相乘得到的代数式为二次三项式,例:$(x+1)(x+2)=x^2+3x+2$. 反过来可将二次三项式分解为两个一次因式乘积.

十字相乘法即为对二次三项式进行因式分解的常用方法. 利用十字相乘法对 ax^2+bx+c 进行因式分解,可遵循以下步骤:

①拆系数,将二次项系数和常数项进行拆分,$a=m\times n$,$c=p\times q$;

②验证,系数拆分后交叉相乘再相加,验证是否与一次项系数一致,即 $b=mq+np$,示意图如图 3-1 所示.

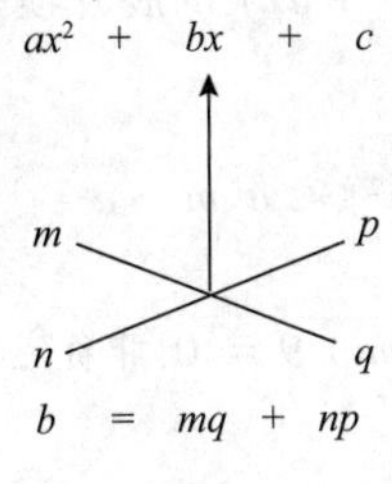

图 3-1

③分解,若验证一致,则可对原式进行分解,$ax^2+bx+c=(mx+p)(nx+q)$.

十字相乘法本质是对乘法基本运算规律的反向应用,两个一次因式相乘,一次项相乘得到二次项,常数项相乘得到常数项,一次项乘以常数项再合并得到一次项,因此十字相乘法要对二次项和常数项进行拆分,再交叉相乘相加验证一次项.

二、命题点精讲

命题点1 整式乘法★

思路点拨

两个多项式相乘,求某一项的系数,不需要完全展开,可根据次数关系,直接找到对应项乘积得到系数. 例:最高次一定是两个最高次相乘,常数项一定是两个常数项相乘得来.

【例1】x^2+ax+8 与 x^2-3x+b 的积不含 x 的一次项和三次项.

(1) $a:b=3:8$.

(2) $a=3$, $b=8$.

【解析】

根据题干可知不含 x 的一次项和三次项可转换为一次项和三次项的系数为0. 一次项为 $ax\times b+8\times(-3x)=(ab-24)x$,三次项为 $x^2\times(-3x)+ax\times x^2=(-3+a)x^3$,则 $\begin{cases}ab-24=0,\\-3+a=0,\end{cases}$ 解得 $\begin{cases}a=3,\\b=8.\end{cases}$

条件(1):$a:b=3:8$ 不是转化结论的非空子集,所以条件(1)不充分;

条件(2):$a=3$, $b=8$ 与转化结论一致,所以条件(2)充分. 故本题选择B.

【例2】已知 a 为实数,则 $a^{m-n}=3$.

(1) $(m-2)^2+\sqrt{n^2-6n+9}=0$.

(2)关于 x 的代数式 $(x^2-3x+2)(x^2+ax)$ 的展开项中,不含 x^3 项.

【解析】

根据题干可知要想求得 $a^{m-n}=3$,需要确定 a、$m-n$.

条件(1):根据条件 $(m-2)^2+\sqrt{n^2-6n+9}=0$,非负定零,则 $\begin{cases}(m-2)^2=0,\\\sqrt{n^2-6n+9}=0,\end{cases}$ 解得 $\begin{cases}m=2,\\n=3,\end{cases}$ 但未知 a 的值,所以条件(1)不充分;

条件(2):根据条件中展开项中不含 x^3 项,即三次项系数为0,$x^2\times ax+(-3x)\times x^2=(a-3)x^3=0x^3$,求得 $a=3$,但 $m-n$ 未知,所以条件(2)不充分;

(1)+(2):根据条件可得 $m-n=-1$, $a=3$,则 $a^{m-n}=3^{-1}=\dfrac{1}{3}$,所以条件(1)和条件(2)联合不充分. 故本题选择E.

【例3】多项式 $(x^3+3x^2+4x-1)(x^2-2x+3)$ 的展开式中,x^4 的系数是(　　).

(A)0　　(B)1　　(C)2　　(D)-1　　(E)-2

【解析】

根据题意可知，$x^3\times(-2x)+3x^2\times x^2=x^4$，展开式中 x^4 的系数是1. 故本题选择B.

【例4】已知 $x^2-kxy-10y^2+x+k^2y-2=(x-5y+2)(x+2y-1)$ 恒成立，则 $k=($　　$)$.

(A)±3　　(B)−3　　(C)3　　(D)2　　(E)±2

【解析】

根据题意可知，$-k$ 是 xy 项的系数，则 $x\times 2y+(-5y)\times x=-3xy$，求得 $k=3$. 故本题选择C.

命题点2　高次展开式的系数问题★★

思路点拨

代数式高次展开式，求系数整体和(差)或部分和(差)，可根据题目特征运用赋值法，直接求出目标式的值.

【例5】已知 $(ax-1)^4=a_0+a_1x+a_2x^2+a_3x^3+a_4x^4$ 对于任意的 x 恒成立，且 $a_0+a_1+a_2+a_3+a_4=16$，则 $a=($　　$)$.

(A)−1　　(B)3　　(C)2　　(D)−2　　(E)−1或3

【解析】

根据题意可知，当 $(ax-1)^4=a_0+a_1x+a_2x^2+a_3x^3+a_4x^4$ 恒成立的等式中 $x=1$ 时，$(a\times1-1)^4=a_0+a_1+a_2+a_3+a_4=16$，求得 $a=-1$ 或3. 故本题选择E.

【例6】已知 $(1+2x)^5=a_0+a_1x+a_2x^2+\cdots+a_5x^5$，则 $a_1+a_3+a_5=($　　$)$.

(A)−122　　(B)−121　　(C)0　　(D)121　　(E)122

【解析】

根据题意可知，当 $x=1$ 时，有 $(1+2)^5=a_0+a_1+a_2+\cdots+a_5=243$，当 $x=-1$ 时，有 $(1-2)^5=a_0-a_1+a_2-a_3+a_4-a_5=-1$，两式相减可得 $2a_1+2a_3+2a_5=244$，求得 $a_1+a_3+a_5=122$. 故本题选择E.

【例7】一元多项式 $f(x)=(x-1)(x^2+3x+2)$，则 $f(x)$ 的各项系数之和为(　　).

(A)3　　(B)−4　　(C)0　　(D)4　　(E)10

【解析】

根据题中多项式 $f(x)=(x-1)(x^2+3x+2)=a_0+a_1x+a_2x^2+a_3x^3$，求其各项系数之和，根据赋值法，令 $x=1$ 即可，此时 $a_0+a_1+a_2+a_3=f(1)=(1-1)(1^2+3\times1+2)=0$. 故本题选择C.

【例8】已知 $(1-x)^{2023}=a_0+a_1x+a_2x^2+\cdots+a_{2023}x^{2023}$，则 $a_0+\frac{3}{2}a_1+\frac{9}{4}a_2+\cdots+\frac{3^{2023}}{2^{2023}}a_{2023}=($　　$)$.

(A)1　　(B)−1　　(C) $\frac{3}{2}$　　(D) $\frac{3^{2023}}{2^{2023}}$　　(E) $-\frac{1}{2^{2023}}$

【解析】

观察展开式中 x 的幂次与目标式系数关系，可直接利用赋值法，令 $x=\frac{3}{2}$，可得 $a_0+\frac{3}{2}a_1+\frac{9}{4}a_2+\cdots+$

$\frac{3^{2023}}{2^{2023}}a_{2023}=\left(1-\frac{3}{2}\right)^{2023}=-\frac{1}{2^{2023}}$. 故本题选择 E.

命题点 3 常用公式的应用★★★

思路点拨

熟记常用公式及变形式. 当出现复杂的变形时,结合目标式与条件的特征,尝试对常用公式进行变形.

【例 9】已知 $a-b=1$,则 a^2-b^2-2b 的值为(　　).

(A)4　(B)3　(C)2　(D)1　(E)0

【解析】

根据题中式子可得 $a^2-b^2-2b=(a-b)(a+b)-2b$,将 $a-b=1$,代入可得 $(a+b)-2b=a-b=1$,故本题选择 D.

【例 10】(2008) $\frac{(1+3)(1+3^2)(1+3^4)(1+3^8)\cdots(1+3^{32})+\frac{1}{2}}{3\times3^2\times3^3\times3^4\times\cdots\times3^{10}}=$(　　).

(A) $\frac{1}{2}\times3^{10}+3^{19}$　(B) $\frac{1}{2}+3^{19}$

(C) $\frac{1}{2}\times3^{19}$　(D) $\frac{1}{2}\times3^{9}$

(E)以上结论均不正确

【解析】

根据题意可知,分子和分母同时乘以(1-3)可得

$$\frac{(1-3)(1+3)(1+3^2)(1+3^4)(1+3^8)\cdots(1+3^{32})-1}{(1-3)\times3\times3^2\times3^3\times3^4\times\cdots\times3^{10}}=\frac{1-3^{64}-1}{-2\times3^{1+2+\cdots+10}}=\frac{1}{2}\times3^9.$$ 故本题选择 D.

【例 11】设 $a>b>0$,且 $a^2+b^2=4ab$,则 $\frac{a+b}{a-b}$ 的值为(　　).

(A)3　(B) $\sqrt{6}$　(C)2　(D) $\sqrt{3}$　(E) $\sqrt{2}$

【解析】

根据题意 $a^2+b^2=4ab\Rightarrow a^2+b^2+2ab=6ab\Rightarrow(a+b)^2=6ab$,由于 $a>b>0$,则 $a+b=\sqrt{6ab}$, $a^2+b^2=4ab\Rightarrow a^2+b^2-2ab=2ab\Rightarrow(a-b)^2=2ab$,由于 $a>b>0$,则 $a-b=\sqrt{2ab}$,整理可得 $\frac{a+b}{a-b}=\frac{\sqrt{6ab}}{\sqrt{2ab}}=\sqrt{3}$. 故本题选择 D.

【例 12】(2022)若 $f(x,y)=x^2+4xy+5y^2-2y+2$,则 $f(x,y)$ 的最小值为(　　).

(A)1　(B) $\frac{1}{2}$　(C)2　(D) $\frac{3}{2}$　(E)3

【解析】

根据题意可得$f(x,y)=x^2+4xy+4y^2+y^2-2y+2=(x+2y)^2+(y-1)^2+1$，当$x+2y=0$，$y-1=0$时，$f(x,y)$取最小值，最小值为1. 故本题选择A.

【例13】(2002) a，b，c是不全相等的任意实数，若$x=a^2-bc$，$y=b^2-ac$，$z=c^2-ab$，则x，y，z(　　).

(A)都大于0　　(B)至少有一个大于0

(C)至少有一个小于0　　(D)都不小于0

(E)以上选项均不正确

【解析】

根据题意可知$x+y+z=a^2-bc+b^2-ac+c^2-ab=\frac{1}{2}[(a-b)^2+(b-c)^2+(c-a)^2]$，因为$a$，$b$，$c$不全相等，则$\frac{1}{2}[(a-b)^2+(b-c)^2+(c-a)^2]>0$，所以$x$，$y$，$z$至少有一个大于0. 故本题选择B.

注　①几个不完全相同的数之和为零，则这几个数中至少有一个大于等于零，至少有一个小于等于零；②几个数之和大于零，则这几个数中至少有一个大于零；③几个数之和小于零，则这几个数中至少有一个小于零；④几个数之积为零，则这几个数中至少有一个为零.

【例14】已知$x+y+z=5$，$\frac{1}{x}+\frac{1}{y}+\frac{1}{z}=5$，$xyz=1$，则$x^2+y^2+z^2=$(　　).

(A)10　　(B)12　　(C)15　　(D)16　　(E)9

【解析】

根据题中$x+y+z=5$，有$(x+y+z)^2=x^2+y^2+z^2+2xy+2yz+2xz=25$，而$\frac{1}{x}+\frac{1}{y}+\frac{1}{z}=\frac{yz+xz+xy}{xyz}=yz+xz+xy=5$，代入$x^2+y^2+z^2+2xy+2yz+2xz=25$，计算可得$x^2+y^2+z^2=15$，故本题选择C.

【例15】(2010.10)若实数a，b，c满足$a^2+b^2+c^2=9$，则$(a-b)^2+(b-c)^2+(c-a)^2$的最大值为(　　).

(A)21　　(B)27　　(C)29　　(D)32　　(E) 39

【解析】

根据原式整理可得$(a-b)^2+(b-c)^2+(c-a)^2=2(a^2+b^2+c^2)-2(ab+ac+bc)=3(a^2+b^2+c^2)-[(a^2+b^2+c^2+2ab+2ac+2bc)]=3(a^2+b^2+c^2)-(a+b+c)^2$，由于$(a+b+c)^2\geqslant 0$，所以$3(a^2+b^2+c^2)-(a+b+c)^2\leqslant 27$，则原式的最大值为27. 故本题选择B.

【例16】$x^3+y^3+3xy=1$.

(1) $x+y=1$.

(2) $x+y=-1$.

【解析】

根据题意可知 $x^3+y^3+3xy=(x+y)(x^2+y^2-xy)+3xy$.

条件(1):当 $x+y=1$,则可得 $x^3+y^3+3xy=x^2+y^2-xy+3xy=(x+y)^2=1$,所以条件(1)充分;

条件(2):当 $x+y=-1$,则可得 $x^3+y^3+3xy=-x^2-y^2+xy+3xy=-(x+y)^2+6xy=-1+6xy$,原式值不能确定,所以条件(2)不充分. 故本题选择A.

【例 17】(2011.10)已知 $x(1-kx)^3=a_1x+a_2x^2+a_3x^3+a_4x^4$ 对所有实数 x 都成立,则 $a_1+a_2+a_3+a_4=-8$.

(1) $a_2=-9$.

(2) $a_3=27$.

【解析】

根据题意可令 $x=1$,则 $a_1+a_2+a_3+a_4=(1-k)^3$,故需确定 k 的值. 因为 $x(1-kx)^3=a_1x+a_2x^2+a_3x^3+a_4x^4$,利用完全立方公式将等式左侧展开可得 $x[1-3kx+3(kx)^2-(kx)^3]=x-3kx^2+3k^2x^3-k^3x^4=a_1x+a_2x^2+a_3x^3+a_4x^4$.

条件(1):$a_2=-9$,即 $-3k=-9\Rightarrow k=3$,则 $a_1+a_2+a_3+a_4=(1-3)^3=-8$,所以条件(1)充分;

条件(2):$a_3=27$,即 $3k^2=27\Rightarrow k=\pm3$. 当 $k=3$ 时,$a_1+a_2+a_3+a_4=-8$;当 $k=-3$ 时,$a_1+a_2+a_3+a_4=(1+3)^3=64$,所以条件(2)不充分. 故本题选择A.

命题点4 因式分解★★

【例 18】(2009.10) ΔABC 是等边三角形.

(1) ΔABC 的三边满足 $a^2+b^2+c^2=ab+bc+ac$.

(2) ΔABC 的三边满足 $a^3-a^2b+ab^2+ac^2-b^3-bc^2=0$.

【解析】

条件(1):根据条件原式整理可得 $2a^2+2b^2+2c^2-2ab-2bc-2ac=0$,即 $(a-b)^2+(b-c)^2+(c-a)^2=0\Rightarrow a=b=c$,可得 ΔABC 是等边三角形,所以条件(1)充分;

条件(2):根据条件整理可得 $(a^3-b^3)-(a^2b-ab^2)+(ac^2-bc^2)=0\Rightarrow(a-b)(a^2+ab+b^2)-ab(a-b)+c^2(a-b)=0\Rightarrow(a-b)(a^2+b^2+c^2)=0$,则 $a-b=0\Rightarrow a=b$,三角形为等腰三角形,所以条件(2)不充分;故本题选择A.

【例 19】a,b,c 是三角形的三条边,则 ΔABC 是直角三角形.

(1) ΔABC 的三边满足 $a^3+c^3+ab^2-a^2b+b^2c-bc^2-2abc=0$.

(2) ΔABC 的三边满足 $a^3+b^3+a^2b+ab^2-ac^2-bc^2=0$.

【解析】

条件(1):根据条件原式可整理

$a^3+c^3+ab^2-a^2b+b^2c-bc^2-2abc=(a^3+c^3)+(ab^2+b^2c)-(a^2b+abc)-(bc^2+abc)=$
$(a+c)(a^2-ac+c^2)+b^2(a+c)-ab(a+c)-bc(c+a)=(a+c)(a^2-ac+c^2+b^2-ab-bc)=$

$(a+c)\times\frac{1}{2}\times[(a-b)^2+(b-c)^2+(c-a)^2]=0\Rightarrow a=b=c$，可得 ΔABC 是等边三角形，所以条件(1)不充分；

条件(2)：根据条件原式可整理 $a^3+b^3+a^2b+ab^2-ac^2-bc^2=(a^3+b^3)+(a^2b+ab^2)-(ac^2+bc^2)=(a+b)(a^2-ab+b^2)+ab(a+b)-c^2(a+b)=(a+b)(a^2-ab+b^2+ab-c^2)=(a+b)(a^2+b^2-c^2)=0\Rightarrow a+b=0$(舍)或 $a^2+b^2-c^2=0$，满足勾股定理，可得 ΔABC 是直角三角形，所以条件(2)充分. 故本题选择B.

【例 20】若 $x^2+xy+y=14$，$y^2+xy+x=28$，则 $x+y=($　　$)$.

(A)6　　(B)−7　　(C)6 或−7　　(D)−6 或 7　　(E)8

【解析】

根据题意可将两式相加得 $x^2+2xy+y^2+x+y=(x+y)^2+(x+y)=42$，则 $(x+y)^2+(x+y)-42=0\Rightarrow(x+y-6)(x+y+7)=0$，解得 $x+y=6$ 或−7. 故本题选择C.

【例 21】(2008)方程 $x^2-(1+\sqrt{3})x+\sqrt{3}=0$ 的两根分别为等腰三角形的腰 a 和底 b $(a<b)$，则该三角形的面积是(　　).

(A) $\frac{\sqrt{11}}{4}$　　(B) $\frac{\sqrt{11}}{8}$　　(C) $\frac{\sqrt{3}}{4}$　　(D) $\frac{\sqrt{3}}{5}$　　(E) $\frac{\sqrt{3}}{8}$

【解析】

根据原式整理可得 $x^2-(1+\sqrt{3})x+\sqrt{3}=(x-1)(x-\sqrt{3})=0$，则 $a=1$，$b=\sqrt{3}$，则 $h=\sqrt{a^2-\left(\frac{b}{2}\right)^2}=\sqrt{1^2-\left(\frac{\sqrt{3}}{2}\right)^2}=\frac{1}{2}$，所以面积为 $S=\frac{1}{2}bh=\frac{1}{2}\times\sqrt{3}\times\frac{1}{2}=\frac{\sqrt{3}}{4}$. 故本题选择C.

考点二　多项式除法★★

一、知识梳理

1.多项式除法

$f(x)$ 为一元 n 次多项式，$g(x)$ 为一元 m 次多项式，两式相除有如下关系：

$$f(x)\quad\div\quad g(x)\quad=\quad h(x)\cdots\cdots r(x)$$

（被除式）（除式）（商式）（余式）

多项式除法需要注意幂次关系，一般是高次除以低次，即 $n\geqslant m$，商式的最高幂次为 $n-m$，余式的最高幂次小于除式最高幂次.

多项式除法可用长除法直接进行运算，得到商式和余式. 例：$f(x)=3x^2-2x+1$，$g(x)=x-1$，长除法过程如下：

$$
\begin{array}{r}
3x+1 \\
x-1\,\overline{)\,3x^2-2x+1} \\
\underline{3x^2-3x\quad\;\;} \\
x+1 \\
\underline{x-1} \\
2
\end{array}
$$

长除法的运算核心为**凑齐最高次项**. 上式中$f(x)$ 最高次项为$3x^2$, $g(x)$ 最高次项为x, $3x^2 = x \cdot 3x$, 故商式第一项为$3x$,商式第一项乘以除式得到$3x^2 - 3x$写在下方,上下相减得到$x+1$,此时最高次项与除式最高次一致,得到商式第二项为1,重复以上步骤,一直到**余式的最高幂次小于除式的最高幂次**,上式中最终得到余式为2(常数项次数为0),次数小于除式次数1次,长除法结束.

运用长除法可得到商式和余式,也可将各式转化为乘积形式,便于进行后续的运算,上式可写为$3x^2 - 2x + 1 = (x-1)(3x+1) + 2$,推广到一般式即

$$f(x) = g(x)h(x) + r(x)$$

若$r(x) = 0$,上式可转化为

$$f(x) = g(x)h(x)$$

对应到除法关系,此时$f(x)$ 能被$g(x)$ 或$h(x)$ 整除. $g(x)$, $h(x)$ 为$f(x)$ 的两个因式.

2.因式定理

“已知$f(x) = x^2 - kx - 6$, $g(x) = x - 3$, $f(x)$ 能被$g(x)$ 整除,求k的值.”

上述题目为多项式除法相关问题,条件给出的是被除式与除式,被除式中含有参数k. 根据多项式除法关系,我们直到两式相除,可以得到一个商式$h(x)$,题目中两式为整除关系,即余式为0. 可把除法关系转化为乘法关系

$$x^2 - kx - 6 = (x-3)h(x)$$

等式左侧含有参数,右侧$h(x)$ 是未知的,观察式子,若令$x = 3$(使除式为0的值),可使等式右侧可全部变为0,等式左侧给x赋了值,只剩下了参数,可得$3^2 - 3k - 6 = 0$,解得$k = 1$.

上述解法,是建立在乘法关系式的基础上,通过给x赋合适的值,使等式右侧变为0,来建立参数的方程从而求解.

该方法可推广到一般,对于含参数的多项式整除问题,给定被除式$f(x)$ 、除式$g(x)$,求参数,可按如下步骤建立方程:

(1)化除为乘,将除法关系转化为乘法式子,$f(x) = g(x)h(x)$;

(2)令$g(x)$为零,目的是找到给x应该赋的值;

(3)将所得x值代入原式求解.

上述求解方法叫作因式定理.

3.余式定理

对上题进行调整“已知$f(x) = x^2 - kx - 6$, $g(x) = x - 3$, $f(x)$ 能被$g(x)$ 除余6,求k的值.”

与上题相比，本题仍然为含参数的多项式除法问题，唯一的变化在于上题为整除关系，本题含有余式. 但代数式关系没有本质变化，仍然可用乘法关系来表示

$$x^2 - kx - 6 = (x - 3)h(x) + 6$$

其中 $h(x)$ 未知，虽然式中含有余式，但余式为常数，仍然可令 $x = 3$，可得 $3^2 - 3k - 6 = 6$，解得 $k=-1$.

本题存在余数且为常数，其他题目中也可能存在含有未知数的余式 $r(x)$，即含参数多项式 $f(x)$ 除以 $g(x)$，余式 $r(x)$，求参数，此类问题仍然可按固定步骤进行求解：

(1) 化除为乘，$f(x) = g(x)h(x) + r(x)$；

(2) 令 $g(x) = 0$；

(3) 将所得 x 值代入原式求解.

上述求解方法叫作余式定理. 此方法与因式定理本质相同，针对的均为多项式除法问题，区别在于是否存在余式.

二、命题点精讲

命题点 1　长除法的应用★

思路点拨

长除法是解决多项式除法的基础方法，已知两个多项式，二者相除，求商式和余式，便可考虑运用长除法直接求解. 代数式中含有参数也可以运用长除法.

【例 22】多项式 $f(x) = x^4 + 3x^3 + 16x - 5$ 除以 $x^2 - x + 3$ 的余式为(　　).

(A) $5x-8$　　(B) $5x+8$　　(C) $-5x-8$　　(D) $-5x+8$　　(E) $8x-5$

【解析】

根据题意利用长除法可得

$$\begin{array}{r} x^2+4x+1 \\ x^2-x+3\overline{)x^4+3x^3+16x-5} \\ \underline{x^4-x^3+3x^2} \\ 4x^3-3x^2+16x-5 \\ \underline{4x^3-4x^2+12x} \\ x^2+4x-5 \\ \underline{x^2-x+3} \\ 5x-8 \end{array}$$

故本题选择 A.

命题点2 因式定理★★

思路点拨

多项式除法问题,含有参数,且涉及整除、因式等信息,即可考虑因式定理:

①化除为乘,$f(x)=g(x)h(x)$;

②令$g(x)=0$;

③所得数值代入原式.

【例23】(2007.10)若多项式$f(x)=x^3+a^2x^2+x-3a$能被$x-1$整除,则实数$a=$(　　).

(A)0　　(B)1　　(C)0或1　　(D)2或-1　　(E)2或1

【解析】

根据题意可知$f(x)$能被$x-1$整除,由因式定理可得$f(1)=0$,即$f(1)=1+a^2+1-3a=0$,解得$a=2$或$a=1$.故本题选择E.

【例24】(2012)若x^3+x^2+ax+b能被x^2-3x+2整除,则(　　).

(A) $a=4,b=4$　　(B) $a=-4,b=-4$

(C) $a=10,b=-8$　　(D) $a=-10,b=8$

(E) $a=-2,b=0$

【解析】

根据题意利用因式定理可令$x^2-3x+2=(x-1)(x-2)=0$,可得$\begin{cases}f(1)=0,\\f(2)=0\end{cases}\Rightarrow\begin{cases}1+1+a+b=0,\\2^3+2^2+2a+b=0,\end{cases}$

解得$\begin{cases}a=-10,\\b=8.\end{cases}$故本题选择D.

【例25】(2009.10)二次三项式x^2+x-6是多项式$2x^4+x^3-ax^2+bx+a+b-1$的一个因式.

(1) $a=16$.

(2) $b=2$.

【解析】

根据题意令$g(x)=x^2+x-6=0\Rightarrow x=-3$或2,由因式定理得$\begin{cases}f(-3)=0,\\f(2)=0\end{cases}\Rightarrow\begin{cases}134-8a-2b=0,\\39-3a+3b=0\end{cases}\Rightarrow$

$\begin{cases}a=16,\\b=3.\end{cases}$

条件(1) $a=16$, b值无法确定,所以条件(1)不充分;

条件(2): $b=2$, a值无法确定,所以条件(2)不充分;

(1)+(2): $a=16$, $b=2$与转化结论不一致,所以条件(1)和(2)联合不充分.故本题选择E.

命题点 3　余式定理★

思路点拨

余式定理与因式定理本质相同,区别在于是否整除:

①化除为乘, $f(x)=g(x)h(x)+r(x)$;

②令 $g(x)=0$;

③所得数值代入原式.

【例 26】多项式 $f(x)=x^3+a^2x^2+ax-1$ 被 $x+1$ 除余-2,则实数 $a=$(　　).

(A)1　(B)1 或 0　(C)-1　(D)-1 或 0　(E)1 或-1

【解析】

根据题意令 $g(x)=x+1=0 \Rightarrow x=-1$,由余式定理得 $f(-1)=r(-1)$,即 $f(-1)=-1+a^2-a-1=-2$,解得 $a=0$ 或 1. 故本题选择 B.

【例 27】若 $(x-a)(x-b)-k$ 除以 $x+b$ 的余数为 $2ab$,则 $k=$(　　).

(A) a^2+b^2　(B) $2a^2$　(C) $2b^2$　(D)2　(E) $-2ab$

【解析】

根据题意令 $g(x)=x+b=0 \Rightarrow x=-b$,由余式定理得 $f(-b)=r(-b)$,即 $f(-b)=(-b-a)(-b-b)-k=2ab$,解得 $k=2b^2$. 故本题选择 C.

【例 28】$f(x)=x^3+ax^2+bx+3$ 除以 x^2-x-2 的余式为 $2x+1$,则 $\frac{b}{a}=$(　　).

(A)-2　(B)-1　(C) $-\frac{1}{2}$　(D)1　(E)2

【解析】

根据题意令 $g(x)=x^2-x-2=(x-2)(x+1)=0$,可得 $x=2$ 或 $x=-1$,由余式定理得 $f(2)=r(2) \Rightarrow 4a+2b+11=2\times2+1=5$, $f(-1)=r(-1) \Rightarrow a-b+2=-1$,分别代入联立解得 $\begin{cases} a=-2, \\ b=1, \end{cases}$ 所以 $\frac{b}{a}=-\frac{1}{2}$. 故本题选择 C.

【例 29】设 $f(x)$ 是 x 的多项式,用 $x-1$ 除 $f(x)$ 余数为 9,用 $x-2$ 除 $f(x)$ 余数为 16,则 $f(x)$ 除以 x^2-3x+2 的余式为(　　).

(A) $7x+2$　(B) $7x+3$　(C) $7x+4$　(D) $7x+5$　(E) $2x+7$

【解析】

根据题意设, $f(x)$ 除以 x^2-3x+2 的余式为 $r(x)=ax+b$,令 $\begin{cases} g_1(x)=x-1=0 \Rightarrow x=1, \\ g_2(x)=x-2=0 \Rightarrow x=2, \end{cases}$ 根据题意可得 $\begin{cases} f(1)=a+b, \\ f(2)=2a+b, \end{cases}$ 令 $g_3(x)=x^2-3x+2=(x-1)(x-2)=0 \Rightarrow x=1$ 或 $x=2$,由余式定理得

$\begin{cases}f(1)=a+b,\\f(2)=2a+b\end{cases}\Rightarrow\begin{cases}a+b=9,\\2a+b=16\end{cases}\Rightarrow\begin{cases}a=7,\\b=2,\end{cases}$ 即余式 $r(x)=7x+2$. 故本题选择 A.

【例 30】设 $f(x)$ 关于 x 的多项式, $f(x)$ 除以 $2(x+1)$ 和 $3(x-2)$ 的余式分别为 1 和 -2,那么 $5f(x)$ 除以 x^2-x-2 的余式是(　　).

(A) $-5x+6$　　(B) $5x+6$　　(C) $-5x$　　(D) $5x$　　(E) 5

【解析】

根据题意设 $5f(x)$ 除以 x^2-x-2 的余式为 $r(x)=ax+b$,令 $\begin{cases}g_1(x)=2(x+1)=0\Rightarrow x=-1,\\g_2(x)=3(x-2)=0\Rightarrow x=2,\end{cases}$ 由余式定理可得 $\begin{cases}f(-1)=1,\\f(2)=-2;\end{cases}$ 令 $g_3(x)=x^2-x-2=0\Rightarrow x=-1$ 或 2,由余式定理可得

$\begin{cases}5f(-1)=r(-1)=-a+b=5,\\5f(2)=r(2)=2a+b=-10,\end{cases}$ 解得 $\begin{cases}a=-5,\\b=0,\end{cases}$ 则 $r(x)=-5x$. 故本题选择 C.

考点三　分式运算★★

一、知识梳理

1.分式基本运算

分母中含有字母的代数式叫作分式.

分式的基本运算原则如下:

(1) $\frac{a}{b}=\frac{ka}{kb}\,(k\neq 0)$;

(2) $\frac{a}{b}\pm\frac{c}{d}=\frac{ad\pm cb}{bd}$;

(2) $\frac{a}{b}\times\frac{c}{d}=\frac{ac}{bd}$;

(4) $\frac{a}{b}\div\frac{c}{d}=\frac{ad}{bc}$.

与整式相比,分式多了分母,需要注意分母不能为 0,但分子分母仍然为整式,那么整式涉及的各种运算、公式的使用、因式分解等,在分式中仍然可以体现.

因此若出现已知代数式求某一分式的值的问题,仍然是用整式相关运算方法解题,将目标式进行化简整理,转化为和条件相关的形式进而求解.

2.正负幂次对称分式

"已知 $x+\frac{1}{x}=5$,求 $x^2+\frac{1}{x^2}$."

题目中给定一个分式的值,求另外一个分式的值,条件和结论都不复杂,无需过多变形,解决本题的关键在于找到条件和目标式之间的关联. 对第一个式子平方可得 $\left(x+\frac{1}{x}\right)^2=x^2+\frac{1}{x^2}+2$,易得到

$$x^2+\frac{1}{x^2}=\left(x+\frac{1}{x}\right)^2-2$$

代入数值可得结果为23.

本题难度不大,但解题过程能够发现 $x+\frac{1}{x}$ 为较为特殊的一种分式,在运算过程中凡是出现 $x\cdot\frac{1}{x}$ 的部分,均会转化为常数,使得原分式形式得以保留,只是幂次发生变化,此类分式叫作正负幂次对称分式.

在上述题目基础上求 $x^3+\frac{1}{x^3}$,应该如何运算.

核心思路一致,思考条件和目标式之间的关联,可直接利用立方和公式 $x^3+\frac{1}{x^3}=\left(x+\frac{1}{x}\right)\left(x^2+\frac{1}{x^2}-1\right)=5\times(23-1)=110$,也可以思考3次与低次之间有何关联,直接令2次式和1次式相乘可得 $\left(x+\frac{1}{x}\right)\left(x^2+\frac{1}{x^2}\right)=x^3+\frac{1}{x^3}+x+\frac{1}{x}$,易得

$$x^3+\frac{1}{x^3}=\left(x+\frac{1}{x}\right)\left(x^2+\frac{1}{x^2}\right)-\left(x+\frac{1}{x}\right).$$

若继续求更高次的式子,同样只需考虑高次式与低次式之间的关系即可. 正负幂次对称分式,主要考查不同次数式子之间相互转化的问题,**核心就是考虑条件式与目标式的相互转化关系**. 常用式子的转化关系如下:

$$x^{2n}+\frac{1}{x^{2n}}=\left(x^n+\frac{1}{x^n}\right)^2-2;$$

$$x^{2n+1}+\frac{1}{x^{2n+1}}=\left(x^n+\frac{1}{x^n}\right)\left(x^{n+1}+\frac{1}{x^{n+1}}\right)-\left(x+\frac{1}{x}\right).$$

3.分式裂项

"计算 $\frac{1}{x}-\frac{1}{x+1}$."

两分式作差,无其他条件,只能考虑基本运算,对分式进行通分,可得 $\frac{1}{x}-\frac{1}{x+1}=\frac{x+1}{x(x+1)}-\frac{x}{x(x+1)}=\frac{1}{x(x+1)}$,可以发现最终得到的结果形式较为特殊,分子为1,分母恰为原两分式分母之积. 但并非任意两个分式作差结果均如此,上述两分式恰好分母相差1,通分运算后结果恰好为特殊情况.

因此若在题目中存在此类特征的分式,可根据计算需要,反过来将分式拆分为两个分式之差,即

$$\frac{1}{x(x+1)}=\frac{1}{x}-\frac{1}{x+1}$$

此过程叫作分式裂项. 当题目中存在一系列形式类似的分式时,可利用分式裂项将原式拆分成两分式之差,从而出现一加一减相消的形式,实现化简的目的.

还可以将上式进行拓展,用于分母相差不为 1 的分式进行裂项,例 $\frac{1}{x(x+2)}$,若直接裂项得到 $\frac{1}{x}-\frac{1}{x+2}$,其通分得 $\frac{2}{x(x+2)}$,显然结果与原式并不等价,但是区别只是分子上的常数不同,可给乘上一个系数确保等价,$\frac{1}{x(x+2)}=\frac{1}{2}\cdot\left(\frac{1}{x}-\frac{1}{x+2}\right)$.

推广到一般情况,可得

$$\frac{1}{x(x+k)}=\frac{1}{k}\left(\frac{1}{x}-\frac{1}{x+k}\right).$$

分式裂项不仅仅只有上述两种类型,实际解题中,可根据题目需要,按照以上原理公式进行裂项,但是为防止出错,再通分与原式进行验证看是否等价,若不等价再乘以必要的系数即可.

二、命题点精讲

命题点 1 分式求值★

思路点拨

已知某代数式的值,求另一分式的值,核心原则:

①复杂式子运用公式、因式分解等进行化简整理;

②条件式与目标式做关联.

【例 31】若 x, y, z 均为非零实数,则 $z+\frac{1}{x}=1$.

(1) $x+\frac{1}{y}=1$.

(2) $y+\frac{1}{z}=1$.

【解析】

条件(1):根据条件不能确定 z 与 x, y 的关系,所以条件(1)不充分;

条件(2):根据条件不能确定 x 与 y, z 的关系,所以条件(2)不充分;

(1)+(2):$x+\frac{1}{y}=1$ 变形得 $x=\frac{y-1}{y}$, $y+\frac{1}{z}=1$ 变形得 $z=\frac{-1}{y-1}$,则 $z+\frac{1}{x}=\frac{-1}{y-1}+\frac{y}{y-1}=1$,

所以条件(1)和(2)联合充分. 故本题选择C.

【例32】(2011)已知 $x^2+y^2=9$, $xy=4$,则 $\frac{x+y}{x^3+y^3+x+y}=($　　$)$.

(A) $\frac{1}{2}$　(B) $\frac{1}{5}$　(C) $\frac{1}{6}$　(D) $\frac{1}{13}$　(E) $\frac{1}{14}$

【解析】

根据题意可得 $\frac{x+y}{x^3+y^3+x+y}=\frac{x+y}{(x+y)(x^2-xy+y^2)+(x+y)}=\frac{1}{x^2+y^2-xy+1}=\frac{1}{6}$. 故本题选择C.

【例33】$2a^2-5a+\frac{3}{a^2+1}=-1$.

(1) a 是方程 $x^2-3x+1=0$ 的根.

(2) $|a|=1$.

【解析】

条件(1):根据题意可知 $a^2-3a+1=0$,则可得 $a^2-3a=-1$, $a^2+1=3a$, $2a^2-5a+\frac{3}{a^2+1}=2(a^2-3a)+a+\frac{3}{a^2+1}=-2+\frac{a^2+1}{a}=-2+3=1$,所以条件(1)不充分;

条件(2):根据题意可知 $a=\pm1$. 当 $a=1$ 时, $2a^2-5a+\frac{3}{a^2+1}=-\frac{3}{2}$;当 $a=-1$ 时, $2a^2-5a+\frac{3}{a^2+1}=\frac{17}{2}$,所以条件(2)不充分;

(1)+(2):两个条件矛盾无法联合,所以条件(1)和(2)联合不充分. 故本题选择E.

【例34】(2009) $\frac{a^2-b^2}{19a^2+96b^2}=\frac{1}{134}$.

(1) a, b 均为实数,且 $|a^2-2|+(a^2-b^2-1)^2=0$.

(2) a, b 均为实数,且 $\frac{a^2b^2}{a^4-2b^4}=1$.

【解析】

条件(1):根据条件利用非负定零可得 $\begin{cases}a^2-2=0,\\a^2-b^2-1=0\end{cases}\Rightarrow\begin{cases}a^2=2,\\b^2=1,\end{cases}$ 代入可得 $\frac{a^2-b^2}{19a^2+96b^2}=\frac{1}{134}$,所以条件(1)充分;

条件(2):根据原式整理可得 $\frac{a^2b^2}{a^4-2b^4}=1\Leftrightarrow a^4-2b^4-a^2b^2=0$,因式分解得 $(a^2-2b^2)(a^2+b^2)=0$,因 $a^2+b^2\neq0$,则 $a^2=2b^2\Rightarrow\frac{a^2-b^2}{19a^2+96b^2}=\frac{b^2}{134b^2}=\frac{1}{134}$,所以条件(2)充分. 故本题选择D.

命题点 2 正负幂次对称分式★★

思路点拨

正负幂次对称分式问题,首先要熟悉分式形式,见到相关条件马上确定解题思路. 已知低次式可利用转化关系直接求出高次式,若已知高次式求低次式,要注意正负取值或范围.

【例 35】(2014)设 x 是非零实数,则 $x^3+\frac{1}{x^3}=18$.

(1) $x+\frac{1}{x}=3$.

(2) $x^2+\frac{1}{x^2}=7$.

【解析】

根据原式整理可得 $x^3+\frac{1}{x^3}=\left(x+\frac{1}{x}\right)\left(x^2+\frac{1}{x^2}-1\right)=\left(x+\frac{1}{x}\right)\left[\left(x+\frac{1}{x}\right)^2-3\right]$.

条件(1):$x+\frac{1}{x}=3$,则原式 $=3\times(3^2-3)=18$,所以条件(1)充分;

条件(2):$x^2+\frac{1}{x^2}=7\Rightarrow\left(x+\frac{1}{x}\right)^2=9$,则 $x+\frac{1}{x}=\pm3$. 当 $x+\frac{1}{x}=3$ 时,原式 $=18$;当 $x+\frac{1}{x}=-3$,原式 $=(-3)\times[(-3)^2-3]=-18$,所以条件(2)不充分. 故本题选择 A.

【例 36】(2010)若 $x^2+1=3x$,则 $\frac{x^2}{x^4+x^2+1}=$(　　).

(A) $-\frac{1}{8}$　(B) $\frac{1}{6}$　(C) $\frac{1}{4}$　(D) $-\frac{1}{4}$　(E) $\frac{1}{8}$

【解析】

根据题意可知 $x^2+1=3x\Rightarrow x+\frac{1}{x}=3$,原式整理可得 $\frac{x^2}{x^4+x^2+1}=\frac{1}{x^2+\frac{1}{x^2}+1}=\frac{1}{\left(x+\frac{1}{x}\right)^2-1}=\frac{1}{3^2-1}=\frac{1}{8}$. 故本题选择 E.

【例 37】若 $x^2-3x+1=0$,则 $x^7+\frac{1}{x^7}=$(　　).

(A) 189　(B) 329　(C) 840　(D) 843　(E) 900

【解析】

原式整理可得 $x^7+\frac{1}{x^7}=\left(x^3+\frac{1}{x^3}\right)\left(x^4+\frac{1}{x^4}\right)-\left(x+\frac{1}{x}\right)$,又因为 $x^2-3x+1=0\Rightarrow x+\frac{1}{x}=3$,则 $x^2+\frac{1}{x^2}=\left(x+\frac{1}{x}\right)^2-2=3^2-2=7$,$x^3+\frac{1}{x^3}=\left(x+\frac{1}{x}\right)\left(x^2+\frac{1}{x^2}\right)-\left(x+\frac{1}{x}\right)=3\times7-3=18$,$x^4+\frac{1}{x^4}=$

$\left(x^2+\frac{1}{x^2}\right)^2-2=7^2-2=47$,所以原式 $=18\times47-3=843$. 故本题选择 D.

【例 38】已知方程 $x^2+\frac{1}{x^2}-2x-\frac{2}{x}+2=0$,则 $x^3+\frac{1}{x^3}=$(　　).

(A) −1　　(B) 2　　(C) −1 或 2　　(D) 1　　(E) −2 或 1

【解析】

根据题意可知 $x^2+\frac{1}{x^2}-2x-\frac{2}{x}+2=x^2+2+\frac{1}{x^2}-2x-\frac{2}{x}=\left(x+\frac{1}{x}\right)^2-2\left(x+\frac{1}{x}\right)=0$,不妨设 $x+\frac{1}{x}=t(t\geqslant2$ 或 $t\leqslant-2)$,则 $\left(x+\frac{1}{x}\right)^2-2\left(x+\frac{1}{x}\right)=t^2-2t=0$,解得 $t=0$(舍)或 2,得 $t=x+\frac{1}{x}=2$,而 $x^3+\frac{1}{x^3}=\left(x+\frac{1}{x}\right)\left(x^2-1+\frac{1}{x^2}\right)=\left(x+\frac{1}{x}\right)\left[\left(x+\frac{1}{x}\right)^2-3\right]=2(2^2-3)=2$. 故本题选择 B.

命题点 3　分式裂项★★

思路点拨　分式裂项问题,主要是通过将分式分裂,达到相消以化简运算的目的,需要积累不同类型题目的解题方法.

【例 39】(2013) 已知 $f(x)=\frac{1}{(x+1)(x+2)}+\frac{1}{(x+2)(x+3)}+\cdots+\frac{1}{(x+9)(x+10)}$,则 $f(8)=$(　　).

(A) $\frac{1}{9}$　　(B) $\frac{1}{10}$　　(C) $\frac{1}{16}$　　(D) $\frac{1}{17}$　　(E) $\frac{1}{18}$

【解析】

根据题意可知 $f(x)=\frac{1}{x+1}-\frac{1}{x+2}+\frac{1}{x+2}-\frac{1}{x+3}+\cdots+\frac{1}{x+9}-\frac{1}{x+10}=\frac{1}{x+1}-\frac{1}{x+10}$,则 $f(8)=\frac{1}{8+1}-\frac{1}{8+10}=\frac{1}{9}-\frac{1}{18}=\frac{1}{18}$. 故本题选择 E.

【例 40】$\frac{2}{1\times3}+\frac{2}{3\times5}+\cdots+\frac{2}{97\times99}+\frac{2}{99\times101}=$(　　).

(A) $\frac{50}{101}$　　(B) $\frac{100}{101}$　　(C) $\frac{101}{100}$　　(D) $\frac{101}{200}$　　(E) $\frac{1}{2}$

【解析】

根据题意 $\frac{2}{1\times3}+\frac{2}{3\times5}+\cdots+\frac{2}{97\times99}+\frac{2}{99\times101}=2\times\frac{1}{2}\times\left(1-\frac{1}{3}+\frac{1}{3}-\frac{1}{5}+\cdots+\frac{1}{97}-\frac{1}{99}+\frac{1}{99}-\frac{1}{101}\right)=1-\frac{1}{101}=\frac{100}{101}$. 故本题选择 B.

【例 41】若 $|ab-2|$ 与 $|b-1|$ 互为相反数，则代数式 $\frac{1}{ab}+\frac{1}{(a+1)(b+1)}+\cdots+\frac{1}{(a+2\,002)(b+2\,002)}=(\quad)$.

(A) $\frac{2\,001}{2\,002}$ (B) $\frac{2\,003}{2\,002}$ (C) $\frac{2\,002}{2\,003}$ (D) $\frac{2\,003}{2\,004}$ (E) 1

【解析】

根据题意可知 $|ab-2|$ 与 $|b-1|$ 互为相反数，则 $|ab-2|=|b-1|=0$，解得 $b=1$，$a=2$，所以原式 $=\frac{1}{1\times2}+\frac{1}{2\times3}+\cdots+\frac{1}{2\,003\times2\,004}=1-\frac{1}{2}+\frac{1}{2}-\frac{1}{3}+\cdots+\frac{1}{2\,003}-\frac{1}{2\,004}=1-\frac{1}{2\,004}=\frac{2\,003}{2\,004}$. 故本题选择 D.

【例 42】$1+\frac{1}{1+2}+\frac{1}{1+2+3}+\cdots+\frac{1}{1+2+3+\cdots+n}=(\quad)$.

(A) $\frac{n}{n+1}$ (B) $\frac{2n^2-1}{n}$ (C) $\frac{2n}{n+1}$ (D) $\frac{1}{n}$ (E) $\frac{3n}{2n+1}$

【解析】

根据题意可知，分母为一个以 1 为首项，1 为公差的等差数列，则根据等差数列的求和公式 $1+2+3+\cdots+n=\frac{n(n+1)}{2}$，则 $\frac{1}{1+2+3+\cdots+n}=\frac{2}{n(n+1)}$，所以原式 $=2\times\left[\frac{1}{1\times2}+\frac{1}{2\times3}+\cdots+\frac{1}{n\times(n+1)}\right]=2\times\left(1-\frac{1}{2}+\frac{1}{2}-\frac{1}{3}+\cdots+\frac{1}{n}-\frac{1}{n+1}\right)=2\times\left(1-\frac{1}{n+1}\right)=\frac{2n}{n+1}$. 故本题选择 C.

第三节　章节总结

一、整式乘法

1.整式乘法:各项交错相乘,然后合并同类项.

2.求高次展开式的系数问题可用赋值法.

3.常用公式

(1)平方差公式:$a^2-b^2=(a+b)(a-b)$;

(2)完全平方公式:$a^2\pm 2ab+b^2=(a\pm b)^2$;

(3)三个数和的平方:$a^2+b^2+c^2+2ab+2bc+2ca=(a+b+c)^2$;

(4)完全平方公式变式:$a^2+b^2+c^2\pm ab\pm bc\pm ca=\frac{1}{2}[(a\pm b)^2+(b\pm c)^2+(c\pm a)^2]$;

(5)立方和公式:$a^3+b^3=(a+b)(a^2-ab+b^2)$;

(6)立方差公式:$a^3-b^3=(a-b)(a^2+ab+b^2)$;

(7)完全立方公式:$(a\pm b)^3=a^3\pm 3a^2b+3ab^2\pm b^3$.

4.因式分解常用方法

(1)提取公因式;

(2)运用公式;

(3)拆项补项;

(4)十字相乘:①拆二次项系数和常数项;②交叉相乘再相加验证一次项系数;③分解.

二、多项式除法

1.多项式除法中余式最高幂次小于除式最高幂次.

2.多项式除法问题可直接运用长除法得到商式和余式.

3.含参数的多项式整除问题,可用因式定理,解题步骤:

(1)化除为乘,将除法关系转化为乘法式子,$f(x)=g(x)h(x)$;

(2)令 $g(x)=0$;

(3)将所得 x 值代入原式求解.

4.含余式的多项式除法问题,可用余式定理,解题步骤与因式定理相同.

三、分式运算

1.分式基本运算

(1) $\frac{a}{b}=\frac{ka}{kb}\ (k\neq 0)$;

（2）$\frac{a}{b}\pm\frac{c}{d}=\frac{ad\pm cb}{bd}$；

（3）$\frac{a}{b}\times\frac{c}{d}=\frac{ac}{bd}$；

（4）$\frac{a}{b}\div\frac{c}{d}=\frac{ad}{bc}$.

2.分式求值的基本思路:①复杂式子运用公式、因式分解等进行化简整理;②条件式与目标式做关联.

3.正负幂次对称分式

（1）常见公式：$x^2+\frac{1}{x^2}=\left(x+\frac{1}{x}\right)^2-2$；$x^3+\frac{1}{x^3}=\left(x+\frac{1}{x}\right)\left(x^2+\frac{1}{x^2}\right)-\left(x+\frac{1}{x}\right)$；

（2）通用公式：$x^{2n}+\frac{1}{x^{2n}}=\left(x^n+\frac{1}{x^n}\right)^2-2$；$x^{2n+1}+\frac{1}{x^{2n+1}}=\left(x^n+\frac{1}{x^n}\right)\left(x^{n+1}+\frac{1}{x^{n+1}}\right)-\left(x+\frac{1}{x}\right)$.

4.正负幂次对称分式若已知高次式求低次式,要注意正负取值或范围.

5.分式裂项

（1）基本形式：$\frac{1}{x(x+1)}=\frac{1}{x}-\frac{1}{x+1}$；

（2）通用形式：$\frac{1}{x(x+k)}=\frac{1}{k}\left(\frac{1}{x}-\frac{1}{x+k}\right)$.

6.分式裂项不仅仅只有上述两种类型,可根据题目需要,按照基本原理公式进行裂项,再进行验证.

第四节　强化训练

一、问题求解

第 1~15 小题,每小题 3 分,共 45 分,下列每题给出的 A、B、C、D、E 五个选项中,只有一项是符合试题要求的,请在答题卡上将所选项的字母涂黑.

1.若 $(\sqrt{2}-x)^3=a_0+a_1x+a_2x^2+a_3x^3$ 恒成立,则 $(a_0+a_2)^2-(a_1+a_3)^2$ 的值为(　　).

(A)−1　　(B)0　　(C)1　　(D)2　　(E)3

2.已知 $x^2-3x-2=0$,则多项式 $2x^3-7x^2-x+2$ 的值为(　　).

(A)−2　　(B)−1　　(C)0　　(C)1　　(E)2

3.若 $(m+n)^2=10$, $(m-n)^2=2$,则 $m^4+n^4=$(　　).

(A)102　　(B)104　　(C)28　　(D)22　　(E)30

4.已知 a, b, c 为三角形 ABC 的三条边,且 $a^2+b^2+c^2-6a-10b-8c+50=0$,则三角形 ABC 为(　　).

(A)等腰三角形　　(B)直角三角形　　(C)等腰直角三角形

(D)等边三角形　　(E)等腰或直角三角形

5.满足 $1\ 998^2+m^2=1\ 997^2+n^2(0<m<n<1\ 998)$ 的整数对 (m,n),共有(　　)对.

(A)1　　(B)2　　(C)3　　(D)4　　(E)5

6.设 x, y 为实数,则代数式 $x^2-4x+y^2-6y+16$ 的最小值为(　　).

(A)0　　(B)1　　(C)2　　(D)3　　(E)4

7.已知 a, b, c 为三角形 ABC 的三条边,且 $(a+b+c)^2=3(a^2+b^2+c^2)$,则三角形 ABC 为(　　).

(A)等腰三角形　　(B)直角三角形　　(C)等腰直角三角形

(D)等边三角形　　(E)等腰或直角三角形

8.已知实数 x, y, z, a 满足 $x+a^2=m$, $y+a^2=m+1$, $z+a^2=m+2$,且 $xyz=2$,则 $\frac{x}{yz}+\frac{y}{xz}+\frac{z}{xy}-\frac{1}{x}-\frac{1}{y}-\frac{1}{z}=$(　　).

(A) $\frac{3}{2}$　　(B) $\frac{1}{2}$　　(C)1　　(D)3　　(E)6

9.已知 x^3+kx^2+3 除以 $x+1$ 的余数为 a,除以 $x+3$ 的余数为 b,且 $a-b=2$,则 k 的值为(　　).

(A)1　　(B)2　　(C)3　　(D)4　　(E)5

10.已知 $a+2b=2\ 022$,则 $\frac{3a^2+12ab+12b^2}{2a+4b}$ 的值为(　　).

(A)1 011　　(B)2 022　　(C)3 033　　(D)4 044　　(E)5 055

11.设若 $a-b=1+\sqrt{3}$，$b-c=1-\sqrt{3}$，则 $\frac{1}{a^2+b^2+c^2-ab-ac-bc}$ 的值为(　　).

(A)$\frac{1}{12}$　　(B)$\frac{1}{6}$　　(C)$\frac{1}{3}$　　(D)$\frac{1}{8}$　　(E)$\frac{1}{4}$

12.$\frac{1}{10}+\frac{1}{40}+\frac{1}{88}+\frac{1}{154}+\frac{1}{238}$ 的值为(　　).

(A)$\frac{1}{17}$　　(B)$\frac{5}{34}$　　(C)$\frac{4}{17}$　　(D)$\frac{11}{34}$　　(E)$\frac{8}{17}$

13.(2010)多项式 x^3+ax^2+bx-6 的两个因式是 $x-1$ 和 $x-2$，则其第三个一次因式为(　　).

(A)$x-6$　　(B)$x-3$　　(C)$x+1$　　(D)$x+2$　　(E)$x+3$

14.已知 $\frac{x}{x^2+1}=\frac{1}{3}$，则 $\frac{x^2}{x^4+1}$ 的值为(　　).

(A)$\frac{1}{3}$　　(B)$\frac{1}{5}$　　(C)$\frac{1}{7}$　　(D)$\frac{1}{8}$　　(E)$\frac{1}{9}$

15.已知 $a^2-3a+1=0$，则代数式 $\frac{a^3}{a^6+1}$ 的值为(　　).

(A)$\frac{1}{3}$　　(B)$\frac{1}{6}$　　(C)$\frac{1}{9}$　　(D)$\frac{1}{12}$　　(E)$\frac{1}{18}$

二、条件充分性判断

第16~25小题，每小题3分，共30分.要求判断每题给出的条件(1)和(2)能否充分支持题干所陈述的结论.A、B、C、D、E五个选项为判断结果，请选择一项符合试题要求的判断，在答题卡上将所选项的字母涂黑.

(A)条件(1)充分，但条件(2)不充分

(B)条件(2)充分，但条件(1)不充分

(C)条件(1)和条件(2)单独都不充分，但条件(1)和条件(2)联合起来充分

(D)条件(1)充分，条件(2)也充分

(E)条件(1)和条件(2)单独都不充分，条件(1)和条件(2)联合起来也不充分

16.多项式 $x^2+px-\frac{1}{3}$ 与多项式 x^2-3x+q 的乘积中不含 x 项与 x^3 项.

(1) $p=-3$，$q=\frac{1}{3}$.

(2) $p=3$，$q=-\frac{1}{3}$.

17.多项式 x^3+ax^2+bx+4 能被 x^2+3x-4 整除.

(1) $a=2$.

（2）$b=-7$.

18.$3x^3+mx^2+nx+42$ 能被 x^2-5x+6 整除.

（1）$m=-8$，$n=17$.

（2）$m=-8$，$n=-17$.

19.$a=1$，$b=3$.

（1）$a^2+b^2=2a+6b-10$.

（2）$3x^3-2x^2+ax+b$ 除以 x^2-x-2 的余式为 $2x+1$.

20.能确定 $2x^2-13x+2y^2-13y+4xy+20$ 的值.

（1）$x+y=6$.

（2）$x-y=2$.

21.设 x，y 为非零实数，则 $\frac{x}{y}-\frac{y}{x}-\frac{x^2+y^2}{xy}=-3$.

（1）$3x^2+xy-2y^2=0$.

（2）$6x^2+5xy-6y^2=0$.

22.$\frac{3x+5xy+3y}{x-3xy+y}=10$.

（1）$\frac{x+y}{xy}=5$.

（2）$\frac{x+y}{xy}=-5$.

23.$M<25$.

（1）$M=x^2+\frac{1}{x^2}$，且 $x+\frac{1}{x}=2$.

（2）已知 $M=x^3+\frac{1}{x^3}$，且 $x^2-3x+1=0$.

24.$\frac{1}{(x-1)x}+\frac{1}{x(x+1)}+\cdots+\frac{1}{(x+9)(x+10)}=\frac{11}{12}$.

（1）$x=2$.

（2）$x=-11$.

25.代数式 $\frac{2x^4+9x^2+2}{5x^3+3x^2+5x}$ 的值为 1.

（1）$x^2-2x+1=0$.

（2）$x^2+2x+1=0$.

参考答案：1～5 CCCBC　6～10 DDACC　11～15 BBBCE　16～20 BCBAA　21～25 CADDA

第五节　强化训练参考答案及解析

一、问题求解

1.C 【解析】根据题意可知，当 $x=1$ 时，$(\sqrt{2}-1)^3=a_0+a_1+a_2+a_3$；当 $x=-1$ 时，$(\sqrt{2}+1)^3=a_0-a_1+a_2-a_3$，则 $(a_0+a_2)^2-(a_1+a_3)^2=(a_0+a_2+a_1+a_3)(a_0+a_2-a_1-a_3)=(\sqrt{2}-1)^3(\sqrt{2}+1)^3=[(\sqrt{2}-1)(\sqrt{2}+1)]^3=1$. 故本题选择 C.

2.C 【解析】根据题意可知 $x^2-3x-2=0$，则 $2x^3-7x^2-x+2=2x(x^2-3x-2)-(x^2-3x-2)=0$. 故本题选择 C.

3.C 【解析】根据题意可知 $\begin{cases}(m+n)^2=m^2+2mn+n^2,\\(m-n)^2=m^2-2mn+n^2,\end{cases}$ 即 $\begin{cases}m^2+2mn+n^2=10,\\m^2-2mn+n^2=2,\end{cases}$ 解得 $\begin{cases}m^2+n^2=6,\\mn=2,\end{cases}$ 则 $m^4+n^4=(m^2+n^2)^2-2m^2n^2=6^2-2\times2^2=28$. 故本题选择 C.

4.B 【解析】根据题意可知 $a^2+b^2+c^2-6a-10b-8c+50=0\Rightarrow(a-3)^2+(b-5)^2+(c-4)^2=0$，则 $a=3,b=5,c=4$，为直角三角形. 故本题选择 B.

5.C 【解析】根据题意可得 $n^2-m^2=1\,998^2-1\,997^2\Rightarrow(m+n)(m-n)=(1\,998+1\,997)(1\,998-1\,997)=3\,995=5\times17\times47$，所以 $\begin{cases}m+n=3\,995,\\n-m=1\end{cases}\Rightarrow\begin{cases}n=1\,998,\\m=1\,997\end{cases}$（不符合，舍掉）或 $\begin{cases}m+n=47\times17,\\n-m=5\end{cases}\Rightarrow\begin{cases}n=402,\\m=397\end{cases}$ 或 $\begin{cases}m+n=47\times5,\\n-m=17\end{cases}\Rightarrow\begin{cases}m=126,\\n=109\end{cases}$ 或 $\begin{cases}m+n=5\times17,\\n-m=47\end{cases}\Rightarrow\begin{cases}m=66,\\n=19,\end{cases}$ 所以满足的整数对 (m,n)，共有 3 对. 故本题选择 C.

6.D 【解析】根据题意可知 $x^2-4x+y^2-6y+16=(x-2)^2+(y-3)^2+3$，当 $x=2$，$y=3$ 时，代数式取最小值，最小值为 3. 故本题选择 D.

7.D 【解析】根据题意可知 $(a+b+c)^2=a^2+b^2+c^2+2ab+2ac+2bc=3(a^2+b^2+c^2)$，整理可得 $(a-b)^2+(a-c)^2+(b-c)^2=0$，所以 $a=b=c$，为等边三角形. 故本题选择 D.

8.A 【解析】根据题意可知 $x-y=-1$，$x-z=-2$，$y-z=-1$，则 $\frac{x}{yz}+\frac{y}{xz}+\frac{z}{xy}-\frac{1}{x}-\frac{1}{y}-\frac{1}{z}=\frac{x^2+y^2+z^2-xy-xz-yz}{xyz}=\frac{1}{xyz}\times\frac{1}{2}[(x-y)^2+(y-z)^2+(x-z)^2]=\frac{1}{2}\times\frac{1}{2}\times6=\frac{3}{2}$. 故本题选择 A.

9.C 【解析】设 $f(x)=x^3+kx^2+3$，$g_1(x)=x+1$，$g_2(x)=x+3$，商式为分别 $h_1(x)$，$h_2(x)$，根据题意可得 $\begin{cases}f(x)=g_1(x)h_1(x)+a,\\f(x)=g_2(x)h_2(x)+b,\end{cases}$ 令 $g_1(x)$，$g_2(x)$ 分别为 0，解得 $x=-1$，$x=-3$，代入得 $\begin{cases}f(-1)=a,\\f(-3)=b,\end{cases}$ 又 $a-b=2$，最终解得 $k=3$. 故本题选择 C.

10.C 【解析】根据题意可知 $a+2b=2\ 022$,则 $\frac{3a^2+12ab+12b^2}{2a+4b}=\frac{3(a^2+4ab+4b^2)}{2(a+2b)}=\frac{3(a+2b)^2}{2(a+2b)}=\frac{3}{2}(a+2b)=\frac{3}{2}\times 2\ 022=3\ 033$. 故本题选择 C.

11.B 【解析】根据题意可得 $a-c=(a-b)+(b-c)=2$,则 $a^2+b^2+c^2-ab-ac-bc=\frac{1}{2}[(a-b)^2+(b-c)^2+(a-c)^2]=\frac{1}{2}[(1+\sqrt{3})^2+(1-\sqrt{3})^2+2^2]=6$,所以原式的值为 $\frac{1}{6}$. 故本题选择 B.

12.B 【解析】根据题意可知,原式 $=\frac{1}{2\times 5}+\frac{1}{5\times 8}+\frac{1}{8\times 11}+\frac{1}{11\times 14}+\frac{1}{14\times 17}=\frac{1}{3}\left(\frac{1}{2}-\frac{1}{5}+\frac{1}{5}-\frac{1}{8}+\cdots+\frac{1}{14}-\frac{1}{17}\right)=\frac{1}{3}\left(\frac{1}{2}-\frac{1}{17}\right)=\frac{5}{34}$. 故本题选择 B.

13.B 【解析】根据题意可设第三个因式为 $x+a$,原多项式的常数项为三个因式常数项之积,则 $(-1)\cdot(-2)\cdot a=-6\Rightarrow a=-3$,所以第三个因式为 $x-3$. 故本题选择 B.

14.C 【解析】根据题意可得 $\frac{x}{x^2+1}=\frac{1}{3}\Rightarrow\frac{1}{x+\frac{1}{x}}=\frac{1}{3}\Rightarrow x+\frac{1}{x}=3$,则 $\frac{x^2}{x^4+1}=\frac{1}{x^2+\frac{1}{x^2}}=\frac{1}{\left(x+\frac{1}{x}\right)^2-2}=\frac{1}{3^2-2}=\frac{1}{7}$. 故本题选择 C.

15.E 【解析】根据题意可知 $a^2-3a+1=0\Rightarrow a+\frac{1}{a}=3$,则 $a^3+\frac{1}{a^3}=\left(a+\frac{1}{a}\right)\left[\left(a+\frac{1}{a}\right)^2-3\right]=18$, $\frac{a^3}{a^6+1}=\frac{1}{a^3+\frac{1}{a^3}}=\frac{1}{18}$. 故本题选择 E.

二、条件充分性判断

16.B 【解析】根据题意可知多项式 $x^2+px-\frac{1}{3}$ 与多项式 x^2-3x+q 的乘积中,x 项系数为 $pq+1$,x^3 项系数为 $-3+p$,则 $\begin{cases}pq+1=0,\\-3+p=0,\end{cases}$ 解得 $\begin{cases}p=3,\\q=-\frac{1}{3}.\end{cases}$

条件(1):根据条件可知与结论不一致,所以条件(1)不充分;

条件(2):根据条件可知,与结论一致,所以条件(2)充分. 故本题选择 B.

17.C 【解析】根据题意可设 $f(x)=x^3+ax^2+bx+4$, $g(x)=x^2+3x-4=(x-1)(x+4)$ 令 $g(x)=0$,解得 $x=-4$ 或 1,则 $\begin{cases}f(1)=0\Rightarrow 1+ab+4=0,\\f(-4)=0\Rightarrow -64+16a-4b+d=0,\end{cases}$ 解得 $\begin{cases}a=2,\\b=-7.\end{cases}$

条件(1):根据条件可得 $a=2$,不确定 b 的值,所以条件(1)不充分;

条件(2):根据条件可知 $b=-7$,不确定 a 的值,所以条件(2)不充分;

(1)+(2):两条件联立可得 $a=2,b=-7$,与转化结论一致. 所以条件(1)和(2)联合充分. 故本题选择C.

18.B 【解析】设 $f(x)=3x^3+mx^2+nx+42$,$g(x)=x^2-5x+6$,商式为 $h(x)$,根据题意可得 $f(x)=g(x)h(x)$,令 $g(x)=0$,解得 $x=2$ 或 $x=3$,代入得 $\begin{cases}f(2)=0,\\f(3)=0,\end{cases}$ 即 $\begin{cases}2m+n=-33,\\3m+n=-41,\end{cases}$ 解得 $\begin{cases}m=-8,\\n=-17.\end{cases}$

条件(1):根据条件可知,与结论不一致,所以条件(1)不充分;

条件(2):根据条件可知,与结论一致,所以条件(2)充分. 故本题选择B.

19.A 【解析】条件(1):根据条件可得 $a^2+b^2=2a+6b-10\Rightarrow(a-1)^2+(b-3)^2=0$,解得 $a=1$,$b=3$,所以条件(1)充分;

条件(2):令 $f(x)=3x^3-2x^2+ax+b$,$g(x)=x^2-x-2$,$r(x)=2x+1$,商式为 $h(x)$,根据题意可得 $f(x)=g(x)h(x)+r(x)$,令 $g(x)=0$,解得 $x=2$ 或 $x=-1$,代入得 $\begin{cases}f(2)=r(2),\\f(-1)=r(-1),\end{cases}$ 即 $\begin{cases}2a+b=-11,\\-a+b=4\end{cases}\Rightarrow\begin{cases}a=-5,\\b=-1,\end{cases}$ 所以条件(2)不充分. 故本题选择A.

20.A 【解析】根据题意可得 $2x^2+4xy+2y^2-13x-13y+20=2(x+y)^2-13(x+y)+20=(2x+2y-5)(x+y-4)$,则只需知道 $x+y$ 的值即可.

条件(1):根据条件可得 $x+y=6$,则 $(2x+2y-5)(x+y-4)=14$,所以条件(1)充分;

条件(2):根据条件可得 $x-y=2$,无法确定 $x+y$ 的值,所以条件(2)不充分. 故本题选择A.

21.C 【解析】根据题意可得 $\frac{x}{y}-\frac{y}{x}-\frac{x^2+y^2}{xy}=\frac{x}{y}-\frac{y}{x}-\frac{x^2}{xy}-\frac{y^2}{xy}=-\frac{2y}{x}=-3\Rightarrow\frac{y}{x}=\frac{3}{2}$.

条件(1):根据题意可得 $3x^2+xy-2y^2=(3x-2y)(x+y)=0\Rightarrow\frac{y}{x}=\frac{3}{2}$ 或 -1,无法确定,所以条件(1)不充分;

条件(2):根据题意可得 $6x^2+5xy-6y^2=(3x-2y)(2x+3y)=0\Rightarrow\frac{y}{x}=\frac{3}{2}$ 或 $-\frac{2}{3}$,无法确定,所以条件(2)不充分;

(1)+(2):两条件联合可得 $\frac{y}{x}=\frac{3}{2}$,所以条件(1)+(2)联合充分. 故本题选择C.

22.A 【解析】条件(1):根据题意可知,$\frac{x+y}{xy}=5$ 即 $x+y=5xy$,则题干中 $\frac{3x+5xy+3y}{x-3xy+y}=\frac{3(x+y)+5xy}{(x+y)-3xy}=\frac{3\times5xy+5xy}{5xy-3xy}=\frac{20xy}{2xy}=10$,所以条件(1)充分;

条件(2):根据题意可知,$\frac{x+y}{xy}=-5$ 即 $x+y=-5xy$,则题干中 $\frac{3x+5xy+3y}{x-3xy+y}=\frac{3(x+y)+5xy}{(x+y)-3xy}=\frac{-10}{-8}=\frac{5}{4}$,所以条件(2)不充分. 故本题选择A.

23.D 【解析】条件(1):可得 $M=x^2+\frac{1}{x^2}=\left(x+\frac{1}{x}\right)^2-2=2<25$,所以条件(1)充分;

条件(2):由 $x^2-3x+1=0$ 可得 $x-3+\frac{1}{x}=0$,即 $x+\frac{1}{x}=3$, $x^2+\frac{1}{x^2}=\left(x+\frac{1}{x}\right)^2-2=7$, $M=x^3+\frac{1}{x^3}=\left(x+\frac{1}{x}\right)\left(x^2+\frac{1}{x^2}\right)-\left(x+\frac{1}{x}\right)=3\times7-3=18<25$,所以条件(2)充分. 故本题选择 D.

24.D 【解析】根据题意可知, $\frac{1}{(x-1)x}+\frac{1}{x(x+1)}+\cdots+\frac{1}{(x+9)(x+10)}=\frac{1}{x-1}-\frac{1}{x+10}$.

条件(1): $x=2$, $\frac{1}{x-1}-\frac{1}{x+10}=\frac{11}{12}$,所以条件(1)充分;

条件(2): $x=-11$, $\frac{1}{x-1}-\frac{1}{x+10}=\frac{11}{12}$,所以条件(2)也充分. 故本题选择 D.

25.A 【解析】原式分子分母均除以 x^2 可得 $\frac{2x^4+9x^2+2}{5x^3+3x^2+5x}=\frac{2x^2+\frac{2}{x^2}+9}{5x+\frac{5}{x}+3}$,可将题目转换为正负幂次对称分式问题,但进一步观察条件,可发现条件中 x 可直接进行求解,因此可直接代入.

条件(1): $x^2-2x+1=(x-1)^2=0$,解得 $x=1$,代入原式可得值为 1,所以条件(1)充分;

条件(2): $x^2+2x+1=(x+1)^2=0$,解得 $x=-1$,代入原式可得值为 $-\frac{13}{7}$,所以条件(2)不充分. 故本题选择 A.

第四章 函数

第一节 章节导读

一、考纲解读

管理类联考考试大纲中函数部分如下：

函数

(1)集合

(2)一元二次函数及其图像

(3)指数函数、对数函数

函数涉及的内容较多，本章属于函数的基础内容和综合运用.

函数在考试当中占比约4%~12%，题目数量1~3道. 本章节整体难度中等.

二、重难点及真题分布

1.重难点解读

(1)一元二次函数图像的应用：一般考函数的题，如果会运用图像求解，不管是简单题还是复杂的题，都能帮我们提高解题速度，属于重点考点.

(2)一元二次函数最值问题：是函数中一个比较难的考点，考试的题目往往形式灵活，需要大家灵活运用，属于重点考点.

2.真题分布

年份	考点	占比
2024	一元二次函数性质的应用、绝对值函数	8%
2023	无	0%
2022	绝对值函数	4%
2021	一元二次函数性质的应用、一元二次函数最值问题	8%
2020	集合、一元二次函数图像的应用	8%
2019	无	0%
2018	一元二次函数最值问题、分段函数、最值函数	12%
2017	一元二次函数性质的应用	4%

三、考点框架

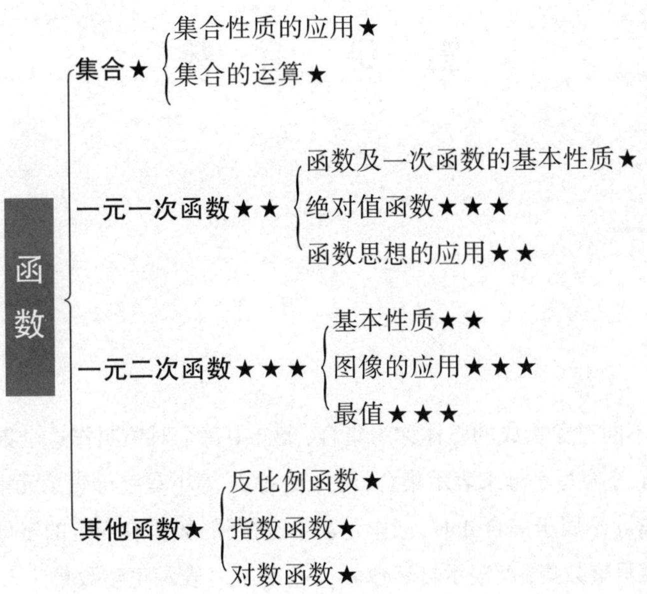

本章划分为1讲、4个考点、11个命题点，其中包含2个两星命题点、3个三星命题点.

第二节　考点精讲

第一讲　函　数

考点一　集合★

一、知识梳理

1.集合

一些能够确定的不同对象构成的整体称为集合,集合中每个对象叫作这个集合的元素.

通常用$A,B,\cdots,X$等大写字母来表示集合,用$a,b,\cdots,x$等小写字母表示元素. 当元素a属于集合A时,记作$a\in A$;元素a不属于集合A时,记作$a\notin A$. 常用的数集有固定的字母表示,R表示实数集,Q表示有理数集,Z表示整数集,N表示自然数集,N^*(N_+)表示正整数集.

不含有任何元素的集合,叫作空集,用$\varnothing$来表示.

集合中的元素有如下特性.

(1)确定性:对于一个集合A和一个元素a,a要么属于A要么不属于A,不存在模糊不清的情况.

(2)无序性:一个集合中的元素之间是不考虑顺序的,例如,集合$\{a,b,c\}$和$\{b,c,a\}$是同一个集合.

(3)互异性:一个集合中的任意两个元素均不相同,每个元素只能出现一次.

2.表示方法

表示一个集合,可根据不同情况,使用不同的表示方法.

当集合中元素个数有限且较少时,可直接在大括号中列出所有元素,此方法为列举法,例:$\{1,2,3\}$.

当集合中元素个数有限但是较多时,或者元素个数无限时,可用{代表元素|元素的特征}的形式来表示该集合,此方法为描述法,例:$\{x\mid 1<x<5\}$.

任意数集的表示方法,还可用区间表示法,用括号将两个数字括起来,可表示介于这两个数之间的数集,中括号包含端点,小括号不包含端点,例:$\{x\mid 1<x<5\}=(1,5)$,读作"1到5的开区间,$\{x\mid 1\leqslant x\leqslant 5\}=[1,5]$,读作"1到5的闭区间". 区间表示法在数集的表示上更加简洁方便.

若想直观地展示两个或多个集合之间的关系,可用维恩图法,用平面上的封闭图形来表示集合,通过图形的重叠、包含等关系,来表示几何之间的关系,如图4-1所示.

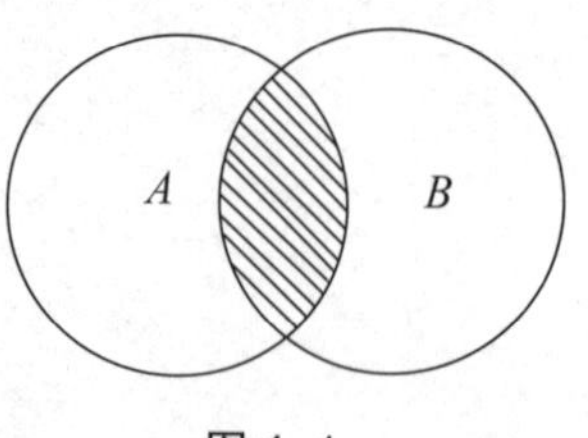

图4-1

3.集合间的关系

如果集合 A 的任意一个元素都是集合 B 的元素(若 $a \in A$,有 $a \in B$),则称 A 是 B 的子集,也可称 A 包含于 B 或 B 包含 A,记作 $A \subseteq B$($A \subset B$),否则称 A 不是 B 的子集,记作 $A \not\subseteq B$($A \not\subset B$).

如果集合 A 是集合 B 的子集,且集合 B 中至少有一个元素不属于 A($A \subseteq B$,且 $A \neq B$),则称 A 是 B 的真子集,也可称 A 真包含于 B 或 B 真包含 A,记作 $A \subsetneqq B$.

如果集合 A 是集合 B 的子集,且集合 B 是集合 A 的子集,此时集合 A 和集合 B 中的元素相同,则称集合 A 和集合 B 相等,记作 $A = B$.

注意:空集是任何一个集合的子集,是任何一个非空集的真子集.

4.集合的运算

对于两个集合 A,B,两个集合所有的元素组成的新集合,叫作 A,B 的并集,记作 $A \cup B$,$A \cup B = \{x \mid x \in A 或 x \in B\}$,维恩图表示如图 4-2 所示.

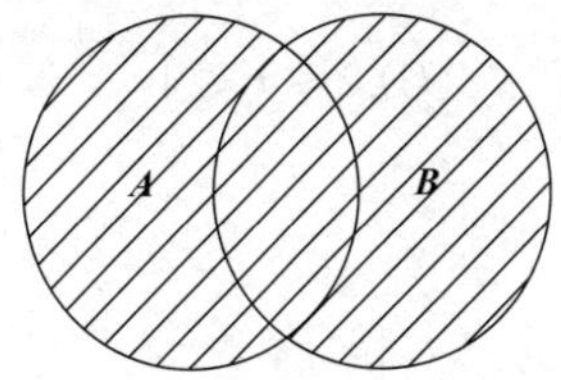

图 4-2

对于两个集合 A,B,两个集合均有的元素组成的新集合,叫作 A,B 的交集,记作 $A \cap B$,$A \cap B = \{x \mid x \in A 且 x \in B\}$,维恩图表示如图 4-3 所示.

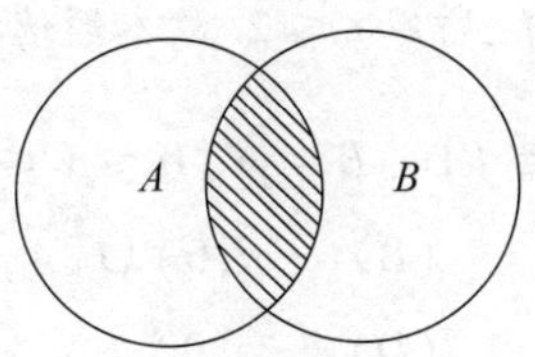

图 4-3

对于全集 U 和一个集合 A($A \subsetneqq U$),全集中不属于 A 的元素组成的集合,叫作 A 的补集,记作 $\complement_U A$,$\complement_U A = \{x \mid x \in U 且 x \notin A\}$,维恩图表示如图 4-4 所示.

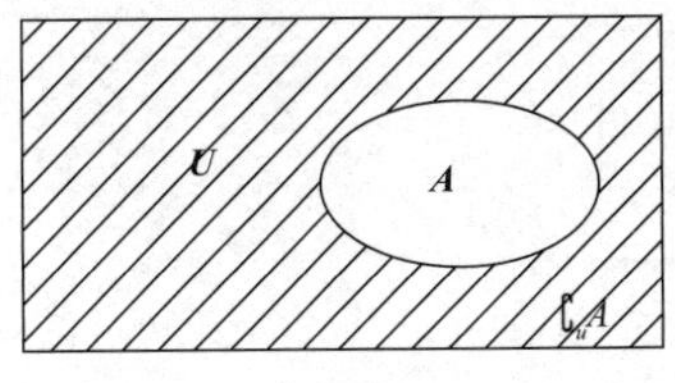

图 4-4

二、命题点精讲

命题点 1 集合性质的应用★

【例 1】(2015)设 m , n 是小于 20 的质数,满足条件 $|m-n|=2$ 的 $\{m,n\}$ 共有(　　).

(A)2 组　(B)3 组　(C)4 组　(D)5 组　(E)6 组

【解析】

本题已经在第一章中出现过,目标是要找到相差为 2 的质数有几组,很容易得到$\{3,5\}$,$\{5,7\}$,$\{11,13\}$,$\{17,19\}$,共 4 组,本题的细节在于不需要区分 m , n 的具体数值,最后求的是集合组数,此处便体现了集合的性质,集合中的元素具有无序性,集合 $\{3,5\}$ 与 $\{5,3\}$ 表示同一个集合. 故本题选择 C.

命题点 2 集合的运算★

【例 2】设集合 $M=\{x|-2<x<5\}$, $N=\{x|2-t<x<2t+1\}$,若 $M\cap N=N$,则(　　).

(A) $t\geqslant 4$　(B) $t\leqslant 2$　(C) $2\leqslant t\leqslant 4$　(D) $\frac{1}{3}<t\leqslant 2$　(E) $\frac{1}{3}\leqslant t\leqslant 2$

【解析】

根据题意可知, $N\subseteq M$,则需要同时满足 $\begin{cases}2-t\geqslant -2,\\2t+1\leqslant 5,\\2-t<2t+1\end{cases}\Rightarrow\begin{cases}t\leqslant 4,\\t\leqslant 2,\\t>\frac{1}{3}\end{cases}\Rightarrow\frac{1}{3}<t\leqslant 2$;当 N 为$\varnothing$时,即 $2-t\geqslant 2t+1\Rightarrow t\leqslant\frac{1}{3}$,也满足 $N\subseteq M$,所以 $t\leqslant 2$. 故本题选择 B.

【例 3】若 $A=\{x|-4<x<4,x\in R\}$, $B=\{x|0\leqslant x\leqslant 7,x\in R\}$,则 $\complement_R(A\cap B)=$(　　).

(A) $(-\infty,0]\cup[4,+\infty)$　(B) $(-\infty,0)\cup[4,+\infty)$

(C) $(-\infty,0)\cup(4,+\infty)$　(D) $(-\infty,0)$

(E) $(4,+\infty)$

【解析】

根据题意可得 $A\cap B=[0,4)$,所以 $\complement_R(A\cap B)=(-\infty,0)\cup[4,+\infty)$,故本题选择 B.

考点二 一元一次函数★★

一、知识梳理

1.函数的概念及基本性质

(1)函数定义

给定两个非空实数集 A , B ,以及对应关系 f ,如果对于集合 A 中的任何一个实数 x ,在集合 B 中

都有唯一确定的实数 y 与之对应,则称 f 是集合 A 上的一个函数,记作

$$y=f(x)\ ,\ x\in A$$

其中 x 称为自变量,y 称为因变量,自变量的取值范围(即集合 A)称为**定义域**,所有函数值组成的集合 $\{y\in B\mid y=f(x),x\in A\}$ 称为**值域**.

$y=f(x)\ ,\ x\in A$ 为函数的解析式,将函数中的自变量 x 与对应函数值 y,分别看成平面直角坐标系上的横坐标与纵坐标,则所有满足条件的点 (x,y) 组成的整体即为函数图像.

管理类联考中涉及的函数主要为典型函数,对于典型函数,还可以用变量的变化关系来理解:对于两个变量 x,y,随着 x 的变化,总有一个 y 与之对应,则 y 与 x 构成了函数关系.

对于函数的考查,重点在于两变量变化过程展现出来的各种特性.而图形是两个变量变化关系的直观展现,因此函数问题多数离不开图像.

(2)单调性

给定一个函数,经常会涉及随着 x 的增大,y 的变化趋势问题,描述这种变化趋势的性质叫作单调性.

已知 $y=f(x)$ 的定义域为 D,$[a,b]\subseteq D$,对于任意的 x_1,$x_2\in[a,b]$,当 $x_1<x_2$ 时,都有 $f(x_1)<f(x_2)$,则称 $y=f(x)$ 在区间 $[a,b]$ 上单调递增;当 $x_1<x_2$ 时,有 $f(x_1)>f(x_2)$,则称 $y=f(x)$ 在区间 $[a,b]$ 上单调递减.两种情况都称函数在 $[a,b]$ 上具有单调性.

从函数图像可以很方便地得到函数的单调性.

(3)奇偶性

已知函数 $y=f(x)$ 的定义域 D,对于任意一个 $x\in D$,都有 $-x\in D$,且 $f(-x)=f(x)$,则称 $y=f(x)$ 为偶函数;若 $f(-x)=-f(x)$,则称 $y=f(x)$ 为奇函数.

函数的奇偶性描述的是函数图像的对称性,偶函数的图像关于 y 轴对称,奇函数的图像关于原点对称.

管理类联考中考查函数的单调性和奇偶性均较少,只需掌握基本的概念,能够结合图像理解单调性和奇偶性即可.

2.一元一次函数

形如 $y=kx+b\ (k\neq0)$ 的函数称为一元一次函数.一般情况下,一元一次函数的定义域为 R.

一元一次函数的图像为一条直线.例:$y=x+1$ 的图像如图 4-5 所示.

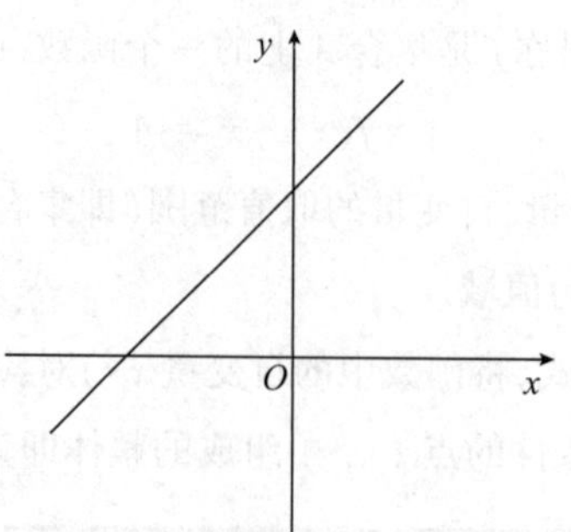

图 4-5

一元一次函数的解析式中存在两个参数 k，b，参数不同，所得到的函数图像不同.

k 为斜率，对于满足函数表达式的两个点 (x_1, y_1)，(x_2, y_2)，$x_2 \neq x_1$，则

$$k = \frac{y_2 - y_1}{x_2 - x_1}.$$

斜率决定了一元一次函数图像的倾斜程度和单调性. $k > 0$ 时，函数单调递增，k 越大图像倾斜程度越大（越陡峭）；$k < 0$ 时，函数单调递减，k 越小图像倾斜程度越大. 例：$y = x + 1$，$y = 2x + 1$，$y = -2x + 1$ 的图像分别如图 4-6 所示.

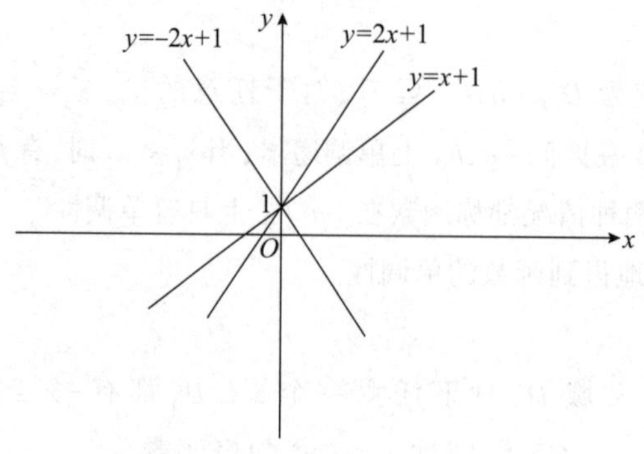

图 4-6

b 为图像在 y 轴上的截距，为图像与 y 轴交点 $(0,b)$ 的纵坐标，决定了图像与 y 轴交点位置. $b > 0$ 时，图像与 y 轴交于正半轴；$b < 0$ 时，图像与 y 轴交于负半轴；$b = 0$ 时，图像过原点. 例：$y = x + 1$，$y = x - 1$，$y = x$ 的图像分别如图 4-7 所示.

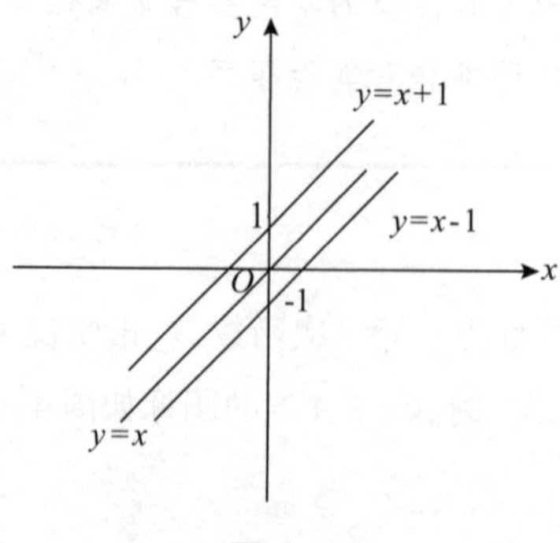

图 4-7

已知 k , b 的正负情况,可确定图像大致的形式.

3.绝对值函数

“求 $y = |x - 5| + |x - 3|$ 的最值. ”

想得到本题函数的最值,可先结合图像进行分析,函数表达式中存在绝对值,可考虑分段讨论去绝对值,可得 $y=\begin{cases}2x-8, x>5,\\2, 3\leqslant x\leqslant 5,\\-2x+8, x<3,\end{cases}$ 该函数本质为分段函数,在不同的范围内有不同解析式,图像如图 4-8 所示.

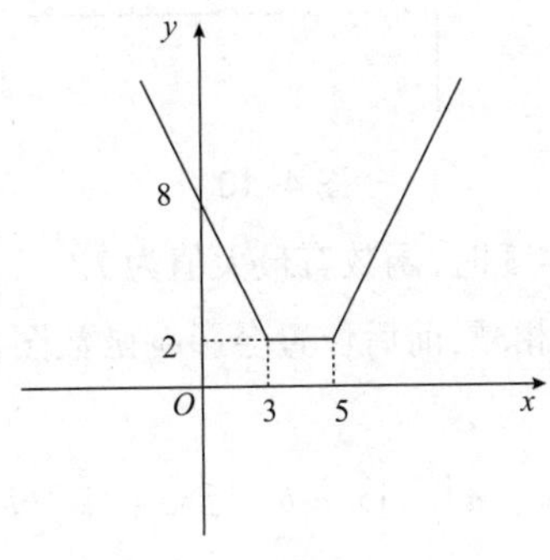

图 4-8

显然,图像无最大值,有最小值,当 $3 \leqslant x \leqslant 5$ 时,有最小值 2.

与上述函数形式类似,在一次函数基础上,加上了绝对值,使函数变为两个或多个绝对值相加或相减的形式,叫作绝对值函数. 绝对值函数问题往往结合图像能快速解决,因此重点在于掌握函数图像及基本特征.

将上述函数推广到一般,对于函数 $y = |x - a| + |x - b|$ ($a < b$),分段讨论后可得到函数图像为图 4-9 所示.

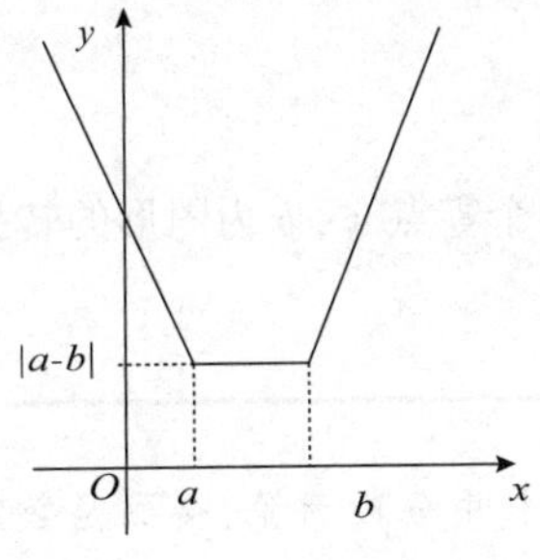

图 4-9

此类函数图像形式为“凹槽型”,两个零点 a , b 为图形的转折点,函数无最大值,存在最小值为 $y_{\min} = |a - b|$.

将上例中的函数进行变形,“求 $y = |x - 5| - |x - 3|$ 的最值”.

两绝对值相加变为两绝对值相减，本质不变，仍然可以利用分段讨论去掉绝对值，可得 $y=\begin{cases}-2, & x>5,\\ -2x+8, & 3\leqslant x\leqslant 5,\\ 2, & x<3,\end{cases}$ 图像如图 4-10 所示.

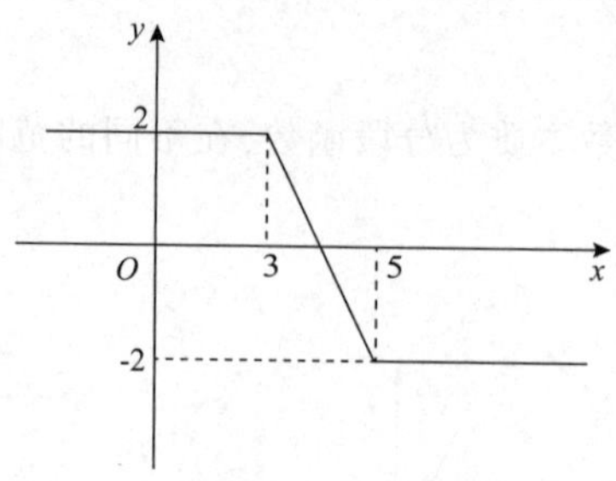

图 4-10

当 $x\geqslant 5$ 时，函数有最小值-2，当 $x\leqslant 3$ 时，函数有最大值为 2.

与第一类不同的是，两个绝对值相减，前后位置会影响函数图像形式，实际作图时，可验证零点对应的函数值快速做出判断.

推广到一般，$a<b$，函数 $y=|x-a|-|x-b|$ 与 $y=|x-b|-|x-a|$ 的图像分别为图 4-11、图 4-12所示.

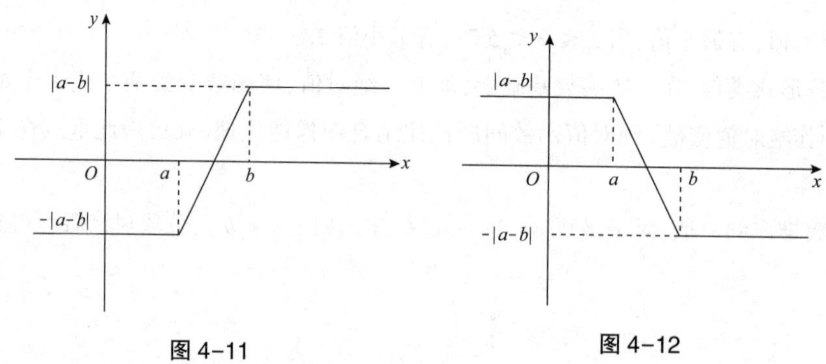

图 4-11　　图 4-12

此类函数图像形式为“Z 字形”，两个零点 a，b 为图形的转折点，函数最大值 $y_{max}=|a-b|$，最小值为 $y_{min}=-|a-b|$.

上述讲解中，是利用分段讨论，得到函数解析式来画出图像，还可以用绝对值的几何意义，在数轴上分析距离的和或差的变化，画出图像，可自行尝试.

两个绝对值相减的函数中，可利用口诀“后来居上”快速判断图像的朝向，即解析式中后边绝对值的零点对应的函数图像在 x 轴上方.

二、命题点精讲

命题点 1 函数及一次函数的基本性质★

思路点拨

函数具有定义域,在不会引起歧义的情况下,定义域可省略,此时定义域为使解析式有意义的取值范围. 常见的定义域限制条件有:分母不为零,偶次根式内式子非负,对数函数中真数为正等.

【例 4】若 $f(x)=\dfrac{\sqrt{x^2-x-6}}{|x+1|-3}$,则其定义域为( ).

(A) $(-4,+\infty]$

(B) $(-4,0]$

(C) $[3,+\infty)$

(D) $(-\infty,-4)\cup(-4,-2]\cup[3,+\infty)$

(E) $(-\infty,+\infty)$

【解析】

根据题意可知 $\dfrac{\sqrt{x^2-x-6}}{|x+1|-3}$ 有意义需要满足 $\begin{cases}x^2-x-6\geqslant 0,\\|x+1|-3\neq 0,\end{cases}$ 解得 $x\geqslant 3$ 或 $-4<x\leqslant -2$ 或 $x<-4$. 故本题选择 D.

【例 5】函数 $y=|x|$ 在定义域上的单调性为( ).

(A)在 $(-\infty,0]$ 是单调增函数,在 $[0,+\infty)$ 上是单调递减函数

(B)在 $(-\infty,0]$ 是单调减函数,在 $[0,+\infty)$ 上是单调递增函数

(C)单调递增函数

(D)单调递减函数

(E)以上选项均不正确

【解析】

根据题意可得,当 $x\geqslant 0$ 时,$y=x$,y 在 $[0,+\infty)$ 上是单调递增函数,当 $x\leqslant 0$ 时,$y=-x$,y 在 $(-\infty,0]$ 是单调减函数. 故本题选择 B.

【例 6】已知一次函数 $y=kx-k$,若 y 随 x 的增大而减小,则该函数的图像经过( ).

(A)第一、二、三象限

(B)第一、二、四象限

(C)第二、三、四象限

(D)第一、三、四象限

(E)第一、三象限

【解析】

根据题意可得 $y=kx-k$ 是一个单调递减的函数,所以 $k<0$, $-k>0$,则函数图像会经过第一、二、四象限. 故本题选择 B.

命题点2 绝对值函数★★★

思路点拨 绝对值函数问题,解题关键在于画出图像,图像画出来之后,便可得到函数的各个性质,重点围绕图像形式、转折点、最值进行考查.对图像的性质熟悉之后,实际做题中也可无需画图直接利用结论.

【例7】$f(x)$ 最小值为2.

(1) $f(x)=|x-4|-|1-x|$.

(2) $f(x)=|x-2|+|4-x|$.

【解析】

条件(1):$f(x)=|x-4|-|x-1|$,为"Z字形"绝对值函数,根据作图原则,画出图像,如图4-13所示.

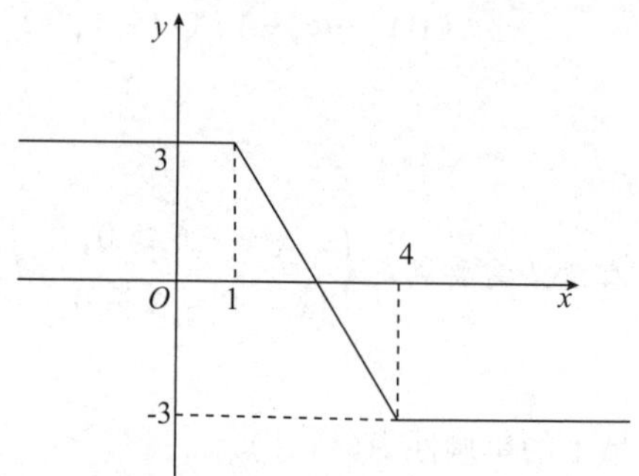

图4-13

由图像可得,$f(x)$ 最小值是-3,所以条件(1)不充分.

条件(2):$f(x)=|x-2|+|x-4|$,为"凹槽型"绝对值函数,根据作图原则,画出图像,如图4-14所示.

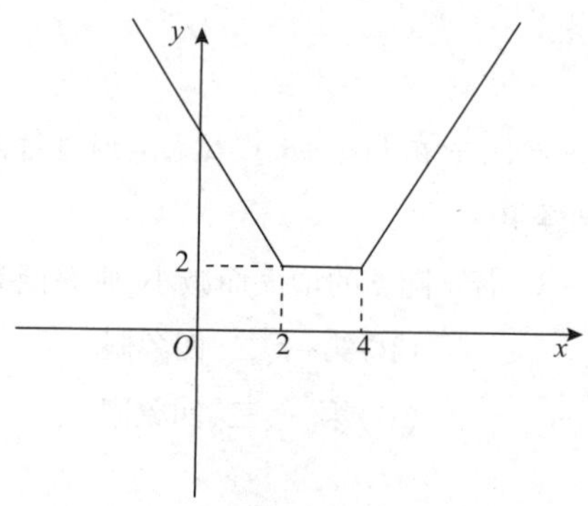

图4-14

由图像可得,$f(x)$ 最小值是2,所以条件(2)充分.故本题选择B.

【例8】关于 x 的不等式 $|x-3|-|1-x|>a$ 恒成立.

(1) $a<-2$.

(2) $a<-1$.

【解析】

$|x-3|-|1-x|>a$ 恒成立,即对于任意 x 值原式均成立,只需满足 $(|x-3|-|1-x|)_{\min}>a$ 即可. 则题目转化为求 $|x-3|-|1-x|$ 的最小值的问题. 令 $f(x)=|x-3|-|1-x|$,为"Z 字形"绝对值函数,根据作图原则,画出图像,如图 4-15 所示.

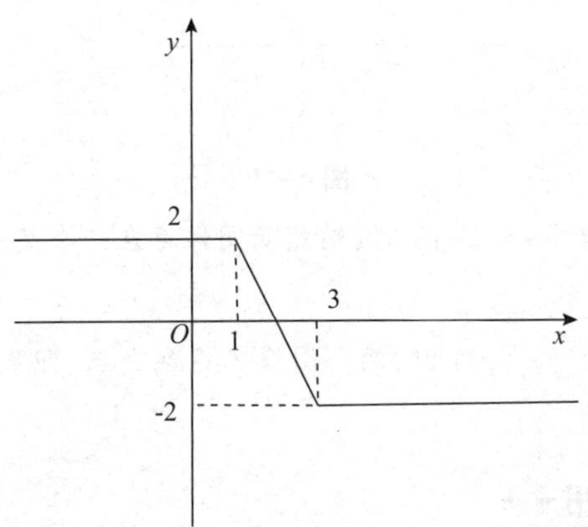

图 4-15

由图像可得,$f(x)$ 最小值是-2,则 $a<-2$.

条件(1):$a<-2$ 与结论一致,所以条件(1)充分;

条件(2):$a<-1$ 不是转化结论的非空子集,所以条件(2)不充分. 故本题选择 A.

【例 9】关于 x 的不等式 $\sqrt{x^2-2x+1}-|x-3|\geqslant a$ 有解.

(1) $a\leqslant 2$.

(2) $a\leqslant 4$.

【解析】

$\sqrt{x^2-2x+1}-|x-3|\geqslant a$ 有解,即存在使得 $\sqrt{x^2-2x+1}-|x-3|\geqslant a$ 成立的值,只需满足 $(\sqrt{x^2-2x+1}-|x-3|)_{\max}\geqslant a$ 即可. 则题目转化为求 $\sqrt{x^2-2x+1}-|x-3|$ 的最大值的问题. 令 $f(x)=\sqrt{x^2-2x+1}-|x-3|=|x-1|-|x-3|$,为"Z 字形"绝对值函数,$f_{\max}(x)=3-1=2$. 最终可得 $a\leqslant 2$.

条件(1):$a\leqslant 2$ 与结论一致,所以条件(1)充分;

条件(2):$a\leqslant 4$ 不是转化结论的非空子集,所以条件(2)不充分. 故本题选择 A.

【例 10】(2007.10)方程 $|x+1|+|x|=2$ 无根.

(1) $x\in(-\infty,-1)$.

(2) $x\in(-1,0)$.

【解析】

令 $f(x)=|x+1|+|x|$,$g(x)=2$,将方程左右两侧分别看成函数,方程无根即两个函数图像无交点,画出它们的函数图像,如图 4-16 所示,

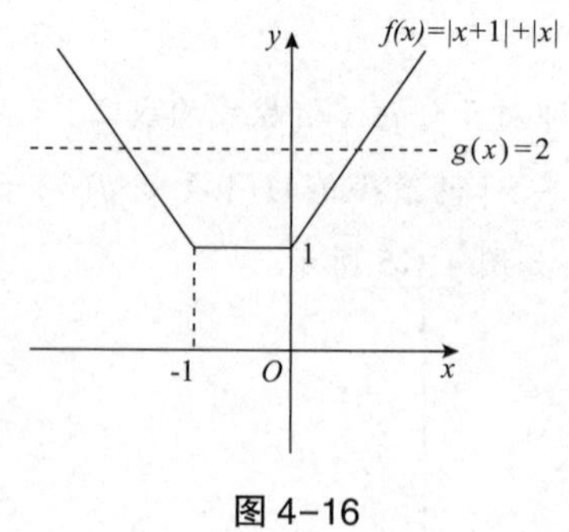

图 4–16

条件(1):根据图像,当 $x \in (-\infty, -1)$ 时,显然两图像存在一个交点,即原方程存在根,所以条件(1)不充分;

条件(2):根据图像,当 $x \in (-1,0)$ 时,两个图像不存在交点,即原方程无根,所以条件(2)充分.故本题选择 B.

命题点 3 函数思想的应用★★

思路点拨

部分题目中,求解方程解的情况,可将等号左右两侧分别看成函数,结合图像,将题目转换为两个函数图像交点的问题,简化计算过程.

【例 11】(2022)设实数 x 满足 $|x-2|-|x-3|=a$,则能确定 x 的取值.

(1) $0<a\leqslant\frac{1}{2}$.

(2) $\frac{1}{2}<a\leqslant 1$.

【解析】

根据题意可设 $f(x)=|x-2|-|x-3|$,函数图像为"Z 字形",如图 4–17 所示,当 $-1<a<1$ 时,方程有唯一解,当 $a=\pm1$ 时,方程有无穷多解.

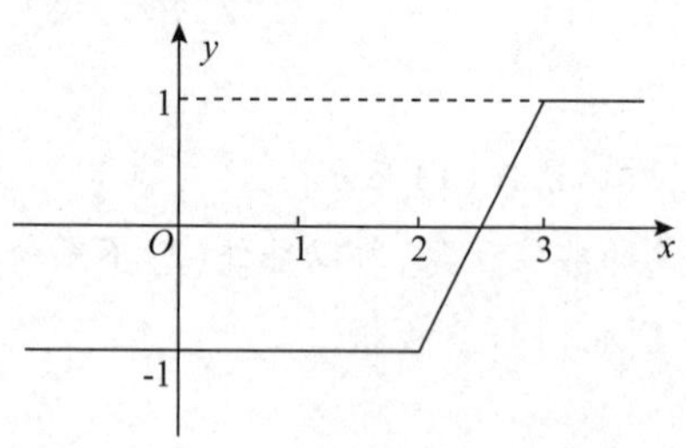

图 4–17

条件(1):根据条件可知 $0<a\leqslant\frac{1}{2}$ 在 $-1<a<1$ 范围内,所以方程有唯一解,x 可以确定,所以条件(1)充分;

条件(2)：根据条件可知 $\frac{1}{2}<a\leqslant 1$，当 $a=1$ 时有无穷多解，x 不能确定，所以条件(2)不充分. 故本题选择 A.

【例 12】设直线 $y=ax$ 与函数 $y=|x-1|-|x-2|$ 的图像交于三个不同的点，则常数 a 的取值范围为(   ).

(A) $a<-\frac{1}{2}$　　(B) $-\frac{1}{2}<a<0$　　(C) $a>0$

(D) $0<a<\frac{1}{2}$　　(E) $a>\frac{1}{2}$

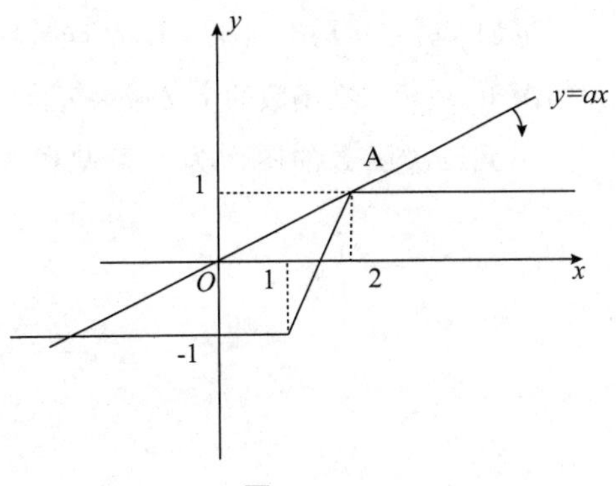

图 4-18

【解析】

根据题意，可知 $y=|x-1|-|x-2|$ 的函数图像如图 4-18 所示，$y=ax$ 过原点，我们可以发现，当 $y=ax$ 过点 $A(2,1)$ 时，此时 $a=\frac{1}{2}$，这两个图像有 2 个交点，如果想要有三个不同的交点，则直线 $y=ax$ 可以顺时针旋转，且无限接近 x 轴，即 $0<a<\frac{1}{2}$，故本题选择 D.

两个绝对值相加或相减的函数我们做了详细讲解，只含有一个绝对值或者绝对值套绝对值形式的函数未进行展开讲解.

但是此类问题的函数图像也较容易画出，最基本的原则就是分段讨论去绝对值，也可认为是对原函数图像做了变形，原则为：解析式中给 x 单独加绝对值，可以去掉 y 轴左侧图像，将右侧图像翻折到左侧；解析式整体加绝对值，可以去掉 x 轴下方图像，将下方图像翻折到上方.

【例 13】关于 x 的方程 $||3x-6|-3|=a$ 有两个解.

(1) $a=3$.

(2) $a=0$.

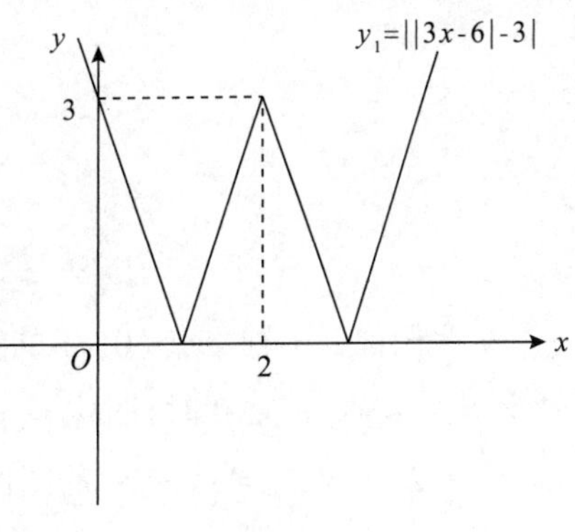

图 4-19

【解析】

根据题意，可设 $y_1=||3x-6|-3|$，$y_2=a$，如图 4-19 所示，由图可得，要想让方程 $||3x-6|-3|=a$ 有两个解，则函数 $y_1=||3x-6|-3|$ 和 $y_2=a$ 要有两个交点，即 a 满足 $a=0$ 或 $a>3$ 就行.

条件(1)：$a=3$ 不是结论的非空子集，所以条件(1)不充分；

条件(2)：$a=0$ 是结论的非空子集，所以条件(2)充分. 故本题选择 B.

考点三 一元二次函数★★★

一、知识梳理

1.一般式及图像

形如 $y=ax^2+bx+c$ ($a\neq0$) 的函数称为一元二次函数,此解析式称为一元二次函数的一般式. 一般情况下,一元二次函数的定义域为 R .

一元二次函数的图像为一条抛物线. 例: $y=x^2-2x-3$ 的图像如图 4-20 所示.

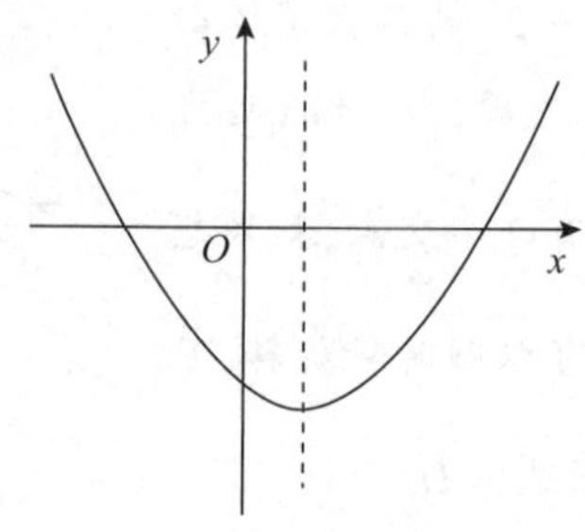

图 4-20

一元二次函数的解析式中,存在三个参数 a , b , c ,参数不同,所得到的函数图像不同.

a 决定了函数图像的开口方向及大小. $a>0$ 时,图像开口向上, $a<0$ 时,图像开口向下; $|a|$ 越大,开口大小越小. 例: $y=x^2$, $y=2x^2$, $y=-2x^2$ 的图像分别如图 4-21 所示.

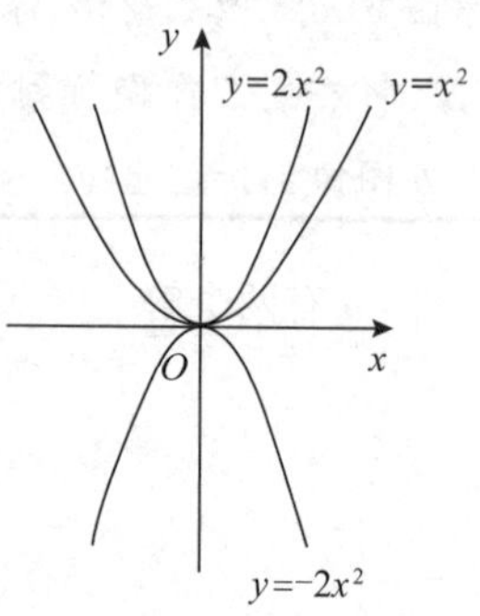

图 4-21

c 为图像与 y 轴交点 $(0,c)$ 的纵坐标,决定了函数图像与 y 轴的交点位置. $c>0$ 时,图像与 y 轴交于正半轴; $c<0$ 时,图像与 y 轴交于负半轴; $c=0$ 时,直线过原点. 例: $y=x^2-2x+3$, $y=x^2-2x-3$, $y=x^2-2x$ 的图像分别如图 4-22 所示.

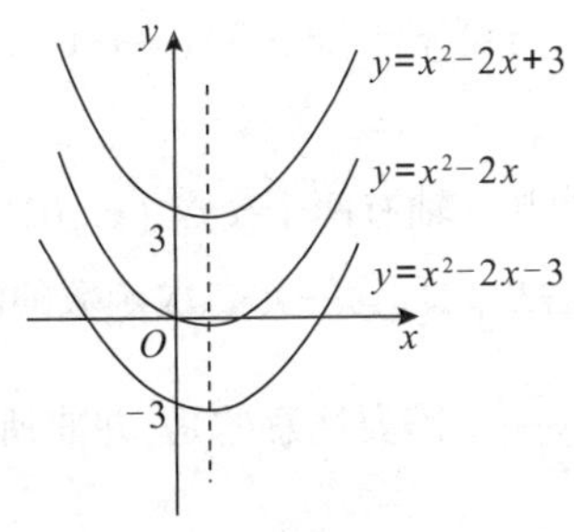

图 4-22

a 与 b 共同决定了函数图像对称轴 $x=-\frac{b}{2a}$ 的大小及函数的位置. 当 a,b 同号时,对称轴在 x 轴的负半轴. 当 a,b 异号时,对称轴在 x 轴的正半轴. 当 $b=0$ 时,函数的对称轴为 y 轴.

2.顶点式

一元二次函数的图像为轴对称图像,存在一条对称轴和一个顶点,为研究对称轴和顶点,可对一般式进行变形.

例:$y=x^2-2x-3$,配方可转化为 $y=(x-1)^2-4$,由式子可得,当 $x=1$ 时,有最小值 $y=-4$,$(1,-4)$ 为该函数的顶点坐标,$x=1$ 为该函数的对称轴.

对一般式 $y=ax^2+bx+c$ 配方,可得 $y=a\left(x+\frac{b}{2a}\right)^2+\frac{4ac-b^2}{4a}$,当 $x=-\frac{b}{2a}$ 时,有最值 $y=\frac{4ac-b^2}{4a}$,$\left(-\frac{b}{2a},\frac{4ac-b^2}{4a}\right)$ 为函数的顶点坐标,$x=-\frac{b}{2a}$ 为函数的对称轴.

为了书写方便,可将上述解析式简化为 $y=a(x-h)^2+k$,此解析式称为一元二次函数的顶点式. 已知顶点式可快速得到函数的顶点坐标、对称轴、最值等信息.

得到对称轴后,结合图像,易得到一元二次函数的单调性,以对称轴为界分为单调性相反的两段:

当 $a>0$ 时,函数在区间 $\left(-\infty,-\frac{b}{2a}\right]$ 单调递减,在区间 $\left[-\frac{b}{2a},+\infty\right)$ 单调递增;

当 $a<0$ 时,函数在区间 $\left(-\infty,-\frac{b}{2a}\right]$ 单调递增,在区间 $\left[-\frac{b}{2a},+\infty\right)$ 单调递减.

3.两点式

由一般式可得到一元二次函数图像与 y 轴交点,那么图像与 x 轴交点如何体现呢.

想得到图像与 x 轴交点,只需要令 $y=0$ 即可,仍以 $y=x^2-2x-3$ 为例,令 $y=0$,可得 $x^2-2x-3=0$,转化成了解方程问题,因式分解 $(x-3)(x+1)=0$,两个解为 3、-1,应对到图像上,即为与 x 轴的两个交点 $(3,0)$,$(-1,0)$. 结合一元二次函数的对称性,也可得到函数的对称轴为 $x=\frac{3+(-1)}{2}=1$.

回到函数,可直接对函数进行因式分解 $y=(x-3)(x+1)$,此时通过观察解析式,便可直接得到与 x 轴的两个交点以及对称轴.

推广到一般,若一元二次函数图像与 x 轴有两个交点 $(x_1,0)$,$(x_2,0)$,则可对一般式进行因式分解,转化为 $y=a(x-x_1)(x-x_2)$,此解析式称为一元二次函数的两点式.已知两点式可快速得到函数与 x 轴有两个交点以及对称轴 $x=\frac{x_1+x_2}{2}$.需要注意的是,并非所有的一元二次函数一般式均能转化为两点式.

二、命题点精讲

命题点1 一元二次函数基本性质★★

思路点拨

一元二次函数第一个命题角度就是对基本性质的直接考查,要熟记相关性质和特征,尤其是对称轴和最值,题目中可直接套用结论.

【例14】函数 $y=ax+1$ 与 $y=ax^2+bx+1(a\neq0)$ 的图像可能是( ).

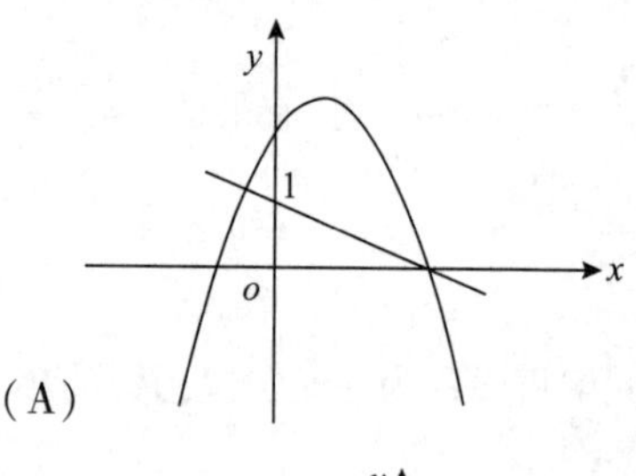

(A)

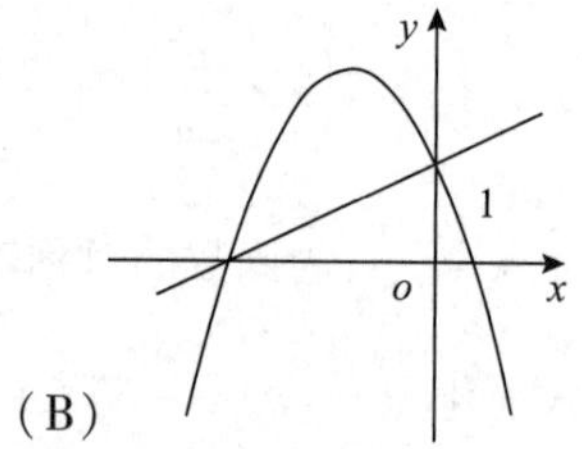

(B)

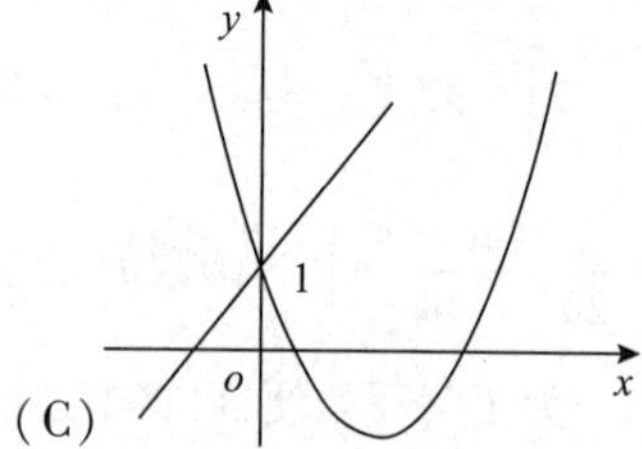

(C)

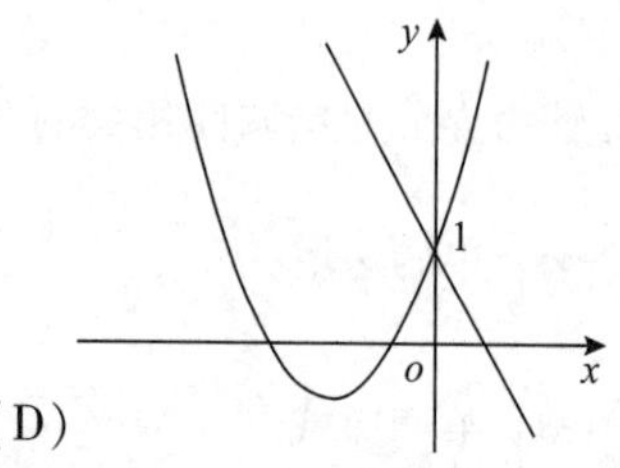

(D)

(E)以上选项均不正确

【解析】

根据题意可知函数 $y=ax+1$ 与 $y=ax^2+bx+1$ 必过点 $(0,1)$.当 $a>0$ 时,直线斜率为正,选项B和C符合,但同时函数 $y=ax^2+bx+1$ 的图像应开口向上,所以排除选项B.故本题选择C.

【例15】(2013)已知抛物线 $y=x^2+bx+c$ 的对称轴为 $x=1$,且过点 $(-1,1)$,则( ).

(A) $b=-2,c=-2$

(B) $b=2,c=2$

(C) $b=-2,c=2$

(D) $b=-1,c=-1$

(E) $b=1,c=1$

【解析】

根据题意可知对称轴为 $x=1$，且过点$(-1,1)$，可得 $\begin{cases}-\dfrac{b}{2\times 1}=1,\\ 1=(-1)^2+b\times(-1)+c,\end{cases}$ 解得 $\begin{cases}b=-2,\\ c=-2.\end{cases}$ 故本题选择 A.

【例 16】已知二次函数 $y=ax^2+bx+3$ 经过点 $(2,3)$，且函数最大值为 4，则 a 的值为(　　).

(A)$-\dfrac{1}{2}$　　(B)-1　　(C)-2　　(D)$-\dfrac{1}{3}$　　(E)0

【解析】

根据题意可得 $\begin{cases}4a+2b+3=3,\\ \dfrac{4a\times 3-b^2}{4a}=4,\end{cases}$ 解得 $\begin{cases}a=-1,\\ b=2.\end{cases}$ 故本题选择 B.

【例 17】(2021)设二次函数 $f(x)=ax^2+bx+c$，且 $f(2)=f(0)$，则 $\dfrac{f(3)-f(2)}{f(2)-f(1)}=$(　　).

(A)2　　(B)3　　(C)4　　(D)5　　(E).6

【解析】

方法一：

根据题意可知 $f(2)=f(0)$，即 $4a+2b+c=c$，解得 $4a=-2b\Rightarrow b=-2a$，又 $\dfrac{f(3)-f(2)}{f(2)-f(1)}=\dfrac{9a+3b+c-(4a+2b+c)}{4a+2b+c-(a+b+c)}=\dfrac{5a+b}{3a+b}$，将 $b=-2a$ 代入可得原式 $\dfrac{5a+b}{3a+b}=\dfrac{5a-2a}{3a-2a}=3$. 故本题选择 B.

方法二：

根据一元二次函数的对称性，$f(2)=f(0)$ 可知 $f(x)$ 关于 $x=1$ 对称，不妨设 $f(x)=(x-1)^2=x^2-2x+1$，则 $\dfrac{f(3)-f(2)}{f(2)-f(1)}=\dfrac{3^2-2\times 3+1-(2^2-2\times 2+1)}{2^2-2\times 2+1-(1^2-2\times 1+1)}=3$. 故本题选择 B.

【例 18】已知二次函数 $f(x)=ax^2-2x+c$，$f(1+x)=f(1-x)$ 且经过点 $(-1,1)$，则(　　).

(A)$a=-1,c=-2$　　(B)$a=1,c=-2$

(C)$a=1,c=2$　　(D)$a=-1,c=2$

(E) $a=-1,c=0$

【解析】

根据 $f(1+x)=f(1-x)$ 可得，该二次函数的对称轴是 $x_0=\dfrac{1+x+1-x}{2}=1$，则有 $-\dfrac{-2}{2a}=1$，可算出 $a=1$，即 $f(x)=x^2-2x+c$，又因为经过点$(-1,1)$，所以有 $1+2+c=1$，$c=-2$. 故本题选择 B.

命题点 2 一元二次函数图像的应用★★★

思路点拨

一元二次函数问题多数与图像相关,尤其是复杂问题,可考虑结合图像做分析,能够一定程度上简化题目.

【例 19】一元二次函数 $f(x)=x^2+bx+c$ 与 x 轴两个交点的距离为4,对称轴为 $x=2$,则函数的最小值为(　　).

(A)-4　　(B)-8　　(C)-2　　(D)0　　(E)4

【解析】

根据题意,可作如图 4-23 所示,可得该二次函数与 x 轴交点的坐标分别为 $(0,0)$,$(4,0)$,利用两点式可直接写出函数表达式 $f(x)=(x-0)(x-4)$,$f(x)_{\min}=f(2)=(2-0)(2-4)=-4$,故本题选择 A.

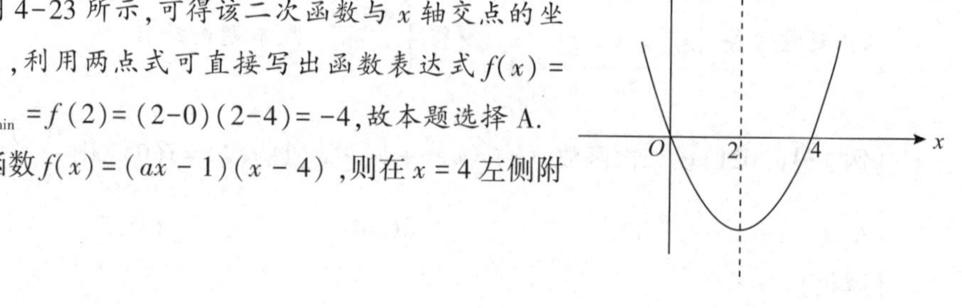

图 4-23

【例 20】(2020)设函数 $f(x)=(ax-1)(x-4)$,则在 $x=4$ 左侧附近有 $f(x)<0$.

(1) $a>\frac{1}{4}$.

(2) $a<4$.

【解析】

题干给出了一元二次函数的两点式,根据函数表达式可直接得到函数与 x 轴的交点 $(\frac{1}{a},0)$,$(4,0)$,判断结论是否成立需结合图像,而若想画出图像,需要确定 a 的正负以及 $\frac{1}{a}$,4 的大小关系.

条件(1):当 $a>\frac{1}{4}$ 时,$f(x)$ 为开口向上的二次函数,且 $\frac{1}{a}<4$,结合图像(图像不复杂可自行作图),显然在 $x=4$ 左侧存在 $f(x)<0$ 的点,所以条件(1)充分;

条件(2):a 的正负情况不确定,若想分析清楚每一种情况,过程会较为复杂,因此可考虑举反例,当 $a=0$ 时,$f(x)=-(x-4)=4-x$,结合图像,明显在 $x=4$ 左侧,不存在 $f(x)<0$ 的点,所以条件(2)不充分. 故本题选择 A.

【例 21】抛物线 $y=x^2-4x$ 与 x 轴相交于点 A,B,与直线 $y=kx-2k$ 在 x 轴上方的交于点 C,则 ΔABC 的面积为 24.

(1) $k=3$.

(2) $k=-3$.

【解析】

根据题意可得 $y=kx-2k=k(x-2)$,该函数过定点 $(2,0)$. 抛物线 $y=x^2-4x$ 与 x 轴相交于点 $A(0,0)$,$B(4,0)$,$AB=4$,设 $C(x,y)(y>0)$,$S_{\Delta ABC}=\frac{1}{2}\times AB\times y=\frac{1}{2}\times 4\times y=2y$.

条件(1):当 $k=3$ 时,可得 $\begin{cases}y=x^2-4x,\\y=3x-6\end{cases}\Rightarrow\begin{cases}x_1=1,\\y_1=-3\end{cases}$(舍)或 $\begin{cases}x_2=6,\\y_2=12,\end{cases}$ $S_{\Delta ABC}=2y=2\times12=24$,所以条件(1)充分;

条件(2):当 $k=-3$ 时,可得 $\begin{cases}y=x^2-4x,\\y=-3x+6\end{cases}\Rightarrow\begin{cases}x_1=3,\\y_1=-3\end{cases}$(舍)或 $\begin{cases}x_2=-2,\\y_2=12,\end{cases}$ $S_{\Delta ABC}=2y=2\times12=24$,所以条件(2)也充分,故本题选择 D.

【例 22】(2018)函数 $f(x)=\max\{x^2,\ -x^2+8\}$ 的最小值为(　　).

(A)8　　(B)7　　(C)6　　(D)5　　(E)4

【解析】

根据题意可知,当 $x^2\geqslant -x^2+8$,解得 $x\geqslant 2$ 或 $x\leqslant -2$;当 $x^2\leqslant -x^2+8$ 时,解得 $-2\leqslant x\leqslant 2$. 则 $f(x)=\begin{cases}x^2 & (x\leqslant -2\text{ 或 }\geqslant 2),\\-x^2+8 & (-2\leqslant x\leqslant 2),\end{cases}$ 函数图像如图 4-24 所示,可得当 $x\geqslant 2$ 或 $x\leqslant -2$ 时,$f(x)$ 的最小值为 4;当 $-2\leqslant x\leqslant 2$ 时,$f(x)$ 的最小值为 4,综上所述函数 $f(x)$ 的最小值为 4. 故本题选择 E.

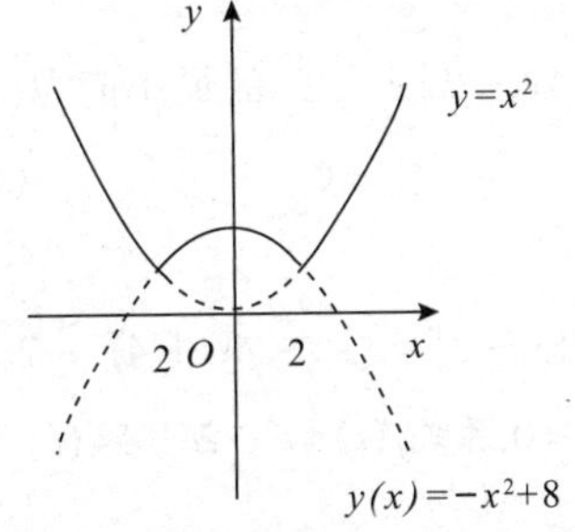

图 4-24

命题点 3 一元二次函数最值★★★

思路点拨

一元二次函数最值问题,无解析式时,先变形整理得到解析式,再直接套用公式;有解析式时,求解最值需要注意定义域范围.

【例 23】(2016)某商场将每台进价为 2 000 元的冰箱以 2 400 元销售时,每天销售 8 台,调研表明这种冰箱的售价每降低 50 元,每天就能多销售 4 台. 若要每天销售利润最大,则冰箱的定价应为(　　)元.

(A)2 200　　(B)2 250　　(C)2 300　　(D)2 350　　(E)2 400

【解析】

根据题意可知冰箱售价每降低 50 元,每天就能多销售 4 台,设冰箱定价降低 x 个 50 元,利润为 y,则 $y=(2\,400-50x-2\,000)(4x+8)=200(8-x)(x+2)$,该式为一元二次函数的两点式,可直接得到函数图像与 x 轴的交点横坐标 8,-2,且图像开口向下,当 x 取到对称轴时,y 取最大值,对称轴即为函数与 x 轴的交点横坐标的中点,即当 $x=\dfrac{8-2}{2}=3$ 时,y 取最大值,此时商品售价为 $2\,400-50\times3=2\,250$

元. 故本题选择 B.

【例 24】(2008)直角边之和为 12 的直角三角形面积的最大值为(　　).

(A)16　　(B)18　　(C)20　　(D)22　　(E)不能确定

【解析】

根据题意可设一条直角边为 x,则另一条直角边为 $12-x$,所以三角形面积为 $y=\frac{1}{2}\times x\times(12-x)$,为一元二次函数,开口向下,与 x 轴的交点横坐标为 0、12,对称轴为两点的中点,即 $x=\frac{0+12}{2}=6$,当 $x=6$ 时,$y_{\max}=18$. 故本题选择 B.

【例 25】(2012.10)设实数 x, y 满足 $x+2y=3$,则 x^2+y^2+2y 的最小值为(　　).

(A)4　　(B)5　　(C)6　　(D) $\sqrt{5}-1$　　(E) $\sqrt{5}+1$

【解析】

根据题意可知 $x=3-2y$,则 $x^2+y^2+2y=(3-2y)^2+y^2+2y=5y^2-10y+9=5(y-1)^2+4$,最小值为 4. 故本题选择 A.

【例 26】(2021)函数 $f(x)=x^2-4x-2|x-2|$ 的最小值为(　　).

(A)−4　　(B)−5　　(C)−6　　(D)−7　　(E)−8

【解析】

根据题意可知 $f(x)=x^2-4x-2|x-2|=(x^2-4x+4)-2|x-2|-4=(x-2)^2-2|x-2|-4$,又 $(x-2)^2=|x-2|^2$,令 $t=|x-2|$,$t\geqslant0$,原式 $f(t)=t^2-2t-4=(t-1)^2-5$,当 $t=1$ 时,原式最小值为−5. 故本题选择 B.

【例 27】函数 $f(x)=x^2-2x-3$ 的最大值和最小值分别为 5 和−4.

(1) $x\in[-2,2]$.

(2) $x\in[0,4]$.

【解析】

根据题意可知 $f(x)=x^2-2x-3=(x-1)^2-4$,对称轴 $x=1$.

条件(1):根据条件可知区间为 $[-2,2]$,则此时 $f(x)$ 最小值为 $f(1)=-4$,最大值为 $f(-2)=4+4-3=5$,所以条件(1)充分;

条件(2):根据条件可知区间为 $[0,4]$,则此时 $f(x)$ 最小值为 $f(1)=1-2-3=-4$,最大值为 $f(4)=16-8-3=5$,所以条件(2)充分. 故本题选择 D.

【例 28】已知函数 $y=x^2+x-1$ 在 $m\leqslant x\leqslant1$ 的最大值是 1,最小值是 $-\frac{5}{4}$,则 m 的取值范围是(　　).

(A) $m\geqslant-2$　　(B) $0\leqslant m\leqslant\frac{1}{2}$

(C) $-2\leqslant m\leqslant-\frac{1}{2}$　　(D) $m\leqslant-\frac{1}{2}$

(E) $m \geqslant 0$

【解析】

根据题意可知 $y=x^2+x-1=\left(x+\frac{1}{2}\right)^2-\frac{5}{4}$，对称轴为 $x=-\frac{1}{2}$，对应的最小值 $y_{\min}=-\frac{5}{4}$，当最小值就是 $-\frac{5}{4}$ 时，说明对称轴 $x=-\frac{1}{2}$ 在 $m \leqslant x \leqslant 1$ 的范围内，所以 $m \leqslant -\frac{1}{2}$；令 $x^2+x-1=1$，解得 $x_1=1$，$x_2=-2$，若使在 $m \leqslant x \leqslant 1$ 的范围内 y 的最大值为 1，则 $m \geqslant -2$，综合可得 $-2 \leqslant m \leqslant -\frac{1}{2}$，故本题选择 C.

【例 29】(2018) 设函数 $f(x)=x^2+ax$，则 $f(x)$ 的最小值与 $f(f(x))$ 的最小值相等.

(1) $a \geqslant 2$.

(2) $a \leqslant 0$.

【解析】

根据题意可知 $f(x)=x^2+ax$ 的对称轴为 $-\frac{a}{2}$，最小值为 $-\frac{a^2}{4}$，值域为 $\left[-\frac{a^2}{4},+\infty\right)$. 令 $f(x)=t$，则 $f(t)=t^2+at$，$f(t)$ 的定义域为 $\left[-\frac{a^2}{4},+\infty\right)$，对称轴为 $-\frac{a}{2}$，只有对称轴在定义域内才能满足 $f(x)$ 的最小值与 $f(t)$ 的最小值相等，则 $-\frac{a^2}{4} \leqslant -\frac{a}{2}$，解得 $a \leqslant 0$ 或 $a \geqslant 2$.

条件(1)：$a \geqslant 2$ 是转化结论的非空子集，所以条件(1)充分；

条件(2)：$a \leqslant 0$ 是转化结论的非空子集，所以条件(2)也充分. 故本题选择 D.

考点四　其他函数★

一、知识梳理

1.反比例函数

形如 $y=\frac{k}{x}$ $(k \neq 0)$ 的函数称为反比例函数. 一般情况下，反比例函数的定义域为 $\{x \mid x \neq 0 \text{ 且 } x \in R\}$.

反比例函数的图像为双曲线.

反比例函数解析式中存在一个参数 k. k 决定了图像的位置及单调性，$k>0$ 时，图像位于一三象限，在 $(-\infty,0)$ 与 $(0,+\infty)$ 上单调递减；$k<0$ 时，图像位于二四象限，在 $(-\infty,0)$ 与 $(0,+\infty)$ 上单调递增. 图像如图 4-25、图 4-26 所示.

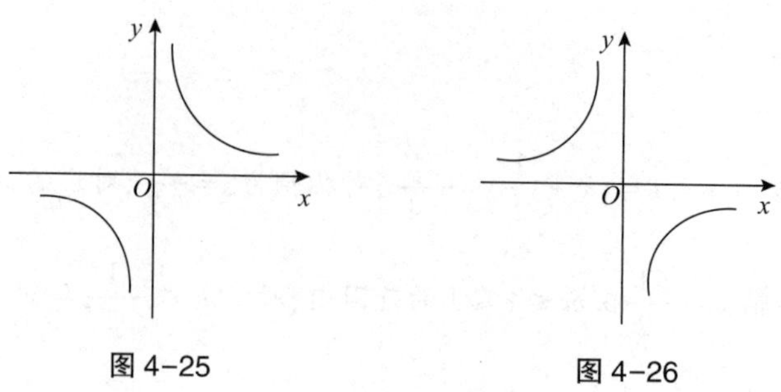

图 4-25　　图 4-26

2.指数函数

(1)指数运算

设$a \in R$，$n \in N^*$，n个a相乘可表示为a^n，此运算为指数运算，其中a为底数，n为指数，计算结果称为"a的n次幂".

上述运算限定指数为正整数，指数为负整数或者分数时，有如下运算规则：

$$a^{-n} = \frac{1}{a^n}$$

$$a^{\frac{1}{n}} = \sqrt[n]{a}$$

指数运算还满足如下运算法则，其中$a,b \in R$，$n,m \in N^*$：

① $a^0 = 1(a \neq 0)$

② $a^n \cdot a^m = a^{n+m}$

③ $a^n \div a^m = a^{n-m}$

④ $(a^n)^m = a^{nm}$

⑤ $a^n \cdot b^n = (ab)^n$

(2)指数函数

形如$y = a^x$($a > 0$且$a \neq 1$)的函数称为指数函数. 一般情况下，指数函数的定义域为R.

指数函数的图像为一条位于x轴上方的曲线. 底数a的大小会决定图像的单调性，当$0 < a < 1$时，函数在定义域上单调递减，当$a > 1$时，函数在定义域上单调递增. 图像如图4-27、图4-28所示.

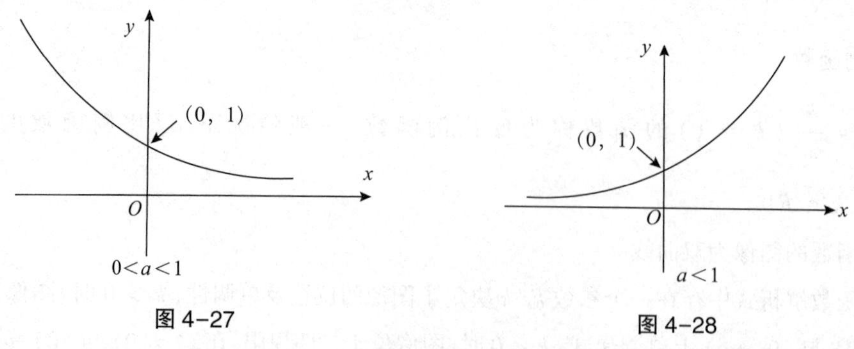

图 4-27　　图 4-28

根据指数运算$a^0 = 1$，因此在指数函数中，无论a的值为多少，函数均过一定点$(0,1)$.

3.对数函数

(1)对数运算

设 $a>0$ 且 $a\neq 1$,已知 $a^n=N$ 求 n 的运算,可表示为 $n=\log_a N$,此运算为对数运算,其中 a 为底数,N 为真数(大于0),对数运算称为"以 a 为底 N 的对数".

以10为底的对数称为常用对数,记作 $\lg N$,以 e 为底的对数称为自然对数,记作 $\ln N$.

对数运算满足如下运算法则:

① $\log_a 1=0$, $\log_a a=1$

② $\log_a(xy)=\log_a x+\log_a y$

③ $\log_a\left(\dfrac{x}{y}\right)=\log_a x-\log_a y$

④ $\log_{a^n}(x^m)=\dfrac{m}{n}\log_a x$

⑤ $\log_a x=\dfrac{\log_b x}{\log_b a}$(换底公式)

(2)对数函数

形如 $y=\log_a x$ ($a>0$ 且 $a\neq 1$)的函数称为对数函数. 一般情况下,对数函数的定义域为$(0,+\infty)$.

对数函数的图像为一条位于 y 轴右侧的曲线. 底数 a 的大小会决定图像的单调性,当 $0<a<1$ 时,函数在定义域上单调递减,当 $a>1$ 时,函数在定义域上单调递增. 图像如图4-29、图4-30所示.

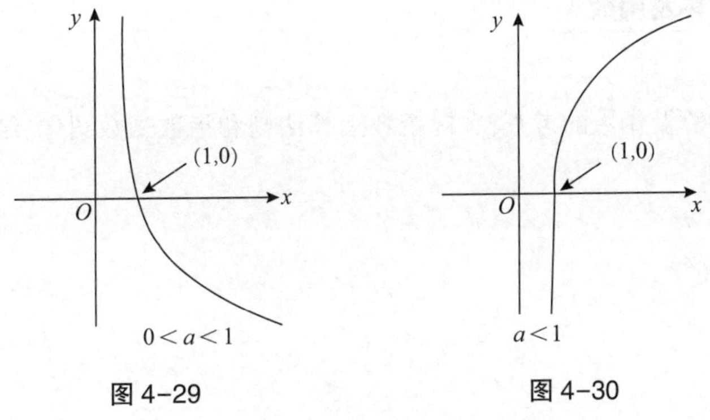

图4-29　　图4-30

根据对数运算 $\log_a 1=0$,因此在对数函数中,无论 a 的值为多少,函数均过一定点(1,0).

二、命题点精讲

命题点1　反比例函数★

思路点拨

反比例函数考查的相对较少,重点要掌握图像的形式,涉及反比例函数,结合图像做分析.

【例 30】反比例函数 $y=\frac{k}{x}$ 的图像经过点 $p(-1,2)$，则这个函数的图像位于(　　).

(A)第二、三象限　　(B)第一、三象限

(C)第三、四象限　　(D)第二、四象限

(E)第一、四象限

【解析】

根据题意可得 $2=\frac{k}{-1}$，即 $k=-2$，$y=\frac{-2}{x}$，根据反比例函数的图像特征，可知这个函数的图像位于第二四象限. 故本题选 D.

【例 31】如图 4-31 所示，点 B 在 y 轴的正半轴上，点 C 在反比例函数 $y=\frac{k}{x}(x<0)$ 的图像上，菱形 $OABC$ 的面积为 8，则 k 的值为(　　).

(A) -4　　(B) 4　　(C) -2　　(D) 2　　(E) -8

【解析】

根据题意可设 C 点坐标为 (m,n)，m、n 异号，且 $mn=k$，根据图像可得 $|AC|=2|m|$，$|OB|=2|n|$，则有 $\frac{1}{2}|AC|\times|OB|=2|mn|=8$，得 $mn=k=-4$. 故本题选择 A.

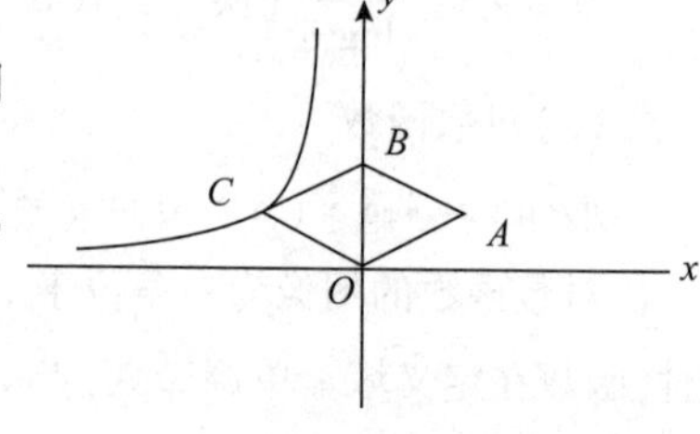

图 4-31

命题点 2　指数运算及函数★

思路点拨　对于指数运算及函数的考查，掌握指数运算法则和指数函数图像，结合图像做分析，多数题目便可解决.

【例 32】$2^{3x^2+1}>16^{2-x}$.

(1) $x\in(0,1)$.

(2) $x\in(2,3)$.

【解析】

根据题意可知指数函数 $y=2^x$ 为增函数，若 $2^{3x^2+1}>16^{2-x}=2^{8-4x}$，则需满足 $3x^2+1>8-4x$，解得 $x>1$ 或 $x<-\frac{7}{3}$.

条件(1)：$x\in(0,1)$ 不是转化结论的非空子集，所以条件(1)不充分；

条件(2)：$x\in(2,3)$ 是转化结论的非空子集，所以条件(2)充分. 故本题选择 B.

【例 33】$(x-1)^{2x^2-5x-3}<1$.

(1) $x\in\left(\frac{5}{2},\frac{14}{5}\right)$.

(2) $x \in (2,3)$.

【解析】

根据题干整理可得 $(x-1)^{2x^2-5x-3} < (x-1)^0$,在条件(1)和(2)所给的范围内,可知底数 $x-1>1$,则由指数函数的单调性可得 $2x^2-5x-3<0$,解得 $-\frac{1}{2}<x<3$.

条件(1):$x \in \left(\frac{5}{2},\frac{14}{5}\right)$ 是转化结论的非空子集,所以条件(1)充分;

条件(2):$x \in (2,3)$ 是转化结论的非空子集,所以条件(2)充分. 故本题选择D.

【例34】若 $a=3^{555}$,$b=4^{444}$,$c=5^{333}$,则 a,b,c 的大小关系是(　　).

(A) $a>b>c$　　(B) $b>c>a$　　(C) $b>a>c$

(D) $c>b>a$　　(E) $a>c>b$

【解析】

根据题意可知 $a=(3^5)^{111}=243^{111}$,$b=(4^4)^{111}=256^{111}$,$c=(5^3)^{111}=125^{111}$,指数相同,底数大于1,且 $4^4>3^5>5^3$,由于底数越大,值越大,所以 $b>a>c$. 故本题选择C.

命题点3 对数运算及函数★

思路点拨

对于对数运算及函数的考查,掌握对数运算法则和对数函数图像,结合图像做分析,多数题目便可解决.

【例35】若 $\log_6[\log_4(\log_3 x)]=0$,则 $x^{-\frac{1}{2}}=$(　　).

(A)9　　(B) $\frac{1}{9}$　　(C) $\sqrt{3}$　　(D) $\frac{\sqrt{3}}{3}$　　(E)1

【解析】

根据题意可知 $\log_6[\log_4(\log_3 x)]=0 \Rightarrow \log_4(\log_3 x)=6^0=1 \Rightarrow \log_3 x=4^1=4 \Rightarrow x=3^4$,所以 $x^{-\frac{1}{2}}=(3^4)^{-\frac{1}{2}}=\frac{1}{9}$. 故本题选择B.

【例36】$0<a<1$,则 $f(\frac{1}{4})>f(\frac{1}{3})$.

(1) $f(x)=\log_a x$.

(2) $f(x)=|\log_a x|$.

【解析】

条件(1):根据题意可知 $f(x)=\log_a x$ 是一个单调递减的函数,因为 $\frac{1}{4}<\frac{1}{3}$,所以满足 $f\left(\frac{1}{4}\right)>f\left(\frac{1}{3}\right)$,所以条件(1)充分;

条件(2):根据题意可知$f(x)=|\log_a x|$在区间$(0,1)$上单调递减,因为$\frac{1}{4}<\frac{1}{3}$,所以满足$f(\frac{1}{4})>f(\frac{1}{3})$,所以条件(2)也充分.故本题选择D.

【例37】已知$a=2^{0.7}$,$b=\left(\frac{1}{3}\right)^{0.7}$,$c=\log_2\frac{1}{3}$,则(　　).

(A) $a>c>b$　(B) $b>c>a$　(C) $a>b>c$　(D) $c>a>b$　(E) $b>a>c$

【解析】

根据题意可得$a=2^{0.7}>2^0=1$,$0<b=\left(\frac{1}{3}\right)^{0.7}<\left(\frac{1}{3}\right)^0=1$,$c=\log_2\frac{1}{3}<\log_2 1=0$,则有$a>b>c$.故本题选择C.

第三节　章节总结

一、集合

1.常用的数集：R 表示实数集，Q 表示有理数集，Z 表示整数集，N 表示自然数集，N^*（N_+）正整数集.

2.集合的性质：确定性、无序性、互异性.

3.集合的表示方法：列举法、描述法、区间表示法、维恩图法.

4.集合间的关系：A 是 B 的子集记作 $A \subseteq B$；A 是 B 的真子集记作 $A \subsetneqq B$.

5.集合的运算：并集 $A \cup B = \{x \mid x \in A 或 x \in B\}$，交集 $A \cap B = \{x \mid x \in A 且 x \in B\}$，补集 $\complement_U A = \{x \mid x \in U 且 x \notin A\}$.

二、函数基本性质

1.函数单调性

(1)对于任意的 $x_1, x_2 \in [a,b]$，当 $x_1 < x_2$ 时，都有 $f(x_1) < f(x_2)$，则称 $y=f(x)$ 在区间 $[a,b]$ 上单调递增；

(2)对于任意的 $x_1, x_2 \in [a,b]$，当 $x_1 < x_2$ 时，有 $f(x_1) > f(x_2)$，则称 $y=f(x)$ 在区间 $[a,b]$ 上单调递减.

2.函数奇偶性

(1)在定义域内，若 $f(-x)=f(x)$，则函数为偶函数，其图像关于 y 轴对称；

(2)在定义域内，若 $f(-x)=-f(x)$，则函数为奇函数，其图像关于原点对称.

三、一元一次函数

1.函数表达式：$y = kx + b$，其图像为一条直线.

2. k 为斜率，决定的是函数图像的倾斜程度，b 为 y 轴上截距，决定函数图像与 y 轴交点.

四、绝对值函数

1. $y = |x - a| + |x - b|$（$a < b$）的图像如图 4-32，图像形式为“凹槽型”，两个零点 a，b 为图形的转折点，最小值为 $y_{\min} = |a - b|$，无最大值.

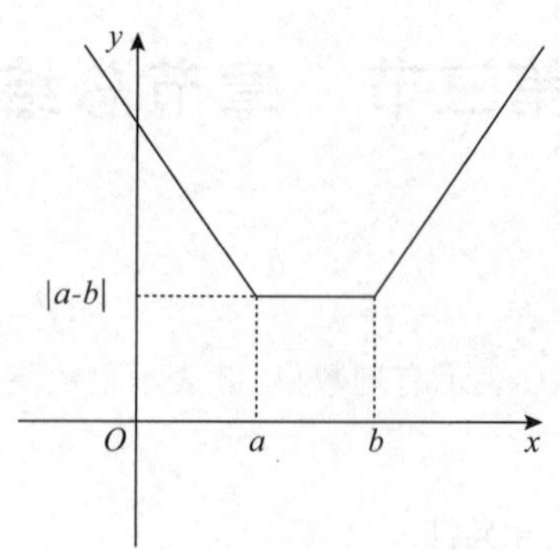

图 4-32

2.$y=|x-a|-|x-b|$ 与 $y=|x-b|-|x-a|$（$a<b$）的图像分别如图 4-33、图 4-34 所示，图像形式为“Z 字形”，两个零点 a，b 为图形的转折点，函数最大值 $y_{\max}=|a-b|$，最小值为 $y_{\min}=-|a-b|$.

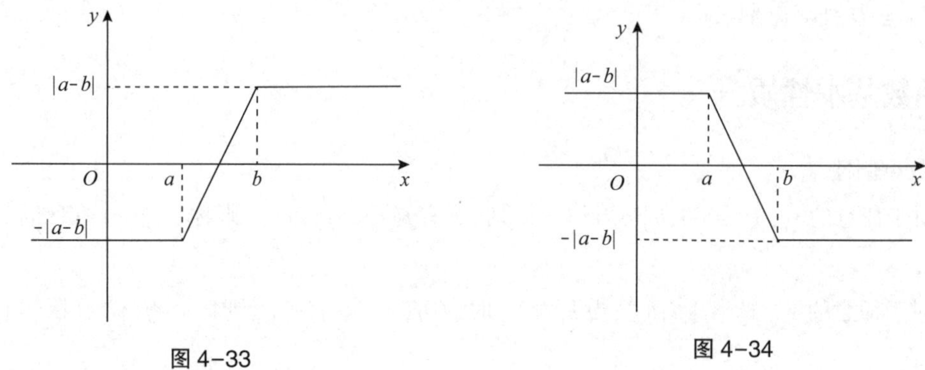

图 4-33　　　　图 4-34

3.在一些方程解的个数问题或者不等式解集问题中，可将等号或不等号两侧的式子分别看成函数，结合图像，将解或解集问题转化为图像交点问题快速解题.

四、一元二次函数

1.一元二次函数一般式：$y=ax^2+bx+c$（$a\neq 0$）.

（1）一元二次函数图像为抛物线.

（2）$a>0$ 时，图像开口向上，$a<0$ 时，图像开口向下，$|a|$ 越大，开口越小.

（3）c 决定了函数图像与 y 轴的交点位置. $c>0$ 时，图像与 y 轴交于正半轴；$c<0$ 时，图像与 y 轴交于负半轴；$c=0$ 时，图像过原点.

2.一元二次函数顶点式：$y=a(x-h)^2+k$.

（1）顶点式是由一般式配方得来，根据顶点式可快速得到顶点坐标、对称轴、最值等信息.

（2）对称轴：$x=h=-\dfrac{b}{2a}$.

（3）最值：$y=k=\dfrac{4ac-b^2}{4a}$.

(4) 当 $a>0$ 时,函数在区间 $\left(-\infty,\ -\frac{b}{2a}\right]$ 单调递减,在区间 $\left[-\frac{b}{2a},\ +\infty\right)$ 单调递增;当 $a<0$ 时,函数在区间 $\left(-\infty,\ -\frac{b}{2a}\right]$ 单调递增,在区间 $\left[-\frac{b}{2a},\ +\infty\right)$ 单调递减.

3.一元二次函数两点式:$y=a(x-x_1)(x-x_2)$

(1)两点式是由一般式进行因式分解得来,并不是所有的一元二次函数都有两点式.

(2)由两点式可快速得到一元二次函数图像与 x 轴的两个交点 $(x_1,0)$,$(x_2,0)$.

(3)由两点式可直接得到对称轴:$x=\frac{x_1+x_2}{2}$.

五、其他函数

1.反比例函数:$y=\frac{k}{x}\ (k\neq 0)$

(1)反比例函数图像为双曲线.

(2) k 决定了图像的位置及单调性,$k>0$ 时,图像位于一三象限,在 $(-\infty,0)$ 与 $(0,+\infty)$ 上单调递减;$k<0$ 时,图像位于二四象限,在 $(-\infty,0)$ 与 $(0,+\infty)$ 上单调递增.

2.指数运算

(1) $a^0=1\ (a\neq 0)$.

(2) $a^n\cdot a^m=a^{n+m}$.

(3) $a^n\div a^m=a^{n-m}$.

(4) $(a^n)^m=a^{nm}$.

(5) $a^n\cdot b^n=(ab)^n$.

3.指数函数:$y=a^x\ (a>0$ 且 $a\neq 1)$

(1)指数函数的图像为一条位于 x 轴上方的曲线.

(2)底数 a 的大小决定图像的单调性,当 $0<a<1$ 时,函数在定义域上单调递减,当 $a>1$ 时,函数在定义域上单调递增.

(3)指数函数必过定点 $(0,1)$.

4.对数运算

(1) $\log_a 1=0$, $\log_a a=1$.

(2) $\log_a(xy)=\log_a x+\log_a y$.

(3) $\log_a\left(\frac{x}{y}\right)=\log_a x-\log_a y$.

(4) $\log_{a^n}(x^m)=\frac{m}{n}\log_a x$.

(5) $\log_a x=\frac{\log_b x}{\log_b a}$ (换底公式).

5.对数函数：$y=\log_a x$（$a>0$且$a\neq 1$）

(1)对数函数的图像为一条位于y轴右侧的曲线.

(2)底数a的大小会决定图像的单调性,当$0<a<1$时,函数在定义域上单调递减,当$a>1$时,函数在定义域上单调递增.

(3)对数函数必过定点(1,0).

第四节　强化训练

一、问题求解

第 1~15 小题,每小题 3 分,共 45 分,下列每题给出的 A、B、C、D、E 五个选项中,只有一项是符合试题要求的,请在答题卡上将所选项的字母涂黑.

1.在函数 $y=\frac{\sqrt{x+3}}{x}$ 中,自变量 x 的取值范围是(　　).

(A) $x<-3$　　(B) $x>-3$

(C) $x\geqslant -3$ 且 $x\neq 0$　　(D) $x>-3$ 且 $x\neq 0$

(E) $x\neq 0$

2.设集合 $A=\{x \mid |x-a|<1,x\in R\}$,$B=\{x \mid |x-b|>2,x\in R\}$,若 $A\subseteq B$,则实数 a , b 满足(　　).

(A) $|a+b|\leqslant 3$　(B) $|a+b|\geqslant 3$　(C) $|a-b|\leqslant 3$　(D) $|a-b|\geqslant 3$　(E) $|a+b|<3$

3.若一次函数 $y_1=ax+b$ 与一次函数 $y_2=kx+8$ 的图像交于点 $Q(2,5)$,则关于 x 的不等式 $k^2x-8\geqslant 4a+2b$ 的解集为(　　).

(A) $[2,+\infty)$　(B) $[4,+\infty)$　(C) $[5,+\infty)$　(D) $[6,+\infty)$　(E) $[8,+\infty)$

4.已知函数 $y=kx$ 的图像过点 $A(2a,\ -4a)(a\neq 0)$,则该函数图像经过(　　).

(A)第二、三象限　(B)第一、三象限　(C)第一、二象限

(D)第三、四象限　(E)第二、四象限

5.如图 4-35 所示,在平面直角坐标系中,直线 $y_1=-x+b$ 过点 A,且与直线 $y_2=x+3$ 相交于点 $B(m,2)$,直线 $y_2=x+3$ 与 x 轴相交于 C 点,则 ΔABC 的面积是(　　).

(A)2　(B)4　(C)6　(D)8　(E)10

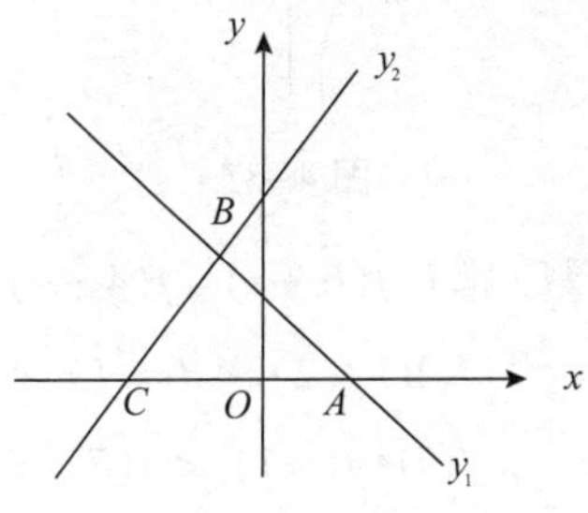

图 4-35

6.已知点 $A(-2,y_1)$, $B(-1,y_2)$, $C(1,y_3)$ 均在反比例函数 $y=\frac{a}{x}(a>0)$ 的图像上,则(　　).

(A) $y_3<y_2<y_1$　　(B) $y_1<y_2<y_3$

(C) $y_2<y_3<y_1$　　(D) $y_1<y_3<y_2$

(E) $y_2 < y_1 < y_3$

7.如图 4-36,四边形 $OABC$ 是矩形,$ADEF$ 是正方形,点 A,D 在 x 轴的正半轴上,点 C 在 y 轴的正半轴上,点 F 在 AB 上,点 B,E 在反比例函数 $y=\dfrac{k}{x}$ 的图像上,$OA=1$,$OC=6$,则正方形 $ADEF$ 的边长为(　　).

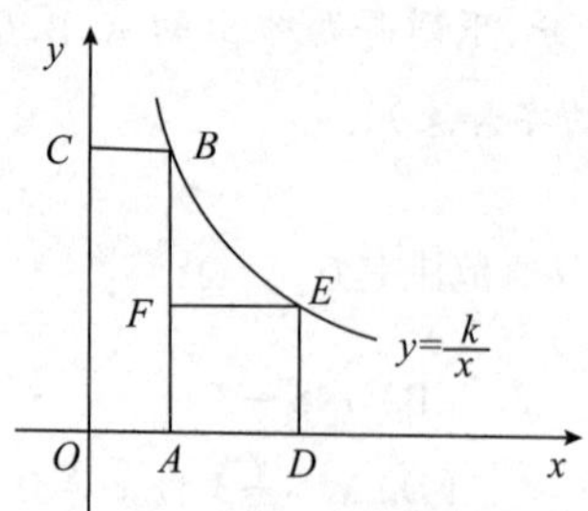

图 4-36

(A)1　　(B)2　　(C)3　　(D)4　　(E)5

8.如图 4-37 所示,在平面直角坐标系中,一次函数 $y=kx+b(k\neq 0)$ 的图像与反比例函数 $y=\dfrac{m}{x}$ $(m\neq 0)$ 的图像交于 $A(2,3)$,$B(-3,n)$ 两点,当 $kx+b>\dfrac{m}{x}$ 时,x 的取值范围是(　　).

(A) $x<-3$ 或 $x>2$　　(B) $-3<x<2$

(C) $-3<x<0$　　(D) $x>2$

(E) $-3<x<0$ 或 $x>2$

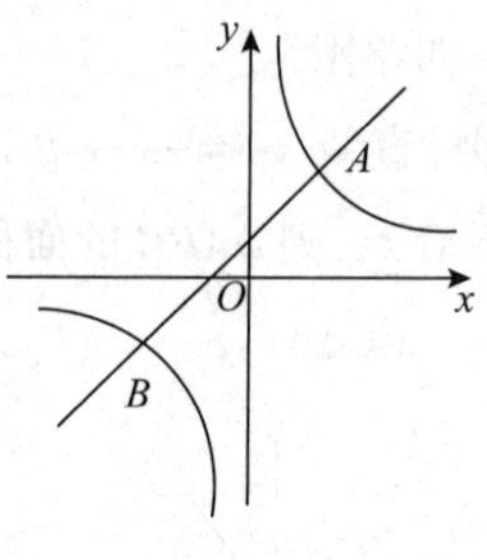

图 4-37

9.如果 $f(x)=x^2+bx+c$ 对于任意实数 t 都有 $f(6+t)=f(4-t)$,则(　　).

(A) $f(-1)<f(2)<f(7)$　　(B) $f(2)<f(-1)<f(7)$

(C) $f(7)<f(2)<f(-1)$　　(D) $f(-1)<f(7)<f(2)$

(E) $f(2)<f(7)<f(-1)$

10.学校运动会上,某运动员掷铅球,他掷的铅球的高 y 与距离 x 之间的函数关系式为 $y=-\dfrac{1}{10}x^2+\dfrac{4}{5}x+2$,则该运动员的成绩是(　　).

(A)6　　(B)8　　(C)10　　(D)12　　(E)14

11.设集合 $A=\{x|1<x<4\}$,集合 $B=\{x|x^2-2x-3\leqslant 0\}$,则 $A\cap B=($　　$)$.

(A)$(1,4)$　　(B)$(-1,4)$　　(C)$[-1,4)$　　(D)$(1,3)$　　(E)$(1,3]$

12.已知函数 $f(x)=x^3+ax^2+bx+c$,若 $f(x)=0$ 的三个根分别为 $3,-1,-2$,则 $g(x)=cx^2+bx+a$ 的最值为(　　).

(A)$\frac{5}{2}$　　(B)2　　(C)3　　(D)$\frac{49}{24}$　　(E)16

13.函数 $f(x)=\min\{-x^2+2,2x^2-1\}$ 的最大值为(　　).

(A)3　　(B)-1　　(C)1　　(D)2　　(E)4

14.已知函数 $y=x^2+2ax+a^2-1$ 在区间 $0\leqslant x\leqslant 3$ 范围内有最大值24,最小值3,则实数 $a=($　　$)$.

(A)±2　　(B)±5　　(C)-8 或 -2　　(D)2 或 -5　　(E)-1 或 5

15.已知实数 a , b 满足 $\frac{1}{4}<\left(\frac{\sqrt{2}}{2}\right)^b<\left(\frac{1}{2}\right)^a<\frac{1}{2}$,则(　　).

(A) $1<a<b<2$　　(B) $2<2a<b<4$

(C) $1<a<\sqrt{b}<2$　　(D) $1<a<2b<2$

(E) $1<b<a<2$

二、条件充分性判断

第16~25小题,每小题3分,共30分.要求判断每题给出的条件(1)和(2)能否充分支持题干所陈述的结论.A、B、C、D、E五个选项为判断结果,请选择一项符合试题要求的判断,在答题卡上将所选项的字母涂黑.

(A)条件(1)充分,但条件(2)不充分

(B)条件(2)充分,但条件(1)不充分

(C)条件(1)和条件(2)单独都不充分,但条件(1)和条件(2)联合起来充分

(D)条件(1)充分,条件(2)也充分

(E)条件(1)和条件(2)单独都不充分,条件(1)和条件(2)联合起来也不充分

16.设集合 $A=\{x|x\leqslant 2\}$, $B=\{x|x>2k+1\}$,则 $k=\frac{1}{2}$.

(1) $A\cup B=R$.

(2) $A\cap B=\varnothing$.

17.(2013.10)设直线 $y=x+b$ 分别在第一和第三象限与曲线 $y=\frac{4}{x}$ 相交于点 A、点 B ,则能确定 b 的值.

(1)已知以 AB 为对角线的正方形的面积.

(2)点 A 的横坐标小于纵坐标.

18.关于 x 的不等式 $|2x-3|-|5-2x|<s$ 恒成立.

(1) $s>2$.

（2）$s \geqslant 2$.

19.函数 y 的最小值为 1.

（1）$y = \dfrac{6x^2 + 12x + 10}{x^2 + 2x + 2}$.

（2）$y = x + \sqrt{x-1}$.

20.在两棵树等高位置处拴着一根绳子做成简易的秋千，绳子自然下垂呈抛物线，身高 1.5 米的小铭站在距离树 1 米的地方，他头部刚好触到绳子，则能确定绳子距地最低高度.

（1）两棵树等高位置距地 2.5 米.

（2）两棵树相距 4 米.

21.设二次函数 $f(x) = ax^2 + bx + c$，则 $f(1) < f(0) < f(3)$.

（1）$f(1+x) = f(1-x)$.

（2）函数 $f(x)$ 的最小值大于 0.

22.$f(x)$ 的最大值是 5.

（1）$f(x) = |x+3| - |x-2|$.

（2）$f(x) = |x-1| - |x+4|$.

23.关于 x 的不等式 $x^2 - 2ax + a^2 - 1 > 0$ 恒成立.

（1）$a > 2$.

（2）$a > 3$.

24.抛物线 $y = x^2 - 2ax + a + 2$ 的顶点坐标在第三象限.

（1）$a \in (-3, -2]$.

（2）$a \in (-3, -2)$.

25.方程 $\left|\frac{1}{2}x - 4\right| - \left|\frac{1}{2}x - 3\right| = 1$ 对所有 x 都不成立.

（1）$x > 8$.

（2）$7 \leqslant x \leqslant 8$.

参考答案：1~5 CDEEB　6~10 EBECC　11~15 EDCDB　16~20 ACABC　21~25 CDEDD

第五节 强化训练参考答案及解析

一、问题求解

1.C 【解析】根据题意可知$\begin{cases}x+3\geqslant 0,\\ x\neq 0,\end{cases}$解得$x\geqslant -3$且$x\neq 0$,故本题选择C.

2.D 【解析】根据题意可知集合A中,$|x-a|<1\Rightarrow -1<x-a<1\Rightarrow a-1<x<a+1$,集合$B$中,$|x-b|>2\Rightarrow x>2+b$或$x<b-2$,由于$A\subseteq B$,所以$b-2\geqslant a+1\Rightarrow a-b\leqslant -3$或$b+2\leqslant a-1\Rightarrow a-b\geqslant 3$,所以$|a-b|\geqslant 3$.故本题选择D.

3.E 【解析】根据题意可得$\begin{cases}2a+b=5,\\ 2k+8=5,\end{cases}$可得$\begin{cases}4a+2b=10,\\ k=-\dfrac{3}{2},\end{cases}$代入所求不等式即$\dfrac{9}{4}x-8\geqslant 10$,解得$x\geqslant 8$,故本题选择E.

4.E 【解析】根据题意可知$2ak=-4a$,则$k=-2$,所以该函数图像过第二、四象限,故本题选E.

5.B 【解析】根据题意可得$m+3=2$,得$m=-1$,$B(-1,2)$,B还在直线$y_1=-x+b$上,所以有$-(-1)+b=2$,$b=1$,即$y_1=-x+1$. 可得$A(1,0)$,又因为直线$y_2=x+3$,可得$C(-3,0)$,有$AC=4$,$S_{\Delta ABC}=\dfrac{1}{2}\times 4\times 2=4$,故本题选择B.

6.E 【解析】根据题意可得$y_3>0$,$y_1<0$,$y_2<0$,答案是B或E,当$x<0$时,该函数单调递减,所以$y_2<y_1$,故本题选择E.

7.B 【解析】根据题意可得$B(1,6)$,$6=\dfrac{k}{1}$,则$k=6$,$y=\dfrac{6}{x}$,$ADEF$是正方形,所以$EF=ED$,设$E(a,\dfrac{6}{a})(a>1)$,有$a-1=\dfrac{6}{a}$,解得$a=3$,所以正方形的边长是$a-1=3-1=2$,故本题选择B.

8.E 【解析】根据题意可得$3=\dfrac{m}{2}$,$m=6$,$n=\dfrac{6}{-3}=-2$,$B(-3,-2)$,有$\begin{cases}2k+b=3,\\ -3k+b=-2\end{cases}\Rightarrow\begin{cases}k=1,\\ b=1,\end{cases}$ $x+1>\dfrac{6}{x}$解得$-3<x<0$或$x>2$,故本题选择E.

9.C 【解析】根据题意可知,$f(x)$函数图像开口向上,根据$f(6+t)=f(4-t)$可得函数图像对称轴为$x=\dfrac{6+t+4-t}{2}=5$,则某点与对称轴水平距离越大,$f(x)$值越大,又$|7-5|<|2-5|<|-1-5|$,则$f(7)<f(2)<f(-1)$. 故本题选择C.

10.C 【解析】运动员的成绩即铅球落地时的距离,此时铅球的高为0,根据函数表达式令$y=0$,解得$x_1=10$,$x_2=-2$(舍),所以运动员的成绩是10. 故本题选择C.

11.E 【解析】根据题意可知$x^2-2x-3\leqslant 0\Rightarrow(x-3)(x+1)\leqslant 0$,解得$-1\leqslant x\leqslant 3$,又$A=\{x|1<x<4\}$,

所以$A\cap B=\{x\,|1<x\leqslant 3\}$. 故本题选择 E.

12.D 【解析】根据题意可知，$\begin{cases}f(3)=0,\\f(-1)=0,\\f(-2)=0,\end{cases}$解得$\begin{cases}a=0,\\b=-7,\\c=-6,\end{cases}$则 $g(x)=-6x^2-7x$，当 $x=-\dfrac{7}{12}$ 时，$f(x)_{\max}=\dfrac{-49}{-24}=\dfrac{49}{24}$. 故本题选择 D.

13.C 【解析】根据题意可知，令$-x^2+2=2x^2-1$，解得 $x=\pm 1$. 当 $x\geqslant 1$ 时，$f(x)=-x^2+2$，其最大值为 $f(1)=1$；当$-1\leqslant x\leqslant 1$ 时，$f(x)=2x^2-1$，其最大值为 $f(-1)=1$；当 $x<-1$ 时，$f(x)=-x^2+2<1$，综上$f(x)$的最大值为$f(1)=f(-1)=1$. 故本题选择 C.

14.D 【解析】根据题意可知，$y=x^2+2ax+a^2-1=(x+a)^2-1$，函数图像开口向上，对称轴为$x=-a$，最小值为$y=(-a+a)^2-1=-1$. 因函数在区间$0\leqslant x\leqslant 3$范围内有最大值24，最小值3，说明对称轴在区间$0\leqslant x\leqslant 3$的两边，当$-a<0$时，$\begin{cases}f(0)=3,\\f(3)=24,\end{cases}$解得$a=2$；当$-a>3$时，$\begin{cases}f(0)=24,\\f(3)=3,\end{cases}$解得$a=-5$. 故本题选择 D.

15.B 【解析】根据题意可知，$\dfrac{1}{4}<\left(\dfrac{\sqrt{2}}{2}\right)^b<\left(\dfrac{1}{2}\right)^a<\dfrac{1}{2}\Rightarrow\left(\dfrac{1}{2}\right)^2<\left(\dfrac{1}{2}\right)^{\frac{1}{2}b}<\left(\dfrac{1}{2}\right)^a<\left(\dfrac{1}{2}\right)^1$，且 $\left(\dfrac{1}{2}\right)^x$ 在定义域上单调递减，则 $1<a<\dfrac{1}{2}b<2\Rightarrow 2<2a<b<4$. 故本题选择 B.

二、条件充分性判断

16.A 【解析】条件(1)：根据条件可知，集合 A 是集合 B 的补集，则 $2k+1=2$，解得 $k=\dfrac{1}{2}$，所以条件(1)充分；

条件(2)：根据条件可知，集合 A 和集合 B 的交集为$\varnothing$，则 $2k+1\geqslant 2$，解得 $k\geqslant\dfrac{1}{2}$，所以条件(2)不充分. 故本题选择 A.

17.C 【解析】条件(1)：根据条件可知，曲线 $y=\dfrac{4}{x}$ 关于直线 $y=x$ 对称，所以当 AB 长度为定值时，AB 存在的位置会有两种，所以条件(1)不充分；

条件(2)：根据条件可知，只有点 A 的横坐标小于纵坐标不能确定点 A 、点 B 的位置，所以条件(2)不充分；

(1)+(2)：两个条件联合可得，若确定 AB 长度且点 A 的横坐标小于纵坐标，则可以唯一确定点 A，点 B 的位置，求出直线 $y=x+b$ 与曲线 $y=\dfrac{4}{x}$ 的交点，进而确定直线方程，所以条件(1)+(2)联合充分. 故本题选择 C.

18.A 【解析】根据题意可知，$|2x-3|-|5-2x|<s \Rightarrow \left|x-\frac{3}{2}\right|-\left|x-\frac{5}{2}\right|<\frac{s}{2}$，令$f(x)=\left|x-\frac{3}{2}\right|-\left|x-\frac{5}{2}\right|$，则$f(x)$有最大值和最小值，$f(x)_{max}=\left|\frac{5}{2}-\frac{3}{2}\right|=1$，$f(x)_{min}=-\left|\frac{5}{2}-\frac{3}{2}\right|=-1$，那么要使$\left|x-\frac{3}{2}\right|-\left|x-\frac{5}{2}\right|<\frac{s}{2}$恒成立，只需要$f(x)_{max}<\frac{s}{2}$，即$s>2$.

条件(1)：根据条件可知，$s>2$是转化结论的非空子集，所以条件(1)充分；

条件(2)：根据条件可知，$s\geqslant 2$不是转化结论的非空子集，所以条件(2)不充分. 故本题选择A.

19.B 【解析】条件(1)：根据条件可知，$y=\frac{6x^2+12x+10}{x^2+2x+2}=\frac{6(x^2+2x+2)-2}{x^2+2x+2}=6-\frac{2}{(x+1)^2+1}\geqslant 4$，所以条件(1)不充分；

条件(2)：根据条件可知，$y=x+\sqrt{x-1}$在$[1,+\infty)$内是增函数，即当$x=1$时，y取得最小值，为$y=1$，所以条件(2)充分. 故本题选择B.

20.C 【解析】根据题意可设直角坐标系如图4-38所示，抛物线的最小值就是绳子最低高度. 若要确定最小值，需确定抛物线的解析式，可设为$f(x)=ax^2+bx+c$.

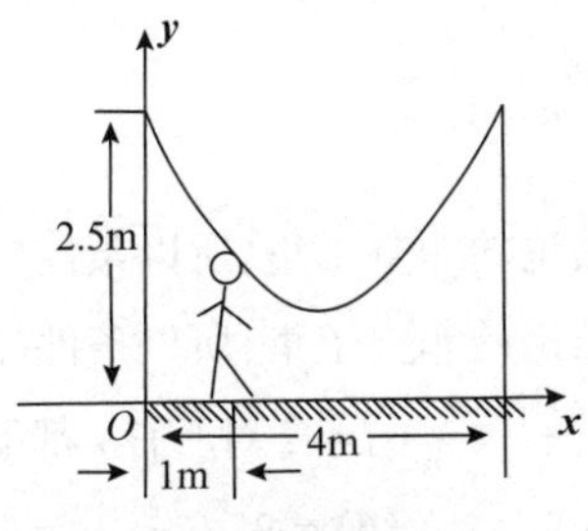

图4-38

条件(1)：根据条件无法求得a，b，c的值，抛物线无法确定，最小值也无法求，所以条件(1)不充分；

条件(2)：根据条件无法求得a，b，c的值，抛物线无法确定，最小值也无法求，所以条件(2)不充分；

(1)+(2)：两个条件联立，根据题意可以设地面为x轴，左边树干为y轴，如图4-38所示，小铭距离左边树1米或右边树1米，情况是一样的. 由图可知抛物线过点$(0,2.5)$、点$(1,1.5)$，对称轴$x=2$，则

$$\begin{cases}c=2.5,\\a+b+c=1.5,\\-\frac{b}{2a}=2\end{cases}\Rightarrow\begin{cases}a=\frac{1}{3},\\b=-\frac{4}{3},\\c=\frac{5}{2},\end{cases}$$则$f(x)=\frac{1}{3}x^2-\frac{4}{3}x+\frac{5}{2}$，可以确定抛物线最小值，则距地最低点也确定，所以条件(1)+(2)联合充分. 故本题选择C.

21.C 【解析】条件(1)：根据条件可知，一元二次函数的对称轴为$x=1$，但是二次项系数a的正负不确定，不能判断抛物线开口方向，所以条件(1)不充分；

条件(2)：根据条件可知，函数$f(x)$有最小值，则$a>0$，无法比较$f(1)$，$f(0)$，$f(3)$的大小，所以条

件(2)不充分;

(1)+(2):两个条件联立可知,一元二次函数的对称轴为 $x=1$, $a>0$,结合函数图像可得 $f(1)<f(0)<f(3)$,所以条件(1)+(2)联合充分. 故本题选择 C.

22.D 【解析】条件(1):$f(x)=|x+3|-|x-2|$ 为"Z 字形"绝对值函数,$f(x)_{max}=2-(-3)=5$,所以条件(1)充分;

条件(2):$f(x)=|x-1|-|x+4|$ 为"Z 字形"绝对值函数,$f(x)_{max}=1-(-4)=5$,所以条件(2)充分;故本题选择 D.

23.E 【解析】不等式 $x^2-2ax+a^2-1>0$ 恒成立,则只要让对应的一元二次函数 $f(x)=x^2-2ax+a^2-1$ 的最小值大于 0 即可,根据最小值公式可得 $f(x)_{min}=\dfrac{4(a^2-1)-(-2a)^2}{4}=-1<0$,所以 a 无论取什么值,$f(x)=x^2-2ax+a^2-1$ 都不可能恒大于 0,即 $a\in\varnothing$.

条件(1):$a>2$ 不是转化结论的子集,所以条件(1)不充分;

条件(2):$a>3$ 不是转化结论的子集,所以条件(2)也不充分;

(1)+(2):同条件(2),所以条件(1)和条件(2)联合也不充分. 故本题选择 E.

24.D 【解析】根据题干,先写出抛物线的顶点坐标 $(a,-a^2+a+2)$,在第三象限,则其横、纵坐标都要小于 0,可得 $\begin{cases}a<0,\\-a^2+a+2<0\end{cases}\Rightarrow a<-1$.

条件(1):$a\in(-3,-2]$ 是转化结论的非空子集,所以条件(1)充分;

条件(2):$a\in(-3,-2)$ 是转化结论的非空子集,所以条件(2)也充分;故本题选择 D.

25.D 【解析】根据题干可知,要 $|x-8|-|x-6|=2$ 对所有 x 都不成立,设 $f(x)=|x-8|-|x-6|$,则函数 $f(x)$ 是一个"Z 字形"函数,$f(x)_{max}=f(6)=2$, $f(x)_{min}=f(8)=-2$,则可得当 $x\leqslant 6$ 时,都满足 $|x-8|-|x-6|=2$,所以如果想要题干当中的结论成立,x 的取值范围是 $x>6$.

条件(1):$x>8$ 是转化结论的非空子集,所以条件(1)充分;

条件(2):$7\leqslant x\leqslant 8$ 是转化结论的非空子集,所以条件(2)也充分;故本题选择 D.

第五章　方程与不等式

第一节　章节导读

一、考纲解读

管理类联考考试大纲中方程与不等式运算部分如下：

1.代数方程
(1)一元一次方程
(2)二元一次方程组
(3)特殊方程求解
分式方程、无理方程、绝对值方程、指对数方程
(4)一元二次方程
2.不等式
(1)不等式的性质
(2)一元一次不等式(组)
(3)不等式求解
简单分式不等式、简单无理不等式、简单绝对值不等式、简单高次不等式
(4)一元二次不等式
(5)均值不等式

方程与不等式涉及内容较为广泛，可能会单独考查特殊方程、特殊不等式的求解；也可以作为其他题目的基础，比如二元一次方程组不会单独命题，但是会出现在应用题中，需要根据题意找到等量关系，设未知数，列方程进行求解；再比如一元二次方程的韦达定理，单独考查这一个知识点的可能性较低，往往会作为解题的关键一步.

方程与不等式运算在考试当中占比约4%~16%，题目数量1~4道. 本章节整体难度稍大，知识点较多，相对不太容易掌握.

二、重难点及真题分布

1.重难点解读

(1)常见方程与不等式的求解：几乎每年都会考查，并且常结合到其他知识点中进行考查，属于重点考点.

(2)一元二次方程与一元二次不等式：考察重点，往往会与一元二次函数结合，近几年考查较少，但是从知识点定位上来讲，该考点较为典型，有考查价值，属于重难考点.

(3)均值不等式:考察重点,也是考查难点,几乎每一年都会考一道题,可以与很多知识点进行结合,该考点较为典型,易考察,属于重难考点.

2.真题分布

年份	考点	占比
2024	均值不等式	4%
2023	一元二次方程、均值不等式	12%
2022	无	0%
2021	无	0%
2020	绝对值不等式、基本不等式求解、不等式恒成立问题、均值不等式、一元二次方程	16%
2019	均值不等式、基本方程求解、一元二次方程	16%
2018	均值不等式、基本方程求解	8%
2017	绝对值不等式、基本方程求解、一元二次方程	12%

三、考点框架

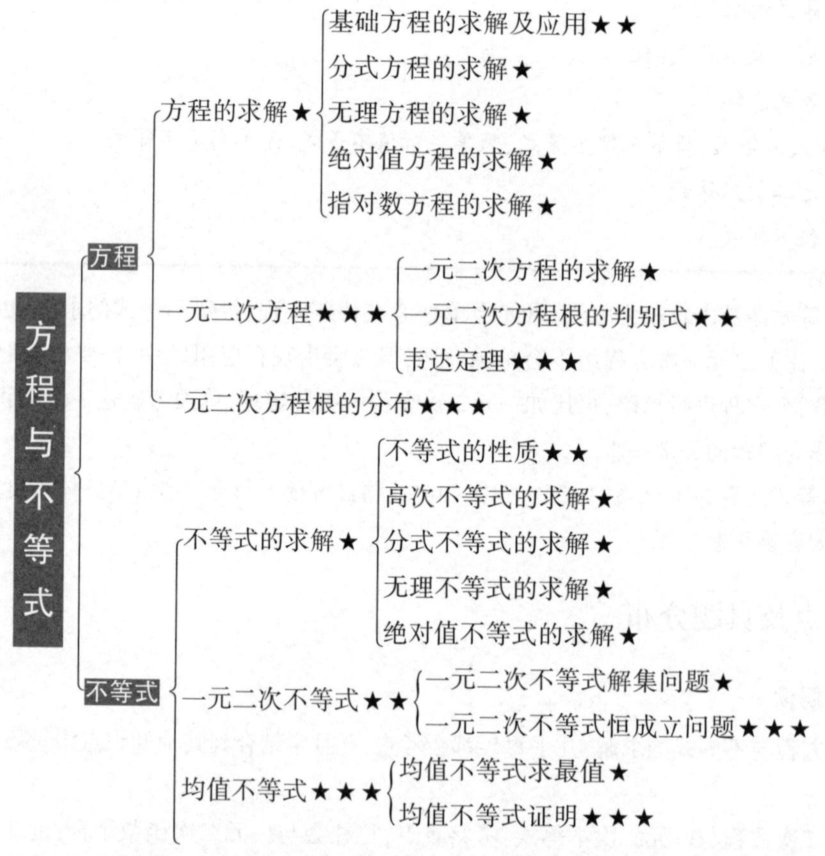

本章划分为2讲、6个考点、18个命题点,其中包含3个两星命题点、4个三星命题点.

第二节　考点精讲

第一讲　方　程

考点一　方程的求解★

一、知识梳理

1.基础方程的求解

(1) 一元一次方程

形如 $ax+b=0(a\neq 0)$ 的方程称为一元一次方程,其中 x 为未知数, a , b 为常数.

一元一次方程属于最基本的方程,求解一元一次方程,就是使未知数单独在等号一侧,常数在一侧,原则为:移项、合并同类项、系数化为 1.

对一元一次方程的求解,是对其他等式进行化简整理的基础.

(2) 二元一次方程组

形如 $\begin{cases}a_1x+b_1y=c_1,\\a_2x+b_2y=c_2\end{cases}$ 的方程组称为二元一次方程组,其中 x , y 为未知数,其他字母为常数.

二元一次方程组的求解核心为通过消元转化为一元一次方程. 常用消元方式有①**代入消元法**:将一个未知数看成已知,表示另一个未知数,再整体代入第二个式子实现消元;②**加减消元法**:将两个方程中的某一个未知数系数进行统一,再对两个方程直接进行加减运算,实现消元.

一元一次方程和二元一次方程组,构成了我们对解方程的基础认知:**一个未知数需要一个方程来求解,两个未知数需要两个方程来求解**.

基础方程的求解,在如今的考试中出现的可能性极低,但是对基础方程的考查可以以更广泛的形式来体现——应用题. **所有的应用题本质均为解方程**. 典型应用题我们以单独一章的形式进行了讲解,应用题中基础方程(方程组)的考查每年也都会出现,仍然要引起重视.

2.分式方程的求解

分母中含有未知数的有理方程称为分式方程.

分式方程的求解,核心为**将分式方程转化为整式方程**,再进行求解,常用方法有以下两种:

(1)移项、通分、令分子为零,转化为整式;

(2)各项乘以公分母,将分式直接转化为整式,再移项合并求解.

两种解法,均要注意最终**舍掉增根**,即去掉分母为零的值.

3.无理方程的求解

根式内含有未知数的方程称为无理方程.

无理方程的求解,核心为化无理为有理,再进行求解,常用方法有:

(1)平方法,整理方程,使含根式部分单独在一侧,然后左右同时平方.

(2)换元法,含根式的部分作为一个整体多次出现时,可直接对该部分进行换元,转化为有理式再进行求解.

两种解法,均需要注意取值范围.例:$2\sqrt{x+1}=x-2$中,应满足$\begin{cases}x+1\geqslant 0,\\x-2\geqslant 0.\end{cases}$

4.绝对值方程的求解

绝对值内含有未知数的方程称为绝对值方程.

绝对值方程的求解,核心为去绝对值,再进行求解,常用方法有:

(1)定义法,适用于单个绝对值,直接去绝对值结果为正负两种.

(2)零点分段讨论法,分情况讨论去绝对值分别求解,需注意各情况下的解是否符合范围.

(3)平方法,去绝对值可直接左右平方,但是需注意范围,避免扩大解集的范围.

(4)几何意义法,将绝对值看成数轴上两点的距离,直接分析出符合方程的解.

5.指对数方程的求解

指对数运算中含有未知数的方程叫作指对数方程.

指对数方程的求解,主要用换元法,将方程中含有指对数的部分,转化为相同的形式,然后进行换元.

需要注意取值范围:$a^x>0$(通常$a>0$且$a\neq 1$),$\log_a x$中$x>0$.

二、命题点精讲

命题点1 基本方程的求解及应用★★

思路点拨 应用题中方程的应用,基本思路:求什么设什么,逐句梳理等量关系,列出方程求解.

【例1】(2012)在一次捐赠活动中,某市将捐赠的物品打包成件,其中帐篷和食品共320件,帐篷比食品多80件,则帐篷的件数是(　　).

(A)180　　(B)200　　(C)220　　(D)240　　(E)260

【解析】

根据题意可设帐篷x件,食品$x-80$件,则有$x+x-80=320\Rightarrow x=200$.故本题选择B.

【例 2】(2022)甲和乙的单价和为 1.4 元,200 个甲玩具和 150 个乙玩具为 250 元,则甲的单价为(　　).

(A)0.5 元　　(B)0.6 元　　(C)0.7 元　　(D)0.8 元　　(E)0.9 元

【解析】

根据题意可设甲、乙的单价分别为 x , y . 则有 $\begin{cases}x+y=1.4,\\200x+150y=250\end{cases} \Rightarrow \begin{cases}x=0.8,\\y=0.6.\end{cases}$ 故本题选择 D.

【例 3】(2016)现有长方形木板 340 张,正方形木板 160 张,如图 5-1、图 5-2 所示,这些木板恰好可以装配成若干竖式和横式的无盖箱子,装配成的竖式和横式箱子的个数为(　　).

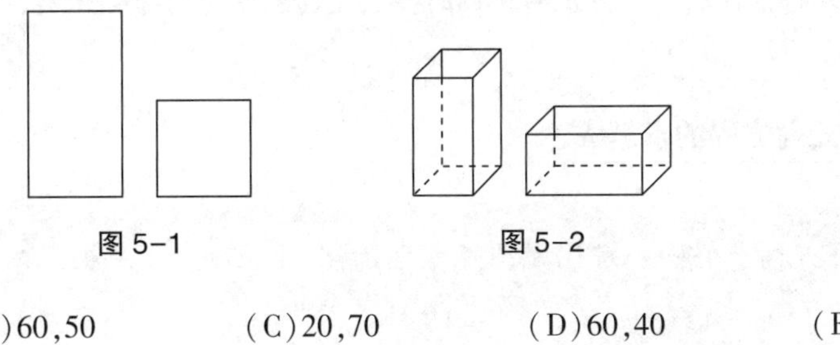

图 5-1　　图 5-2

(A)25,80　　(B)60,50　　(C)20,70　　(D)60,40　　(E)40,60

【解析】

根据题意可设装配竖式无盖箱子 x 个,横式无盖箱子 y 个,每个竖式无盖箱子需要 1 块正方形木板和 4 块长方形木板,每个横式的无盖箱子需要 2 块正方形木板和 3 块长方形木板,则 $\begin{cases}x+2y=160,\\4x+3y=340,\end{cases}$ 解得 $\begin{cases}x=40,\\y=60.\end{cases}$ 故本题选择 E.

命题点 2　分式方程的求解★

思路点拨

分式方程的求解要转化为整式进行求解,考查关键点为分母不能为零.

【例 4】方程 $\dfrac{x^2-4}{x+1}=2-\dfrac{3}{x+1}$ 的解为(　　).

(A)-1　　(B)3　　(C)-1 或 3　　(D)1 或-3　　(E)-1 或-3

【解析】

根据题意等式两端同时乘以分母的公分母 $x+1$ 得 $x^2-4=2(x+1)-3$,解得 $x=3$ 或 $x=-1$(舍去). 故本题选择 B.

【例 5】(2007)方程 $\dfrac{a}{x^2-1}+\dfrac{1}{x+1}+\dfrac{1}{x-1}=0$ 有实根.

(1) $a \neq 2$.

(2) $a \neq -2$.

【解析】

根据题意在等式两端同乘以分母的公分母 $(x-1)(x+1)$ 得 $a+x-1+x+1=0$，解得 $x=-\frac{a}{2}$，原方程的增根为1和-1. 若方程有实根，则 $x\neq 1$ 且 $x\neq -1$，故 $-\frac{a}{2}\neq 1$ 且 $-\frac{a}{2}\neq -1$，则 $a\neq 2$ 且 $a\neq -2$.

条件(1)：$a\neq 2$ 不是转化结论的非空子集，所以条件(1)不充分；

条件(2)：$a\neq -2$ 不是转化结论的非空子集，所以条件(2)不充分；

(1)+(2)：两个条件联合可得 $a\neq 2$ 且 $a\neq -2$，是转化结论的非空子集，所以条件(1)和(2)联合充分. 故本题选择C.

命题点3 无理方程的求解★

思路点拨

无理方程求解核心是化无理是有理，需要注意细节——根式内部和整个根式均应为非负值.

【例6】关于 x 的方程 $2\sqrt{x-3}+6=x$ 的解为(   ).

(A)3　(B)4　(C)12　(D)3或4　(E)4或12

【解析】

根据题意，方程可以化简为 $2\sqrt{x-3}=x-6$，两边平方可得 $4(x-3)=x^2-12x+36$，整理得 $x^2-16x+48=0$，解得 $x_1=4$，$x_2=12$. 又因为 $\begin{cases}x-3\geqslant 0,\\ x-6\geqslant 0\end{cases}\Rightarrow x\geqslant 6$，故舍去 $x_1=4$，原方程的解为 $x=12$. 故本题选择C.

【例7】关于 x 的方程 $x^2+\sqrt{x^2-3}=5$ 的解为(   ).

(A)0　(B)-2　(C)0或2　(D)-2或2　(E)4

【解析】

根据题意，设 $t=\sqrt{x^2-3}$ $(t\geqslant 0)$，即 $x^2=t^2+3$，则原式可化为 $t^2+t-2=0$，解得 $t=-2$(舍)或 $t=1$，当 $t=1$ 时，$x^2=4$，即 $x=2$ 或 $x=-2$，故本题选择D.

命题点4 绝对值方程的求解★

思路点拨

绝对值方程的求解，多数采用定义法和分段讨论法，复杂问题可考虑几何意义，平方法运用较少.

【例8】(2008.10) $|1-x|-\sqrt{x^2-8x+16}=2x-5$.

(1) $x>2$.

(2) $x<3$.

【解析】

根据题意可知 $|1-x|-\sqrt{x^2-8x+16}=|1-x|-\sqrt{(x-4)^2}=|x-1|-|x-4|$，即题干等价为 $|x-1|-|x-4|=2x-5$. 当 $x<1$ 时，原式转化为 $(1-x)-(4-x)=-3$，$-3=2x-5$，解得 $x=1$(舍)；当 $1\leqslant x\leqslant 4$ 时，原式转化为 $(x-1)-(4-x)=2x-5$，与转化结论一致；当 $x>4$ 时，原式转化为 $(x-1)-(x-4)=3$，$3=2x-5$，解得 $x=4$(舍)，所以 x 取值范围为 $1\leqslant x\leqslant 4$.

条件(1)：$x>2$ 不是转化结论的非空子集，所以条件(1)不充分；

条件(2)：$x<3$ 不是转化结论的非空子集，所以条件(2)不充分；

(1)+(2)：$2<x<3$ 是转化结论的非空子集，所以条件(1)和(2)联合充分. 故本题选择 C.

【例 9】(2009)方程 $|x-|2x+1||=4$ 的根是(　　).

(A) $x=-5$ 或 $x=1$　　(B) $x=5$ 或 $x=-1$

(C) $x=3$ 或 $x=-\frac{5}{3}$　　(D) $x=-3$ 或 $x=\frac{5}{3}$

(E)不存在

【解析】

根据题意本题可采用零点分段讨论法自内而外进行求解. 令 $2x+1=0$，则 $x=-\frac{1}{2}$. 当 $x\geqslant-\frac{1}{2}$ 时，则 $|x-2x-1|=|-x-1|=|x+1|=4\Rightarrow x+1=4$ 或 $x+1=-4$，解得 $x=3$ 或 $x=-5$(舍)；当 $x<-\frac{1}{2}$ 时，则 $|x+2x+1|=|3x+1|=4$，有 $3x+1=4$ 或 $3x+1=-4$，解得 $x=-\frac{5}{3}$ 或 $x=1$(舍)，所以原方程的解为 $x=3$ 或 $x=-\frac{5}{3}$. 故本题选择 C.

命题点 5　指对数方程的求解★

思路点拨

指对数方程的求解，指对数部分一定会先作为整体来考虑，把指对数部分均整理为同一个式子相关的形式再进行换元求解，需注意取值范围.

【例 10】方程 $2^{2x+1}-3\times 2^{x+1}+4=0$ 的根为(　　).

(A)0　　(B)1　　(C)2　　(D)0 或 1　　(E)1 或 2

【解析】

令 $2^x=t(t>0)$，则原式可化简为 $2t^2-6t+4=0$，即 $t^2-3t+2=0$，解得 $t=1$ 或 $t=2$. 当 $2^x=1$ 时，$x=0$；当 $2^x=2$ 时，$x=1$. 所以该方程的解为 $x=0$ 或 $x=1$. 故本题选择 D.

【例 11】方程 $2\log_2 x-3\log_x 2-5=0$ 的根为(　　).

(A)2　　(B)8　　(C)8 或 $\frac{\sqrt{2}}{2}$　　(D)2 或 8　　(E) $\frac{\sqrt{2}}{2}$

【解析】

根据对数的换底公式 $\log_x 2=\frac{\log_2 2}{\log_2 x}=\frac{1}{\log_2 x}$ 可得 $2\log_2 x-\frac{3}{\log_2 x}-5=0$，令 $t=\log_2 x$，则原方程转化为 $2t-\frac{3}{t}-5=0$，整理得 $2t^2-5t-3=(t-3)(2t+1)=0$，解得 $t=3$ 或 $t=-\frac{1}{2}$，所以 $\log_2 x=3$ 或 $\log_2 x=-\frac{1}{2}$，解得 $x=8$ 或 $x=\frac{\sqrt{2}}{2}$. 故本题选择 C.

考点二 一元二次方程★★★

一、知识梳理

1.一元二次方程的求解

形如 $ax^2+bx+c=0(a\neq 0)$ 的方程称为一元二次方程，其中 x 为未知数，a，b，c 为常数.

一元二次方程的求解，基础是开方运算，若方程中不存在一次项则可直接进行开方，例如，$x^2=9$，开方解得 $x=\pm 3$. 对于存在一次项的方程，虽然不能直接开方，但是可通过配方后，再进行开方，例如，$x^2-2x=8$，可对方程左侧进行配方得 $x^2-2x+1=9\Rightarrow(x-1)^2=9$，开方再移项解得 $x=4$ 或 $x=-2$.

上述方法中，对一元二次方程进行配方，转化成完全平方再进行开方，从而求解的过程叫作配方法. 显然可以对任意的一元二次方程进行配方，但是为了运算简便，更习惯于对一项式系数为偶数的式子运用配方法. 例如，式中包含如下部分的式子 x^2-2x，x^2-4x，x^2-6x.

既然配方法可以适用于任意的一元二次方程，不妨对一般式直接进行配方：

$$ax^2+bx+c=0$$

$$x^2+\frac{b}{a}x+\frac{c}{a}=0$$

$$x^2+2\cdot\frac{b}{2a}x+\frac{b^2}{4a^2}=\frac{b^2}{4a^2}-\frac{c}{a}$$

$$(x+\frac{b}{2a})^2=\frac{b^2-4ac}{4a^2}$$

上式完成了配方过程，开方移项后可得

$$x_{1,2}=\frac{-b\pm\sqrt{b^2-4ac}}{2a}.$$

任意的一元二次方程均可套用上述配方过程，上式即为一元二次方程的求根公式.

一元二次方程的一般式为二次三项式，在代数式运算中此形式为一种典型形式，可用十字相乘法进行因式分解，例如，$x^2-2x-3=0\Rightarrow(x-3)(x+1)=0$，因式分解转化为一次因式乘积，易得到方程两根为 $x=3$ 或 $x=-1$.

推广到一般,若 $ax^2+bx+c=(mx+p)(nx+q)=0$,则可直接求解方程两根 $x=-\frac{p}{m}$ 或 $x=-\frac{q}{n}$,此方法为十字相乘法.

上述三个方法中,求根公式适用面广但形式烦琐,十字相乘法更符合我们的解题习惯,配方法主要习惯用于特定的方程形式. 拿到一元二次方程后一般优先考虑是否能进行十字相乘,显然并非所有的题目均能进行十字相乘,因此求根公式也必须掌握.

2.一元二次方程根的判别式

重新看求根公式,公式中包含 $\sqrt{b^2-4ac}$,显然 $b^2-4ac\geqslant 0$ 才能有意义,但是 a,b,c 为一元二次方程的系数,可以取任意值,那么各系数取不同的值时,b^2-4ac 存在不同的正负情况,会决定方程根的情况,令 $\Delta=b^2-4ac$,称该式为**根的判别式**.

根据判别式的正负情况,一元二次方程的根存在如下情况:

(1)当 $\Delta<0$ 时,方程无实根;

(2)当 $\Delta=0$ 时,方程有两个相等的实根;

(3)当 $\Delta>0$ 时,方程有两个不相等的实根.

3.韦达定理

求根公式虽然可以解决任意一元二次方程的根的问题,但是当各系数数值不便于计算或者含有参数时,求根公式运算会较为烦琐,是否有更好的方法能够解决根的问题呢?

若 x_1, x_2 是一元二次方程 $ax^2+bx+c=0(a\neq 0,\Delta\geqslant 0)$ 的两个实根,根据求根公式可得 $\begin{cases}x_1=\dfrac{-b+\sqrt{b^2-4ac}}{2a},\\x_2=\dfrac{-b-\sqrt{b^2-4ac}}{2a},\end{cases}$ 对两根进行适当运算 $\begin{cases}x_1+x_2=\dfrac{-b+\sqrt{b^2-4ac}}{2a}+\dfrac{-b-\sqrt{b^2-4ac}}{2a},\\x_1x_2=\dfrac{-b+\sqrt{b^2-4ac}}{2a}\times\dfrac{-b-\sqrt{b^2-4ac}}{2a},\end{cases}$ 化简整理后可得

$$\begin{cases}x_1+x_2=-\dfrac{b}{a},\\x_1x_2=\dfrac{c}{a}.\end{cases}$$

该结论称为**韦达定理**,韦达定理描述的是根与系数的关系,直接利用系数表示了两根和与两根积,跳过了求解环节,简化了运算.

韦达定理应用的关键是构造 x_1+x_2 和 x_1x_2,常见的变形有以下这些.

(1) $\dfrac{1}{x_1}+\dfrac{1}{x_2}=\dfrac{x_1+x_2}{x_1x_2}$.

(2) ${x_1}^2+{x_2}^2=(x_1+x_2)^2-2x_1x_2$.

(3) $\dfrac{1}{{x_1}^2}+\dfrac{1}{{x_2}^2}=\dfrac{(x_1+x_2)^2-2x_1x_2}{{x_1}^2{x_2}^2}$.

(4) $|x_1 - x_2| = \sqrt{(x_1 + x_2)^2 - 4x_1x_2}$.

(5) $x_1^3 + x_2^3 = (x_1 + x_2)[(x_1 + x_2)^2 - 3x_1x_2]$.

二、命题点精讲

命题点 1 一元二次方程的求解★

【例 12】(2023)方程 $x^2 - 3|x - 2| - 4 = 0$ 的所有实根之和为(　　).

(A)-4　　(B)-3　　(C)-2　　(D)-1　　(E)0

【解析】

根据题意可得，$x^2 - 3|x - 2| - 4 = 0$ 中，当 $x \geqslant 2$ 时，有方程 $x^2 - 3(x - 2) - 4 = x^2 - 3x + 2 = (x - 1)(x - 2) = 0$，求得 $x = 1$(舍)或 $x = 2$；当 $x < 2$ 时，有 $x^2 + 3(x - 2) - 4 = x^2 + 3x - 10 = (x - 2)(x + 5) = 0$，求得 $x = 2$(舍)或 $x = -5$，综上所有实根之和为 $2 + (-5) = -3$. 故本题选择 B.

【例 13】某商品的成本价为每瓶 16 元，当定价为每瓶 20 元时，每天可售出 60 瓶，市场调查显示，销售单价每上涨 1 元，则每天少售出 5 瓶，若日销售利润达到 300 元，则销售单价需上涨(　　)元.

(A)3　　(B)2　　(C)6　　(D)2 或 3　　(E)2 或 6

【解析】

根据题意可设，上涨了 x 个 1 元，则销售单价为 $20 + x$，每天可售出 $60 - 5x$，故利润为 $(20 + x - 16) \cdot (60 - 5x) = (x + 4)(60 - 5x) = 300$，化简得 $x^2 - 8x + 12 = 0$ 解得 $x = 2$ 或 $x = 6$. 故本题选择 E.

命题点 2 一元二次方程根的判别式★★

思路点拨

当题目中给出根的数量情况时，可直接运用判别式进行解题：

①重点要判断是否包含相等的情况；

②两根的情况也可通过函数与 x 轴的交点的形式给出；

③注意细节条件.

【例 14】(2019)关于 x 的方程 $x^2 + ax + b - 1 = 0$ 有实根.

(1) $a + b = 0$.

(2) $a - b = 0$.

【解析】

根据题意可知若方程有实根，则 $\Delta = a^2 - 4(b - 1) = a^2 - 4b + 4 \geqslant 0$.

条件(1)：根据条件可知 $b = -a$，则 $\Delta = a^2 - 4b + 4 = a^2 + 4a + 4 = (a + 2)^2 \geqslant 0$，方程有实数根，所以条件(1)充分；

条件(2)：根据条件可知 $b = a$，则 $\Delta = a^2 - 4b + 4 = a^2 - 4a + 4 = (a - 2)^2 \geqslant 0$，方程有实数根，所以条件(2)充分. 故本题选择 D.

【例 15】(2013)已知二次函数 $f(x) = ax^2 + bx + c$，则方程 $f(x) = 0$ 有两个不同实根.

(1) $a+c=0$.

(2) $a+b+c=0$.

【解析】

根据题意可知 $f(x)$ 为二次函数,所以 $a\neq 0$, $f(x)=ax^2+bx+c=0$ 有两个不同实根,即 $\Delta=b^2-4ac>0$.

条件(1): $a+c=0\Rightarrow c=-a$,则 $\Delta=b^2-4ac=b^2+4a^2$,由于 $a\neq 0$,所以 $\Delta=b^2+4a^2>0$,与结论一致,所以条件(1)充分;

条件(2): $a+b+c=0\Rightarrow b=-(a+c)$,则 $\Delta=b^2-4ac=(a+c)^2-4ac=(a-c)^2\geqslant 0$,不是结论的非空子集,所以条件(2)不充分. 故本题选择 A.

【例 16】关于 x 的方程 $kx^2-(2k-1)x+k-2=0$ 有两个不相等的实数根.

(1) $k>-\frac{1}{4}$.

(2) $k>\frac{1}{4}$.

【解析】

根据题意可知方程 $kx^2-(2k-1)x+k-2=0$ 有两个不相等的实数根,则 $k\neq 0$,所以 $\Delta=b^2-4ac>0$,即 $\Delta=[-(2k-1)]^2-4k(k-2)>0$,则 $k>-\frac{1}{4}$,且 $k\neq 0$.

条件(1): $k>-\frac{1}{4}$ 不是转化结论的非空子集,所以条件(1)不充分;

条件(2): $k>\frac{1}{4}$ 是转化结论的非空子集,所以条件(2)充分. 故本题选择 B.

【例 17】一元二次函数 $f(x)=ax^2+bx+c$ 与 x 轴有两个不同的交点,则 $b+c$ 的最大值为-4.

(1)二次函数经过点 $A(-1,4)$ 和 $B(2,1)$.

(2) a 为正整数.

【解析】

根据题意可得 $\Delta=b^2-4ac>0$.

条件(1):根据条件可得 $\begin{cases}a-b+c=4,\\4a+2b+c=1\end{cases}\Rightarrow\begin{cases}b=-a-1,\\c=3-2a,\end{cases}$ 代入 $b^2-4ac>0$ 可得 $(-a-1)^2-4a(3-2a)>0\Rightarrow(9a-1)(a-1)>0\Rightarrow a>1$ 或 $a<\frac{1}{9}$, $b+c=-a-1+3-2a=2-3a$,无法确定 $2-3a$ 的最大值,所以条件(1)不充分;

条件(2):根据条件可知 a 为正整数,无法确定 $b+c$ 的最大值,所以条件(2)不充分;

(1)+(2):两个条件联合可得 $a\geqslant 2$,则当 $a=2$ 时,$b+c$ 达到最大值,$b+c=2-3a=2-3\times 2=-4$,所以条件(1)+(2)联合充分. 故本题选择 C.

命题点3 韦达定理的应用★★★

思路点拨 一元二次方程中,含有参数或直接求解不方便时,涉及建立根与系数的关系,均可考虑韦达定理.韦达定理的关键是构造两根之积和两根之和.若结果为范围或者多个解,要考虑Δ,确保两根存在.

【例18】若关于x的方程$x^2+(a-1)x+a^2=0$的两根互为倒数,则a的值为(　　).

(A)-1　(B)0　(C)1　(D)2　(E)± 1

【解析】

根据题意可知方程有两个实根,则$\Delta=(a-1)^2-4a^2\geqslant 0\Rightarrow -3a^2-2a+1\geqslant 0\Rightarrow(3a-1)(a+1)\leqslant 0\Rightarrow -1\leqslant a\leqslant\frac{1}{3}$,且两根互为倒数,则$x_1x_2=a^2=1\Rightarrow a=1$(舍)或$-1$.故本题选择A.

【例19】(1998.10)若方程$x^2+px+37=0$恰有两个正整数解x_1和x_2,则$\frac{(x_1+1)(x_2+1)}{p}$的值是(　　).

(A)-2　(B)-1　(C)$-\frac{1}{2}$　(D)1　(E)2

【解析】

根据韦达定理可知,两根之积$x_1x_2=37=1\times 37$,则$x_1+x_2=1+37=38=-p$,得$p=-38$,则$\frac{(x_1+1)(x_2+1)}{p}=\frac{x_1x_2+x_1+x_2+1}{p}=\frac{37+1+38}{-38}=-2$.故本题选择A.

【例20】(2016)设抛物线$y=x^2+2ax+b$与x轴相交于A、B两点,点C坐标为(0,2),若ΔABC的面积等于6,则(　　).

(A)$a^2-b=9$　(B)$a^2+b=9$　(C)$a^2-b=36$

(D)$a^2+b=36$　(E)$a^2-4b=9$

【解析】

根据题意可知$S_{\Delta ABC}=\frac{1}{2}\times|AB|\times h=6$,$|AB|=|x_1-x_2|$,$h=2$,则$|x_1-x_2|=6$,由韦达定理得$\begin{cases}x_1+x_2=-2a,\\x_1x_2=b,\end{cases}$则$|x_1-x_2|^2=(x_1+x_2)^2-4x_1x_2=(-2a)^2-4b=36$,整理得$a^2-b=9$.故本题选择A.

【例21】已知α,β是关于x的方程$x^2+(2m+3)x+m^2=0$的两个不相等的实数根,且满足$\frac{1}{\alpha}+\frac{1}{\beta}=-1$,则$m$的值为(　　).

(A)-1　(B)3　(C)1　(D)-1或3　(E)1或3

【解析】

根据题意可知α,β是方程$x^2+(2m+3)x+m^2=0$的两个不相等的实数根，则$\Delta=(2m+3)^2-4m^2>0\Rightarrow m>-\frac{3}{4}$，且$\begin{cases}\alpha+\beta=-2m-3,\\ \alpha\beta=m^2,\end{cases}$ $\frac{1}{\alpha}+\frac{1}{\beta}=\frac{\alpha+\beta}{\alpha\beta}=-\frac{2m+3}{m^2}=-1$，则$m=3$或$m=-1$（舍）. 故本题选择B.

【例22】已知x_1,x_2是方程$x^2-2mx+(m^2+2m+3)=0$的两个实数根，则$x_1^2+x_2^2$的最小值为（　　）.

(A)8　　(B)$\frac{9}{2}$　　(C)4　　(D)$\frac{7}{2}$　　(E)-8

【解析】

根据题意可知方程有两个实数根，则$\Delta=4m^2-4(m^2+2m+3)=-8m-12\geqslant 0$，解得$m\leqslant-\frac{3}{2}$. 由韦达定理可得$\begin{cases}x_1+x_2=2m,\\ x_1x_2=m^2+2m+3,\end{cases}$ 则$x_1^2+x_2^2=(x_1+x_2)^2-2x_1x_2=(2m)^2-2(m^2+2m+3)=2m^2-4m-6$，此时对称轴为$m=1$，所以当$m=-\frac{3}{2}$时，$x_1^2+x_2^2$取得最小值，$(x_1^2+x_2^2)_{\min}=2\times\left(-\frac{3}{2}\right)^2-4\times\left(-\frac{3}{2}\right)-6=\frac{9}{2}$. 故本题选择B.

【例23】(2008.10) $\alpha^2+\beta^2$的最小值是$\frac{1}{2}$.

(1) α与β是方程$x^2-2ax+a^2+2a+1=0$的两个实根.

(2) $\alpha\beta=\frac{1}{4}$.

【解析】

条件(1)：由韦达定理可得$\begin{cases}\alpha+\beta=2a,\\ \alpha\beta=a^2+2a+1,\end{cases}$ $\alpha^2+\beta^2=(\alpha+\beta)^2-2\alpha\beta=2a^2-4a-2$，此时便将$\alpha^2+\beta^2$最值问题转化为关于$a$的一元二次函数的最值问题，对称轴为$a=1$，又因为$\Delta=(-2a)^2-4(a^2+2a+1)=-8a-4\geqslant 0$，解得$a\leqslant-\frac{1}{2}$，所以当$a=-\frac{1}{2}$时，$\alpha^2+\beta^2$取得最小值，$(\alpha^2+\beta^2)_{\min}=\frac{1}{2}$，所以条件(1)充分；

条件(2)：$(\alpha-\beta)^2\geqslant 0\Rightarrow\alpha^2+\beta^2-2\alpha\beta\geqslant 0\Rightarrow\alpha^2+\beta^2\geqslant 2\alpha\beta=\frac{1}{2}$，与结论一致，所以条件(2)充分. 故本题选择D.

考点三 一元二次方程根的分布★★★

一、知识梳理

"一元二次方程$x^2+kx+3=0$的两根为x_1, x_2,若$x_1<1<x_2$,求k的取值范围."

与上述题目类似,给定含参方程,给出的两根和一个值或者多个值的大小关系,求参数范围的问题,叫作根的分布问题.

一元二次方程的两根,对应到一元二次函数上,是函数图像与x轴的交点横坐标,根的分布即为在x轴上两根与一个点或者一个区间的位置关系. 因此解决根的分布问题,核心是要结合图像,去找到应该满足什么样的条件,能使图像符合题目要求.

上述题目中,根的分布情况为:两根在一个点两侧. 画出符合题意的大致图像,

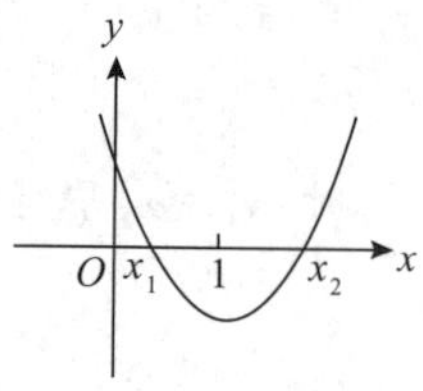

图 5-3

结合图像,若使图像大致位置如图 5-3 所示,只需令$x=1$时所对应的函数值$f(1)<0$即可. 若$f(1)<0$,图像开口向上,图像在$x=1$两侧向上延伸时一定会出现与x轴相交的点,则一定能保证两根出现在$x=1$两侧. 解得$k<-4$.

推广到一般,已知一元二次方程$ax^2+bx+c=0$,以下按不同根分布情况进行分类.

1.两根在x_0两侧

上述例题即为此类情况,但是一般式中二次项系数未确定,因此可根据开口方向分为两种情况考虑,两种情况下图像分别为如图 5-4、图 5-5 所示.

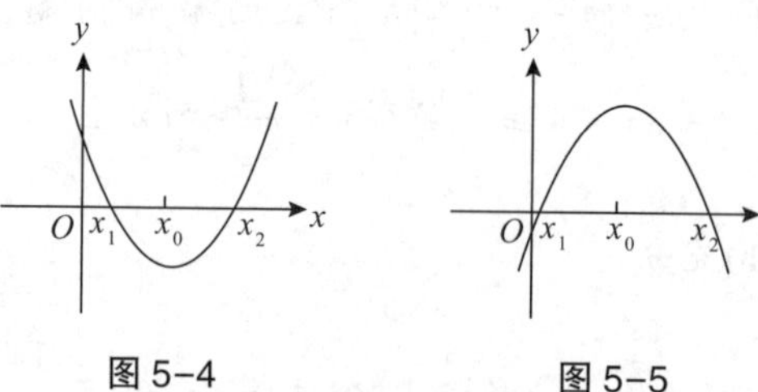

图 5-4　　图 5-5

结合图像,若使图像大致位置如上图,需满足$\begin{cases}a>0,\\f(x_0)<0\end{cases}$或者$\begin{cases}a<0,\\f(x_0)>0.\end{cases}$虽根据开口分成了两种情况,但是核心均考虑的是不同图像下$f(x_0)$的正负情况. 且两种情况,观察a和$f(x_0)$的正负情况,可合并为一种:

若两根在 x_0 两侧,需满足 $af(x_0) < 0$.

2.两根在区间（ α , β ）两侧

以 $a > 0$ 为例,画出图像大致位置,如图 5-6 所示.

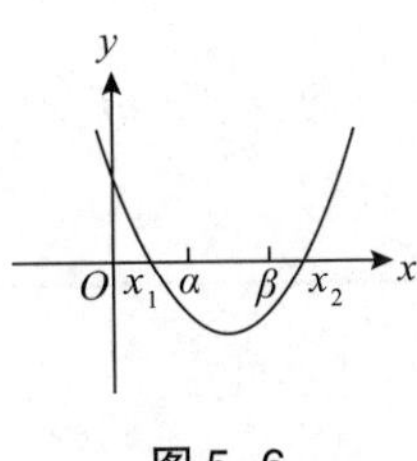

图 5-6

此类情况,与第 1 种情况无本质区别,可看成将一个点拉宽变成了一个区间,需满足 $\begin{cases} f(\alpha) < 0, \\ f(\beta) < 0. \end{cases}$

$a < 0$ 时图像不同,但是需要考虑的问题没有区别,此处不再单独列出,最终将两种情况合并考虑:

若两根均在区间 (α,β) 外,需满足 $\begin{cases} af(\alpha) < 0, \\ af(\beta) < 0. \end{cases}$

3.两根分别在区间（ α , β),（ β , γ ）内

以 $a > 0$ 为例,画出图像大致位置,如图 5-7 所示.

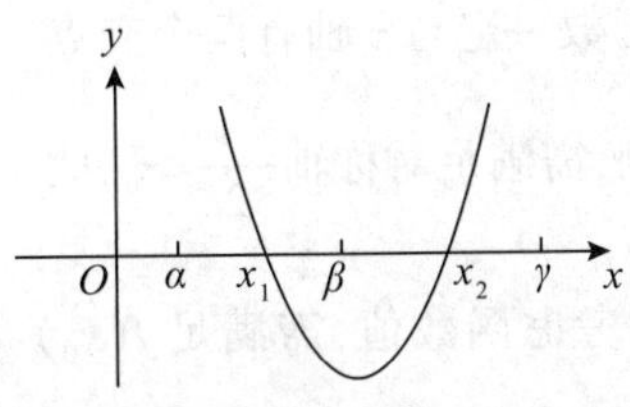

图 5-7

此类情况在 1 的基础上做了变化,两根在 $x=\beta$ 的两侧,同时还不能超过 $x=\alpha$ 与 $x=\gamma$,在 $x=\beta$ 的两侧,需满足 $f(\beta) < 0$,结合图像若两根不能超过 $x = \alpha$ 与 $x = \gamma$,也只需考虑函数值即可,满足 $\begin{cases} f(\alpha) > 0, \\ f(\gamma) > 0, \end{cases}$ 则两根一定会被限制在两个区间内.

同理,考虑 $a < 0$(过程不单独列出),再将结果合并:

若两根分别在区间 (α,β) , (β,γ) 内,需满足 $\begin{cases} af(\alpha) > 0, \\ af(\beta) < 0, \\ af(\gamma) > 0. \end{cases}$

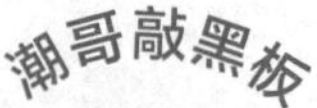

上述三种情况本质为同一种情况，均考虑的是某一点或区间端点的函数值正负，结果均与 a 的取值进行了合并处理，即考虑 $af(x)$ 的正负情况，且结果有固定规律：

凡是出现在两根中间的点，则 $af(x) < 0$；凡是出现在两根两侧的点，则 $af(x) > 0$.

4.两根在 x_0 同侧

以 $a > 0$，两根在 $x = x_0$ 左侧为例，画出图像大致位置，如图 5-8 所示.

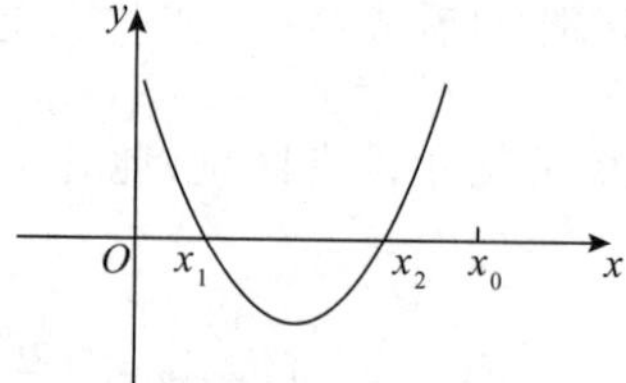

图 5-8

此类情况与前三类情况均不同，若使图像大致位置如上图，首先要考虑根是否存在的问题，为保证有两根（即函数图像与 x 轴的交点），需满足 $\Delta \geqslant 0$. 需要注意的是之前的几种情况未考虑 Δ 是因为对两根中间的函数值的限定确保了函数一定与 x 轴有两个交点.

其次使图像的位置在 $x = x_0$ 左侧，需满足对称轴 $-\frac{b}{2a}<x_0$，此时保证了左根一定在 $x = x_0$ 左侧，但是右根仍有可能在 $x = x_0$ 右侧，因此再考虑函数值，需满足 $f(x_0) > 0$. 再考虑 $a < 0$，发现 Δ，$-\frac{b}{2a}$ 要求均不变，需要改变的只要函数值，应为 $f(x_0) < 0$. 再将两种情况合并，可得

若两根均在 x_0 左侧，需满足 $\begin{cases}\Delta \geqslant 0, \\ -\frac{b}{2a} < x_0, \\ af(x_0) > 0.\end{cases}$

若两根均在 x_0 右侧，其他条件均不变，对称轴需发生改变

若两根均在 x_0 右侧，需满足 $\begin{cases}\Delta \geqslant 0, \\ -\frac{b}{2a} > x_0, \\ af(x_0) > 0.\end{cases}$

5.两根在（α ，β）内

以 $a > 0$ 为例，画出图像大致位置，如图 5-9 所示.

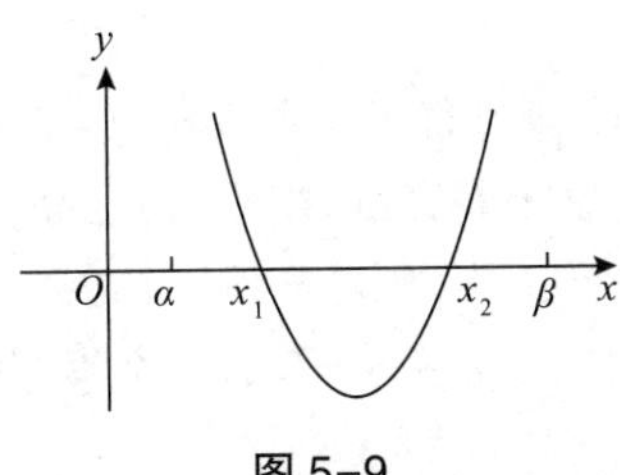

图 5–9

此类情况与第 4 种相同，要同时考虑 Δ，$-\frac{b}{2a}$，$f(x)$，需满足 $\begin{cases}\Delta \geqslant 0,\\ \alpha < -\frac{b}{2a} < \beta,\\ f(\alpha) > 0,\\ f(\beta) > 0.\end{cases}$ 再考虑 $a<0$，最后结果进行合并：

若两根均在区间 (α,β) 内，需满足 $\begin{cases}\Delta \geqslant 0,\\ \alpha < -\frac{b}{2a} < \beta,\\ af(\alpha) > 0,\\ af(\beta) > 0.\end{cases}$

根的分布可分为两大类，两根中间存在点的为一类，此时只需考虑函数值正负；两根中间不存在任何一点的为第二类，此时需要考虑 Δ，$-\frac{b}{2a}$，$f(x)$.

两类均按开口方向分成了两种情况 $a>0$，$a<0$，再进行合并，且合并后的影响只有函数值.

实际解题中并不需要机械记忆结论，核心是结合图像分析，看使图像出现在要求位置，需要满足什么条件.

二、命题点精讲

命题点 1　一元二次方程根的分布问题★★★

思路点拨

根的分布的题目识别：含参方程，给出根的分布情况，求参数范围.

根的分布问题的解题关键：数形结合，分析应该满足的条件，依次考虑 Δ，$-\frac{b}{2a}$，$f(x)$.

【例 24】(2008) 方程 $2ax^2-2x-3a+5=0$ 的一个根大于 1，另一根小于 1.

(1) $a>3$.

(2) $a<0$.

【解析】

根据题意可知方程两根在1的两侧,则可得不等式 $2af(1)=2a(3-a)<0$,解得 $a>3$ 或 $a<0$.

条件(1):$a>3$ 是转化结论的非空子集,所以条件(1)充分;

条件(2):$a<0$ 是转化结论的非空子集,所以条件(2)充分. 故本题选择 D.

【例 25】(2005)方程 $4x^2+(a-2)x+a-5=0$ 有两个不等的负实根.

(1) $a<6$.

(2) $a>5$.

【解析】

根据题意可知两个不等实根在0的左侧,则可得不等式组 $\begin{cases}\Delta=(a-2)^2-16(a-5)>0,\\ -\dfrac{a-2}{8}<0,\\ f(0)=a-5>0,\end{cases}$ 解得 $5<a<6$ 或 $a>14$.

条件(1):$a<6$ 不是转化结论的非空子集,所以条件(1)不充分;

条件(2):$a>5$ 不是转化结论的非空子集,所以条件(2)不充分;

(1)+(2):$5<a<6$ 是转化结论的非空子集,所以条件(1)和(2)联合充分. 故本题选择 C.

【例 26】方程 $x^2+(m-2)x+m=0$ 的两实根都在区间 $(-1,1)$ 内.

(1) $m>\dfrac{1}{2}$.

(2) $m\leqslant 4-2\sqrt{3}$.

【解析】

根据题意可知方程两根在$(-1,1)$内,则可得不等式组 $\begin{cases}\Delta=(m-2)^2-4m\geqslant 0,\\ -1<-\dfrac{m-2}{2}<1,\\ f(-1)=3>0,\\ f(1)=2m-1>0\end{cases}$ $\Rightarrow$ $\begin{cases}m\geqslant 4+2\sqrt{3} \text{ 或 } m\leqslant 4-2\sqrt{3},\\ 0<m<4,\\ 3>0,\\ m>\dfrac{1}{2}\end{cases}$ $\Rightarrow \dfrac{1}{2}<m\leqslant 4-2\sqrt{3}$.

条件(1):$m>\dfrac{1}{2}$ 不是转化结论的非空子集,所以条件(1)不充分;

条件(2):$m\leqslant 4-2\sqrt{3}$ 不是转化结论的非空子集,所以条件(2)不充分;

(1)+(2):两个条件联合得 $\dfrac{1}{2}<m\leqslant 4-2\sqrt{3}$ 与转化结论一致,所以条件(1)和(2)联合充分. 故本题选择 C.

【例 27】(2016)已知 $f(x)=x^2+ax+b$,则 $0\leqslant f(1)\leqslant 1$.

(1) $f(x)$ 在区间 $[0,1]$ 中有两个零点.

(2) $f(x)$ 在区间 $[1,2]$ 中有两个零点.

【解析】

条件(1): $f(x)$ 在区间 $[0,1]$ 中有两个零点,则方程 $f(x)=0$ 两根在 $[0,1]$ 内,则可得不等式组

$$\begin{cases}\Delta=a^2-4b\geqslant 0,\\ 0\leqslant -\dfrac{a}{2}\leqslant 1,\\ f(0)=b\geqslant 0,\\ f(1)=a+b+1\geqslant 0\end{cases}\Rightarrow\begin{cases}b\leqslant \dfrac{a^2}{4},\\ -2\leqslant a\leqslant 0,\\ b\geqslant 0,\\ a+b+1\geqslant 0\end{cases}\Rightarrow f(1)=1+a+b\leqslant 1+a+\frac{a^2}{4}=\frac{(a+2)^2}{4}\leqslant\frac{2^2}{4}=1\Rightarrow$$

$0\leqslant f(1)\leqslant 1$,所以条件(1)充分;

条件(2): $f(x)$ 在区间 $[1,2]$ 中有两个零点,则方程 $f(x)=0$ 两根在 $[1,2]$ 内,则可得不等式组

$$\begin{cases}\Delta=a^2-4b\geqslant 0,\\ 1\leqslant -\dfrac{a}{2}\leqslant 2,\\ f(1)=a+b+1\geqslant 0,\\ f(2)=2a+b+4\geqslant 0\end{cases}\Rightarrow\begin{cases}b\leqslant \dfrac{a^2}{4},\\ -2\leqslant a+2\leqslant 0,\\ 1+a+b\geqslant 0,\\ 2a+b+4\geqslant 0\end{cases}\Rightarrow f(1)=1+a+b\leqslant 1+a+\frac{a^2}{4}=\frac{(a+2)^2}{4}\leqslant\frac{(-2)^2}{4}=1\Rightarrow$$

$0\leqslant f(1)\leqslant 1$,所以条件(2)充分. 故本题选择 D.

【例 28】一元二次方程 $x^2+(a^2-1)x+(a-2)=0$ 的一根比 1 大,另一根比-1 小,则实数 a 的取值范围为(　　).

(A) $-2<a<1$　　(B) $-1<a<0$　　(C) $0<a<1$

(D) $-2<a<0$　　(E) $-1<a<1$

【解析】

根据题意可知方程的一根比 1 大,另一根比-1 小,则两根在区间 $(-1,1)$ 两侧,则可得不等式组

$$\begin{cases}f(-1)=-a^2+a<0,\\ f(1)=a^2+a-2<0\end{cases}\Rightarrow\begin{cases}a(a-1)>0,\\ (a+2)(a-1)<0\end{cases}\Rightarrow\begin{cases}a<0\text{ 或 }a>1,\\ -2<a<1\end{cases}\Rightarrow -2<a<0.$$ 故本题选择 D.

【例 29】已知关于 x 的一元二次方程 $x^2+2mx+2m+1=0$ 的一根在 $(-1,0)$ 内,另一根在 $(1,2)$ 内,则 m 的取值范围为(　　).

(A) $m<-\dfrac{5}{6}$　　(B) $m>-\dfrac{1}{2}$　　(C) $-\dfrac{5}{6}<m<-\dfrac{1}{2}$

(D) $m<-\dfrac{5}{6}$ 或 $m>-\dfrac{1}{2}$　　(E) 以上选项均不正确

【解析】

根据题意可知方程两根分别在区间 $(-1,0)$ 和 $(1,2)$ 内,则可得不等式组

$$\begin{cases}f(-1)=(-1)^2+2m\times(-1)+2m+1>0,\\ f(0)=0^2+2m\times 0+2m+1<0,\\ f(1)=1^2+2m\times 1+2m+1<0,\\ f(2)=2^2+2m\times 2+2m+1>0\end{cases}\Rightarrow\begin{cases}2>0,\\ 2m+1<0,\\ 4m+2<0,\\ 6m+5>0\end{cases}\Rightarrow\begin{cases}m<-\dfrac{1}{2},\\ m>-\dfrac{5}{6}\end{cases}\Rightarrow -\frac{5}{6}<m<-\frac{1}{2}.$$ 故本题选择 C.

第二讲　不等式

考点一　不等式的求解★

一、知识梳理

1.不等式的性质

用不等号将两个代数式连接而成的式子称为不等式. 不等式有如下基本性质.

(1)对称性:若 $a > b$,则 $b < a$.

(2)传递性:若 $a > b$ 且 $b > c$,则 $a > c$.

(3)加法原则:若 $a > b$,则 $a + c > b + c$.

(4)乘法原则:若 $a > b$ 且 $c > 0$,则 $ac > bc$;若 $a > b$ 且 $c < 0$,则 $ac < bc$.

(5)同向可加性:若 $a > b$ 且 $c > d$,则 $a + c > b + d$.

(6)同向可乘性:若 $a > b > 0$ 且 $c > d > 0$,则 $ac > bd$.

(7)乘方原则:若 $a > b > 0$ 且 $c > 0$,则 $a^c > b^c$.

(8)倒数原则:若 $a > b$ 且 $ab > 0$,则 $\frac{1}{a} < \frac{1}{b}$.

不等式的性质是不等式的运算基础,不等式的运算中重点要注意不等号方向是否发生改变.

不等式中存在多个未知数时,可得到未知数之间的大小关系;不等式中仅存在一个未知数时,可得到未知数的取值范围,该范围称为不等式的解集. 一个未知数满足多个不等式时,结果要取交集.

2.一元二次及高次不等式求解

“$x^2 - 2x - 3 > 0$ 的解集是?”

上述不等式为一元二次不等式,解二次不等式,通常先进行因式分解(确保二次项系数为正),转化为 $(x - 3)(x + 1) > 0$,进一步可分为两类 $\begin{cases} x - 3 > 0, \\ x + 1 > 0 \end{cases} \Rightarrow x > 3$ 或 $\begin{cases} x - 3 < 0, \\ x + 1 < 0 \end{cases} \Rightarrow x < -1$,最终结果为 $x > 3$ 或 $x < -1$.

若上式不等号发生改变,$(x-3)(x+1)<0$,结果为 $\begin{cases} x-3<0, \\ x+1>0 \end{cases} \Rightarrow -1<x<3$ 或 $\begin{cases} x-3>0, \\ x+1<0 \end{cases} \Rightarrow x \in \varnothing$,最终结果为 $-1<x<3$.

由以上过程可得一元二次不等式的求解原则:①化二次项系数为正,因式分解;②找到各因式的零点,以零点为端点结合不等号方向取解集;③大于号取两端,小于号取中间. 其中,各因式的零点即为不等式所对应一元二次方程的两根,因此解二次不等式仍要先求解方程.

若某不等式因式分解后为 $(x-2)^2(x+1)(x+2)\leqslant 0$,该不等式的解集该如何解出呢.

与上式类似,不等式次数高于2次的不等式,叫作高次不等式. 高次不等式的求解与二次不等式的求解过程一致,可围绕各因式分情况讨论,显然高次不等式讨论的情况较多,过程较为烦琐,但是最终的结论有规律可循,可直接掌握对应的求解原则直接求解.

解高次不等式运用穿根法:

(1)对高次不等式进行整理,不等式右侧化为0,然后因式分解;

(2)将各因式的最高次项系数化为正,然后将各因式零点标在数轴上;

(3)从数轴右上方画一条线,依次穿过各零点,结合各因式幂次奇穿偶不穿;

(4)最后结合不等号方向取解集,大于号取上方,小于号取下方(注意端点是否能取到).

上述例子中,包含三个零点 $x=2$,$x=-1$,$x=-2$,将零点标注在数轴上,进行穿根,如图5-10所示.

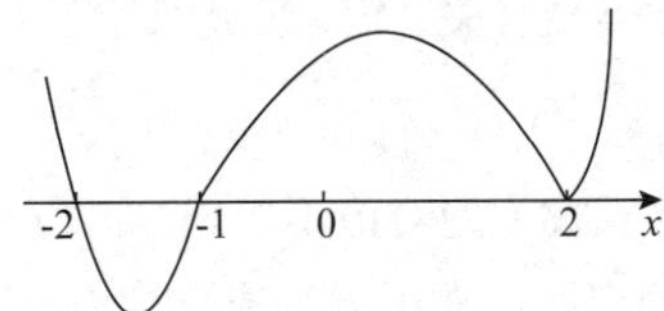

图 5-10

其中因式 $x-2$ 的幂次为2,另外两个因式幂次为1,根据奇穿偶不穿,$x=2$ 处不穿过,另外两个点穿过. 最后结合不等号方向,小于号取图像下方且端点可取到,最终解集为 $\{x\mid x=2$ 或 $-2\leqslant x\leqslant -1\}$.

3.**分式不等式求解**

分母中含有未知数的不等式称为分式不等式.

解分式不等式,通常先对不等式进行整理,利用移项、通分等,将不等号右侧化为零,然后转化为分子分母的乘积不等式,再利用二次或高次不等式的求解原则得到解集,需要注意分母不能为零.

例:求不等式 $\dfrac{2x-1}{x-3}\leqslant 1$ 的解.

解:$\dfrac{2x-1}{x-3}\leqslant 1\Rightarrow\dfrac{2x-1}{x-3}-1\leqslant 0\Rightarrow\dfrac{2x-1}{x-3}-\dfrac{x-3}{x-3}\leqslant 0\Rightarrow\begin{cases}(x+2)(x-3)\leqslant 0,\\ x-3\neq 0\end{cases}\Rightarrow -2\leqslant x<3$,

所以不等式的解集为 $[-2,3)$.

分式不等式的求解关键,为将分式转化为整式再进行求解. 其关键转化原则如下:

$$\frac{f(x)}{g(x)}>0\Leftrightarrow f(x)\cdot g(x)>0\ ;\ \frac{f(x)}{g(x)}\geqslant 0\Leftrightarrow\begin{cases}f(x)\cdot g(x)\geqslant 0,\\ g(x)\neq 0\end{cases}$$

$$\frac{f(x)}{g(x)}<0\Leftrightarrow f(x)\cdot g(x)<0\ ;\ \frac{f(x)}{g(x)}\leqslant 0\Leftrightarrow\begin{cases}f(x)\cdot g(x)\leqslant 0,\\ g(x)\neq 0\end{cases}$$

4.**无理不等式求解**

根号下含有未知数的不等式称为无理不等式.

无理不等式的求解,核心为**化无理为有理**,主要方法就是**平方法**,需要注意根式本身的范围要求.其求解原则如下:

(1) $\sqrt{f(x)} > \sqrt{g(x)} \Leftrightarrow \begin{cases} f(x) > 0, \\ g(x) \geqslant 0, \\ f(x) > g(x). \end{cases}$

(2) $\sqrt{f(x)} > g(x) \Leftrightarrow \begin{cases} f(x) > 0, \\ g(x) \geqslant 0, \\ f(x) > [g(x)]^2 \end{cases}$ 或 $\begin{cases} f(x) \geqslant 0, \\ g(x) < 0. \end{cases}$

(3) $\sqrt{f(x)} < g(x) \Leftrightarrow \begin{cases} f(x) \geqslant 0, \\ g(x) > 0, \\ f(x) < [g(x)]^2. \end{cases}$

其中**等号的取舍与原不等式是否包含等号有关**,需注意辨别.

5.绝对值不等式

绝对值符号内含有未知数的不等式称为绝对值不等式.

绝对值不等式的求解,关键为去绝对值,常用方法有定义法、分段讨论法、平方法等,其求解原则如下:

(1) $|x| < a \Leftrightarrow -a < x < a$; $|x| > a \Leftrightarrow x > a$ 或 $x < -a$

(2) $|f(x)| < g(x) \Leftrightarrow -g(x) < f(x) < g(x)$; $|f(x)| > g(x) \Leftrightarrow f(x) > g(x)$ 或 $f(x) < -g(x)$

(3) $|f(x)| > |g(x)| \Leftrightarrow [f(x)]^2 > [g(x)]^2$

二、命题点精讲

命题点1 不等式性质的应用★★

思路点拨 已知不等式求其他的不等式(范围或大小关系),可考虑直接进行不等式运算,同向可加或者正值同向可乘.

【例30】(2016)设 x, y 是实数,则 $x \leqslant 6, y \leqslant 4$.

(1) $x \leqslant y + 2$.

(2) $2y \leqslant x + 2$.

【解析】

条件(1):举反例,$x = 7$, $y = 10$,满足条件但不符合结论,所以条件(1)不充分;

条件(2):举反例,$x = 10$, $y = 6$,满足条件但不符合结论,所以条件(2)不充分;

(1)+(2):两条件联立可得 $\begin{cases} x \leqslant y + 2, \\ 2y \leqslant x + 2, \end{cases}$ 两式相加得 $x + 2y \leqslant y + 2 + x + 2$,解得 $y \leqslant 4$; $\begin{cases} x \leqslant y + 2, \\ y \leqslant 4, \end{cases}$ 两式相加解得 $x \leqslant 6$,所以条件(1)和(2)联合充分. 故本题选择 C.

【例 31】(2013)已知 a，b 是实数，则 $|a|\leqslant 1$，$|b|\leqslant 1$.

(1) $|a+b|\leqslant 1$.

(2) $|a-b|\leqslant 1$.

【解析】

条件(1)：$|a+b|\leqslant 1$，不能确定 a，b 的范围，所以条件(1)不充分；

条件(2)：$|a-b|\leqslant 1$，不能确定 a，b 的范围，所以条件(2)不充分；

(1)+(2)：两条件联立可得 $\begin{cases}-1\leqslant a+b\leqslant 1 \text{①},\\ -1\leqslant a-b\leqslant 1 \text{②},\end{cases}$ 两式相加可得 $-2\leqslant 2a\leqslant 2\Rightarrow -1\leqslant a\leqslant 1$，即 $|a|\leqslant 1$；将②式两边同时乘以-1 变号得 $-1\leqslant b-a\leqslant 1$，与①式相加可得 $-2\leqslant 2b\leqslant 2\Rightarrow -1\leqslant b\leqslant 1$，即 $|b|\leqslant 1$，所以条件(1)和(2)联合充分. 故本题选择 C.

【例 32】(2016)已知 $f(x)=x^2+ax+b$，则 $0\leqslant f(1)\leqslant 1$.

(1) $f(x)$ 在区间 $[0,1]$ 中有两个零点.

(2) $f(x)$ 在区间 $[1,2]$ 中有两个零点.

【解析】

设 $f(x)$ 的两个实根为 x_1，x_2，则 $f(x)=(x-x_1)(x-x_2)$，则 $f(1)=(1-x_1)(1-x_2)$.

条件(1)：根据条件可知 $0\leqslant x_1\leqslant 1$，$0\leqslant x_2\leqslant 1$，则 $0\leqslant 1-x_1\leqslant 1$，$0\leqslant 1-x_2\leqslant 1$，由不等式同向可乘性可知 $0\leqslant(1-x_1)(1-x_2)\leqslant 1$，即 $0\leqslant f(1)\leqslant 1$，所以条件(1)充分；

条件(2)：根据条件可知 $1\leqslant x_1\leqslant 2$，$1\leqslant x_2\leqslant 2$，则 $0\leqslant x_1-1\leqslant 1$，$0\leqslant x_2-1\leqslant 1$，由不等式同向可乘性可知 $0\leqslant(x_1-1)(x_2-1)\leqslant 1$，因为 $f(1)=(1-x_1)(1-x_2)=(x_1-1)(x_2-1)$，所以 $0\leqslant f(1)\leqslant 1$，所以条件(2)充分. 故本题选择 D.

命题点 2　高次不等式的求解★

思路点拨

高次不等式的求解直接利用穿根法求解即可，穿根时注意奇穿偶不穿，还要注意端点是否能取到.

【例 33】$(-x^2+2x+8)(2-x)>0$.

(1) $x\in(-3,-2)$.

(2) $x\in[2,3]$.

【解析】

根据题意可将不等式转化为 $(x-4)(x+2)(x-2)>0$，利用穿根法，如图 5-11 所示.

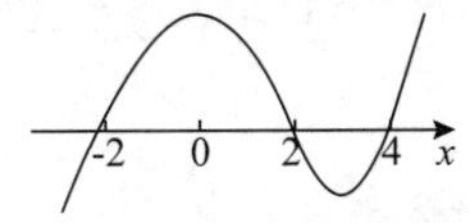

图 5-11

则不等式的解为 $-2 < x < 2$ 或 $x > 4$.

条件(1)：$x \in (-3, -2)$ 不是转化结论的非空子集,所以条件(1)不充分;

条件(2)：$x \in [2,3]$ 不是转化结论的非空子集,所以条件(2)不充分;

(1)+(2)：两个条件矛盾无法联合,所以条件(1)和(2)联合不充分. 故本题选择 E.

【例 34】分式不等式 $\frac{2x^2+x+14}{x^2+6x+8} \leqslant 1$ 的解集为(　　).

(A) $(-4, -3) \cup (2,3)$　　(B) $[-4, -3] \cup (2,3)$

(C) $[-4, -3) \cup (2,3]$　　(D) $(-4, -2) \cup (2,3)$

(E) $(-4, -2) \cup [2,3]$

【解析】

根据题意可得 $\frac{2x^2+x+14}{x^2+6x+8}-1 \leqslant 0 \Rightarrow \frac{2x^2+x+14-x^2-6x-8}{x^2+6x+8} \leqslant 0 \Rightarrow \frac{x^2-5x+6}{x^2+6x+8} \leqslant 0 \Rightarrow$ $\frac{(x-2)(x-3)}{(x+2)(x+4)} \leqslant 0 \Rightarrow \begin{cases}(x-2)(x-3)(x+2)(x+4) \leqslant 0, \\ (x+2)(x+4) \neq 0\end{cases} \Rightarrow \begin{cases}(x-2)(x-3)(x+2)(x+4) \leqslant 0, \\ x \neq -4 \text{ 且 } x \neq -2,\end{cases}$ 其穿根过程如图 5-12 所示:

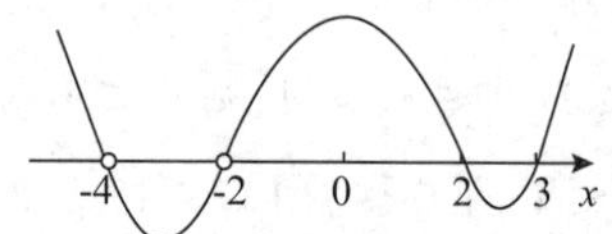

图 5-12

则不等式的解为 $2 \leqslant x \leqslant 3$ 或 $-4 < x < -2$. 故本题选择 E.

命题点 3　分式不等式的求解★

思路点拨

分式不等式求解关键是将分式整理变形后转化为整式不等式,求解时需要注意分母不为零.

【例 35】不等式 $\frac{3x-5}{x-3} \leqslant 2$ 的解集为(　　).

(A) $-1 < x < 3$　　(B) $-1 \leqslant x < 3$　　(C) $-1 \leqslant x \leqslant 3$

(D) $-1 < x \leqslant 3$　　(E) 以上选项均不正确

【解析】

根据题意原不等式可整理为 $\frac{3x-5}{x-3}-2 \leqslant 0 \Rightarrow \frac{3x-5-2x+6}{x-3} \leqslant 0 \Rightarrow \frac{x+1}{x-3} \leqslant 0$, 转化为 $\begin{cases}(x+1)(x-3) \leqslant 0, \\ x-3 \neq 0\end{cases} \Rightarrow -1 \leqslant x < 3$. 故本题选择 B.

【例 36】不等式 $\frac{x+5}{x^2+2x+3} \geqslant 1$ 的解集为(　　).

(A) $(2,3)$　　(B) $[-2,3)$　　(C) $[-2,1]$　　(D) $(-2,1)$　　(E) $[-1,2]$

【解析】

根据题意原不等式可整理为 $\frac{x+5}{x^2+2x+3} - \frac{x^2+2x+3}{x^2+2x+3} \geqslant 0 \Rightarrow \frac{x^2+x-2}{x^2+2x+3} \leqslant 0$，$x^2+2x+3$ 的 $\Delta = 2^2 - 4 \times 3 = -8 < 0$，则 $x^2+2x+3>0$ 恒成立，所以 $x^2+x-2 \leqslant 0 \Rightarrow -2 \leqslant x \leqslant 1$. 故本题选择 C.

命题点 4　无理不等式的求解★

思路点拨

无理不等式的求解就是用平方法，求解时需要注意根式本身应满足的范围.

【例 37】(2007.10) $\sqrt{1-x^2} < x+1$.

(1) $x \in [-1,0]$.

(2) $x \in (0,\frac{1}{2}]$.

【解析】

原式整理可得 $\sqrt{1-x^2} < x+1 \Leftrightarrow \begin{cases} x+1>0, \\ 1-x^2 \geqslant 0, \\ 1-x^2 < (x+1)^2 \end{cases} \Rightarrow 0 < x \leqslant 1$.

条件(1)：根据条件可知，$x \in [-1,0]$ 不是转化结论的非空子集，所以条件(1)不充分；

条件(2)：根据条件可知，$x \in (0,\frac{1}{2}]$ 是转化结论的非空子集，所以条件(2)充分. 故本题选择 B.

【例 38】不等式 $\sqrt{4-3x} - \sqrt{2x-1} > 0$ 的解集为(　　).

(A) $(-2,1)$　　(B) $[\frac{1}{2},1]$　　(C) $[-2,1]$　　(D) $[\frac{1}{2},1)$　　(E) $[-1,3]$

【解析】

根据题意题干可转化为 $\sqrt{4-3x} > \sqrt{2x-1} \Rightarrow \begin{cases} 4-3x>0, \\ 2x-1 \geqslant 0, \\ 4-3x > 2x-1 \end{cases} \Rightarrow \begin{cases} x < \frac{4}{3}, \\ x \geqslant \frac{1}{2}, \\ x < 1 \end{cases} \Rightarrow \frac{1}{2} \leqslant x < 1$. 故选择 D.

命题点5 绝对值不等式的求解★

思路点拨

绝对值不等式的求解,关键为去绝对值,常用方法有定义法、分段讨论法、平方法等.

【例39】不等式 $|x+8|<x^2+2$ 的解集.

(1) $x<-2$.

(2) $x>3$.

【解析】

根据题干可得 $|x+8|<x^2+2\Rightarrow -x^2-2<x+8<x^2+2\Rightarrow\begin{cases}x^2-x-6>0,\\x^2+x+10>0\end{cases}\Rightarrow x<-2$ 或 $x>3$.

条件(1):$x<-2$ 是转化结论的非空子集,所以条件(1)充分;

条件(2):$x>3$ 是转化结论的非空子集,所以条件(2)充分. 故本题选择D.

【例40】(2017)不等式 $|x-1|+x\leqslant 2$ 的解集为(　　).

(A) $(-\infty,1]$　　(B) $(-\infty,\frac{3}{2}]$　　(C) $[1,\frac{3}{2}]$

(D) $[1,+\infty)$　　(E) $[\frac{3}{2},+\infty)$

【解析】

根据题意分情况讨论可得,当 $x>1$ 时,$x-1+x\leqslant 2\Rightarrow x\leqslant\frac{3}{2}$,所以 $1<x\leqslant\frac{3}{2}$;当 $x\leqslant 1$ 时,$1-x+x\leqslant 2\Rightarrow 1\leqslant 2$,恒成立,所以 $x\leqslant 1$;综上所述 $x\leqslant\frac{3}{2}$. 故本题选择B.

考点二 一元二次不等式★★

一、知识梳理

1.一元二次不等式解集

在考点一中我们已经讲到过了一元二次不等式的求解问题,也掌握了求解原则:先因式分解(二次项系数化为正),然后结合不等号方向,大于号取两端,小于号取中间.

该求解原则我们是分情况讨论最终总结得到的,对于该原则的理解还可以借助一元二次函数的知识.

实际上一元二次方程、一元二次不等式均可与一元二次函数相关联.

一元二次方程 $ax^2+bx+c=0(a\neq 0)$，可以看成一元二次函数 $y=ax^2+bx+c$ 中令 $y=0$，方程的两根就是函数中当 $y=0$ 时所对应的 x 范围，体现在图像上，**方程两根就是图像与 x 轴交点的横坐标.**

同理，一元二次不等式 $ax^2+bx+c>0$，可以看成一元二次函数 $y=ax^2+bx+c$ 中令 $y>0$，不等式的解集就是函数中 $y>0$ 时所对应的 x 范围，体现在图像上，**不等式解集就是图像在 x 轴上方部分的点的横坐标集.** $ax^2+bx+c<0$ 不再单独说明. 图像关系如图 5-13 所示.

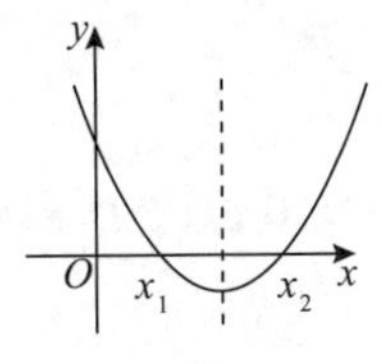

图 5-13

需要注意的是，为了说明问题，上述图像中，我们默认函数与 x 轴有两个交点，但不同的函数解析式，图像的位置不同，那对应到不等式的解集上会存在不同情况. 函数图像与 x 轴的交点情况，即为对应方程根的情况，因此可用 $\Delta=b^2-4ac$ 来表示：$\Delta>0$ 时，函数图像与 x 轴有两个不同交点；$\Delta=0$ 时，函数图像与 x 轴有一个交点，即图像与 x 轴恰好相切，$\Delta<0$ 时，函数图像与 x 轴无交点.

不同图像位置，所对应的一元二次不等式 $ax^2+bx+c>0$ 的解集情况，如下表（以 $a>0$ 为例）.

	$\Delta>0$	$\Delta=0$	$\Delta<0$
$y=ax^2+bx+c$ 的图像			
$ax^2+bx+c>0$ 的解集	$\{x\mid x<x_1$ 或 $x>x_2\}$	$\left\{x\mid x\neq -\dfrac{b}{2a}\right\}$	$\{x\mid x\in R\}$
$ax^2+bx+c<0$ 的解集	$\{x\mid x_1<x<x_2\}$	$\{x\mid x\in\varnothing\}$	$\{x\mid x\in\varnothing\}$

$a<0$ 时可转化为 $a>0$，不再单独说明. 另外表中主要是为了让大家能够结合图像去理解一元二次不等式的求解，具体的解集还要结合原不等式的情况来做细节调整，比如解集是否包含端点问题.

潮哥敲黑板

理解了一元二次不等式的求解与对应函数图像的关系之后，再回到高次不等式求解，可以理解到穿根法实际上是画出了不等式对应函数的大致图像，再取解集.

2.一元二次不等式恒成立问题

一元二次不等式求解问题中,我们能注意到一种特殊情况,当$\Delta<0$时,$ax^2+bx+c>0$的解集为R,即对于任意的$x\in R$,$ax^2+bx+c>0$均成立,此类问题称为恒成立问题.

一元二次函数恒成立问题,通常是给定含有参数的一元二次不等式,已知恒成立,来求解参数范围,掌握了不等式与函数图像的关系,此类问题理解起来并不困难,回到$\Delta<0$对应的情况即可,常用结论如下:

$$若\ ax^2+bx+c>0\ 恒成立,需满足\begin{cases}a>0,\\ \Delta<0;\end{cases}$$

$$若\ ax^2+bx+c<0\ 恒成立,需满足\begin{cases}a<0,\\ \Delta<0.\end{cases}$$

对于恒成立问题,还可以转化为最值问题,$ax^2+bx+c>0$恒成立,只需要求出$f(x)=ax^2+bx+c$的最小值$\frac{4ac-b^2}{4a}$,令$\frac{4ac-b^2}{4a}>0$即可. 理解起来也不难,连最小值都>0,那其他值一定>0,自然结果就是恒成立.

恒成立问题不仅仅存在于一元二次不等式,利用求最值得思路,可将恒成立问题拓展到任意形式的不等式,常用结论如下:

$$若f(x)>a\ 恒成立,需满足f(x)_{\min}>a;$$

$$若f(x)<a\ 恒成立,需满足f(x)_{\max}<a.$$

潮哥敲黑板

恒成立问题中,不等符号的区别对结果会造成影响,要注意细节;恒成立问题还有其他的变化,比如,$f(x)>a$无解,$f(x)>a$有解,题目表述不同,细节上会有不同,但本质均可转化为最值问题,要学会结合图像灵活处理.

二、命题点精讲

命题点1 一元二次不等式解集问题★

思路点拨

一元二次不等式求解仍然要求一元二次方程的两根,再根据不等号方向,大于号取两端,小于号取中间.

【例41】(2005.10) $4x^2-4x<3$.

(1) $x\in\left(-\frac{1}{4},\frac{1}{2}\right)$.

(2) $x \in (-1,0)$.

【解析】

原式整理可得 $4x^2-4x-3<0 \Rightarrow (2x-3)(2x+1)<0 \Rightarrow -\frac{1}{2}<x<\frac{3}{2}$.

条件(1)：$x \in \left(-\frac{1}{4},\frac{1}{2}\right)$ 是转化结论的非空子集，所以条件(1)充分；

条件(2)：$x \in (-1,0)$ 不是转化结论的非空子集，所以条件(2)不充分. 故本题选择 A.

【例 42】(1998)一元二次不等式 $3x^2-4ax+a^2<0(a<0)$ 的解集是(　　).

(A) $\frac{a}{3}<x<a$　　(B) $x>a$ 或 $x<\frac{a}{3}$

(C) $a<x<\frac{a}{3}$　　(D) $x>\frac{a}{3}$ 或 $x<a$

(E) $a<x<3a$

【解析】

原式因式分解可得 $3x^2-4ax+a^2<0 \Rightarrow (3x-a)(x-a)<0$，又 $a<0 \Rightarrow \frac{a}{3}>a$，则其解集为 $a<x<\frac{a}{3}$. 故本题选择 C.

【例 43】(2006.10)已知不等式 $ax^2+2x+2>0$ 的解集是 $\left(-\frac{1}{3},\frac{1}{2}\right)$，则 $a=$(　　).

(A) -12　　(B) 6　　(C) 0　　(D) 12　　(E)以上结论均不正确

【解析】

根据题意可知，$x_1=-\frac{1}{3}$ 和 $x_2=\frac{1}{2}$ 是方程 $ax^2+2x+2=0$ 的两根，韦达定理可得 $x_1x_2=\frac{2}{a}=-\frac{1}{6} \Rightarrow a=-12$. 故本题选择 A.

命题点 2　一元二次不等式恒成立问题★★★

思路点拨　一元二次不等式恒成立问题转化为 a 和 Δ 问题即可，但是需要注意细节，若二次项系数含参数，需要考虑二次项系数是否有可能为零. 另外还需要注意题目有无限定范围，是否为区间上的恒成立问题.

【例 44】关于 x 的不等式 $(m-2)x^2+2(m-2)x-4<0$ 对于任意的 $x \in R$ 恒成立.

(1) $-1<m<1$.

(2) $-2<m<2$.

【解析】

根据题意可知，x^2的系数不确定，无法明确该不等式一定是一元二次不等式，需要分情况讨论：当$m-2=0$，即$m=2$时，$-4<0$恒成立；当$m-2\neq 0$，即$m\neq 2$时，不等式为一元二次不等式，若$(m-2)x^2+2(m-2)x-4<0$恒成立，则$\begin{cases} m-2<0, \\ \Delta=4(m-2)^2-4(m-2)(-4)<0 \end{cases} \Rightarrow -2<m<2$.

条件(1)：$-1<m<1$是转化结论的非空子集，所以条件(1)充分；

条件(2)：$-2<m<2$是转化结论的非空子集，所以条件(2)充分. 故本题选择D.

【例45】若函数$y=\log_a(x^2-ax+1)$的定义域为R，则实数a的取值范围为(　　).

(A) $(0,1)\cup(1,2)$　　(B) $(0,2)\cup(3,4)$　　(C) $[0,1)\cup(1,3]$

(D) $(-4,-1)\cup(2,3)$　　(E) $(-4,-2)\cup[2,3]$

【解析】

根据题意可知，函数$y=\log_a(x^2-ax+1)$的定义域为R，所以$x^2-ax+1>0$恒成立，则$\begin{cases} a>0, \\ a\neq 1, \\ \Delta=a^2-4<0 \end{cases} \Rightarrow 0<a<1$或$1<a<2$，即$(0,1)\cup(1,2)$. 故本题选择A.

【例46】已知$(a^2-1)x^2-(a-1)x-1<0$的解集为R，则实数a的取值范围中包含(　　)个整数.

(A)1　　(B)2　　(C)3　　(D)4　　(E)5

【解析】

根据题意可知，当二次项系数$a^2-1=0$，即$a=\pm 1$时，$a=-1$，则不等式可转化为$2x-1<0$，解得$x<\frac{1}{2}$，不符合题意；$a=1$，则不等式可转化为$-1<0$，解得$x\in R$，符合题意；当$a^2-1\neq 0$时，则$\begin{cases} a^2-1<0, \\ \Delta<0 \end{cases} \Rightarrow \begin{cases} -1<a<1, \\ 5a^2-2a-3=(5a+3)(a-1)<0 \end{cases} \Rightarrow \begin{cases} -1<a<1, \\ -\frac{3}{5}<a<1 \end{cases} \Rightarrow -\frac{3}{5}<a<1$，所以$-\frac{3}{5}<a\leqslant 1$，则$a$的整数解有0和1. 故本题选择B.

【例47】(2014)不等式$|x^2+2x+a|\leqslant 1$的解集为空.

(1) $a<0$.

(2) $a>2$.

【解析】

根据题意题干可转化为$|x^2+2x+a|>1$恒成立，即$x^2+2x+a<-1$恒成立或$x^2+2x+a>1$恒成立. 不等式二次项系数为1，则二次函数图像开口向上，不存在a使得$x^2+2x+a<-1$恒成立，

当 $x^2+2x+a>1\Rightarrow x^2+2x+a-1>0$ 恒成立时,则 $\Delta=4-4(a-1)<0\Rightarrow a>2$,故题干可转化为 $a>2$.

条件(1):$a<0$ 不是转化结论的非空子集,所以条件(1)不充分;

条件(2):$a>2$ 与转化结论一致,所以条件(2)充分. 故本题选择 B.

【例 48】不等式 $|x+3|-|x-1|\leqslant 2^a$ 对于任意实数 x 恒成立,则 a 的取值范围为(　　).

(A) $a\geqslant 2$　　(B) $a\leqslant -2$　　(C) $a\geqslant 4$　　(D) $a\geqslant -4$　　(E) $a>-1$

【解析】

根据题意 $|x+3|-|x-1|\leqslant 2^a$ 对于任意实数 x 恒成立,则 $2^a\geqslant(|x+3|-|x-1|)_{\max}$ 即可,$|x+3|-|x-1|$ 的最大值为 $|-3-1|=4$,则 $2^a\geqslant 4$,即 $a\geqslant 2$. 故本题选择 A.

考点三　均值不等式★★★

一、知识梳理

1.均值不等式

任意实数的平方具有非负性. 据此可得完全平方公式 $(a-b)^2\geqslant 0$,将式子展开 $a^2+b^2-2ab\geqslant 0$,移项后可得到重要不等式:若 $a,b\in R$,则

$$a^2+b^2\geqslant 2ab$$

当且仅当 $a=b$ 时,等号成立.

对上述不等式进行变形,可得

$$\frac{a^2+b^2}{2}\geqslant ab$$

若 $a,b\geqslant 0$,可做变形 $a+b=(\sqrt{a})^2+(\sqrt{b})^2$,则

$$\frac{a+b}{2}\geqslant\sqrt{ab}$$

当且仅当 $a=b$ 时,等号成立. 该不等式称为基本不等式.

若 $a,b>0$,则称 $\frac{a+b}{2}$ 为 a,b 的算术平均值,称 $\sqrt{ab}$ 为 a,b 的几何平均值,又称基本不等式为均值不等式. 均值不等式可表述为:两个正实数的算术平均值不小于它们的几何平均值.

均值不等式和基本不等式的细节区别在于对 a,b 的范围要求,均值不等式通常要求 a,b 为正数,基本不等式中 a,b 可以取 0. 但通常情况下,是否取到 0 不是考查重点,该细节对解题不会有实质影响.

2.均值不等式的几何意义

均值不等式还可以放到几何图形中去理解. 给定一个直角三角形 ΔABC ,CD 为斜边上的高,OC

为斜边中线,如图 5-14 所示.

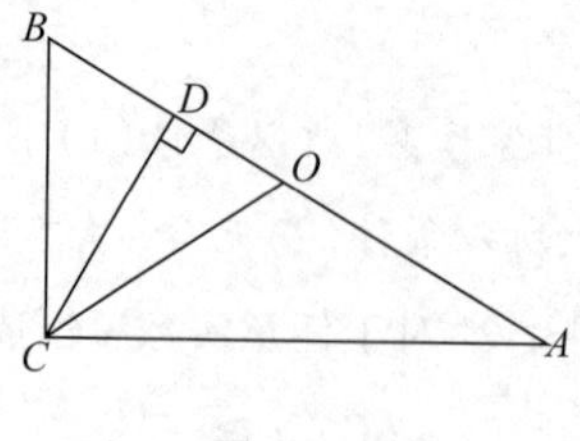

图 5-14

令 $AD=a,BD=b$. 因为直角三角形斜边上的中线等于斜边的一半,即 $CO=\frac{AB}{2}$,即 $CO=\frac{a+b}{2}$. 又因为 $\begin{cases}\angle B+\angle BCD=90^\circ\\ \angle B+\angle A=90^\circ\end{cases}$,所以 $\angle BCD=\angle A$,则 ΔBCD 与 ΔCAD 对应角均相等,因此 ΔBCD 与 ΔCAD 相似,利用相似可得对应边成比例 $\frac{AD}{CD}=\frac{CD}{BD}$,即 $\frac{a}{CD}=\frac{CD}{b}$,变形可得 $CD=\sqrt{ab}$.

显然直角三角形斜边上的中线不小于斜边上的高,即 $\frac{a+b}{2}\geqslant\sqrt{ab}$,当 $a=b$ 时高与中线相等. 上述过程利用几何对均值不等式再次进行了证明,也可以理解为均值不等式的一个几何意义.

均值不等式还有其他的几何意义. 设一个矩形的两边分别为 a,b,对均值不等式左右同时平方可得

$$\left(\frac{a+b}{2}\right)^2\geqslant ab$$

$\frac{a+b}{2}$ 可看成与该矩形周长相同的正方形的边长,则 $\left(\frac{a+b}{2}\right)^2$ 为正方形面积, ab 为原矩形面积,则均值不等式的另一个几何意义为:所有周长相同的矩形中,正方形的面积最大.

3.均值不等式变形与扩展

均值不等式的使用,常有以下变形

$$a+b\geqslant 2\sqrt{ab}$$

$$ab\leqslant\frac{(a+b)^2}{4}$$

无论如何变形,均值不等式表示的均为两个正实数加和与乘积的关系,不同变形下我们关注重点不同.

若 $a,b>0$,将 $\frac{1}{a},\frac{1}{b}$ 代入均值不等式可得 $\frac{\frac{1}{a}+\frac{1}{b}}{2}\geqslant\sqrt{\frac{1}{ab}}$,再分别取倒数可得

$$\frac{2}{\frac{1}{a}+\frac{1}{b}}\leqslant\sqrt{ab}$$

不等式左侧称为 a,b 的调和平均值.

若 $a,b>0$,对重要不等式 $a^2+b^2\geqslant 2ab$ 进行变形,左右同时加上 a^2+b^2 可得 $2(a^2+b^2)\geqslant(a+b)^2$,左右同时除以 4 可得 $\frac{a^2+b^2}{2}\geqslant\frac{(a+b)^2}{4}$,左右开方再调整一下左右位置可得

$$\frac{a+b}{2}\leqslant\sqrt{\frac{a^2+b^2}{2}}.$$

不等式右侧称为 a,b 的平方平均值.

上述两个变形合并到一起,可到的结论两个数的调和平均值不大于几何平均值不大于算术平均值不大于平方平均值,即

$$\frac{2}{\frac{1}{a}+\frac{1}{b}}\leqslant\sqrt{ab}\leqslant\frac{a+b}{2}\leqslant\sqrt{\frac{a^2+b^2}{2}}.$$

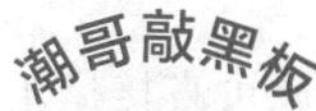

需要注意的是,调和平均值和平方平均值在考试中几乎不会涉及,此处只是为了通过对不等式的变形,加深考生对均值不等式的熟悉程度,重点还是要在算术平均值与几何平均值的关系上.

上述的各不等式中,我们重点放在了两个数的均值不等式上. 实际上均值不等式可扩展到多个数上,例如,若 $a,b,c>0$,则

$$\frac{a+b+c}{3}\geqslant\sqrt[3]{abc}.$$

其中 $\frac{a+b+c}{3}$ 为 a,b,c 的算术平均值,$\sqrt[3]{abc}$ 为 a,b,c 的几何平均值. 常用变形有

$$a+b+c\geqslant 3\sqrt[3]{abc};$$

$$abc\leqslant\left(\frac{a+b+c}{3}\right)^3.$$

显然再拓展到更多数同样成立,$\frac{x_1+x_2+\cdots+x_n}{n}$ 为这 n 个正实数的算术平均值,$\sqrt[n]{x_1x_2\cdots x_n}$ 为这 n 个正实数的几何平均值,不等关系此处不再详细给出.

4.均值不等式的应用

利用均值不等式可以求最值、求范围、比较不等式大小、证明不等式等. 在管理类联考中,主要考查的为求最值问题.

若已知变量 $n\geqslant 5$,则可以确定 n 的最小值为 5. 两个正实数的均值不等式为两个正实数加和与乘积的关系,以两个变形式为基础,可得

$a+b\geqslant 2\sqrt{ab}$ 中,若乘积 ab 为定值,则加和 $a+b$ 有最小值;

$$ab \leqslant \frac{(a+b)^2}{4}$$中,若加和 $a+b$ 为定值,则乘积 ab 有最大值.

可以发现均值不等式求最值,核心关键点为“定值”,积定可求和最值,和定可求积最值. 需要注意的是,定值要能取得到才能叫作有最值,例:“若 $n>5$,则 n 无最值,原因就在于不包含 $n=5$ 的情况”,因此要确保均值不等式能够取等,即 $a=b$ 能成立. 最后不要忽略均值不等式的前提,a,b 为正实数.

以上可总结出均值不等式求最值的口诀:一正二定三相等.

例:已知 $x>0$,求 $x+\frac{1}{x}$ 的最值.

解:$x>0$ 满足正实数要求,所求式子为两项加和且 $x\cdot\frac{1}{x}=1$,乘积为定值,可直接运用均值不等式 $x+\frac{1}{x}\geqslant 2\sqrt{x\cdot\frac{1}{x}}=2$,当 $x=\frac{1}{x}\Rightarrow x=1$ 时,原式取到等号,$x+\frac{1}{x}$ 有最小值 2.

例:已知矩形相邻的两边分别为 x,y,且矩形周长为 8,求矩形面积最大值.

解:周长为 8,则 $x+y=4$,求面积 xy,加和为定值求乘积的最值,且边长均为正,因此可直接运用均值不等式 $xy\leqslant\frac{(x+y)^2}{4}=4$,当 $x=y=2$ 时,原式取到等号,矩形面积最大值为 4.

二、命题点精讲

命题点 1 均值不等式求最值★

思路点拨

最值问题中,若要求变量为正实数,或者题目涉及加和与乘积关系,基本可以判断要运用均值不等式.

均值不等式的使用思路很明确,求和则找积定,求积则找和定;若题目中存在定值,则直接运用均值不等式,若题目中无定值,则需要进行构造变形. 均值不等式的难点主要在于对定值的构造.

【例 49】(2008)直角边之和为 12 的直角三角形面积最大值等于(   ).

(A)16 (B)18 (C)20 (D)22 (E)以上选项均不正确

【解析】

根据题意可设两直角边分别为 a, b, $a+b=12$, 则根据均值不等式性质可得 $S=\frac{1}{2}ab\leqslant\frac{1}{2}\left(\frac{a+b}{2}\right)^2=18$. 当且仅当 $a=b=6$ 时,S 取到最大值 18. 故本题选择 B.

【例 50】(2020)设 a,b 为正实数,则 $\frac{1}{a}+\frac{1}{b}$ 存在最小值.

(1)已知 ab 的值.

(2)已知 a,b 是方程 $x^2-(a+b)x+2=0$ 的不同实根.

【解析】

根据题意可知 a，b 为正实数，由均值不等式可得 $\frac{1}{a}+\frac{1}{b}\geqslant 2\sqrt{\frac{1}{ab}}$，若 ab 为定值，则可得原式的最小值.

条件(1)：ab 为定值，所以条件(1)充分；

条件(2)：由韦达定理可得 $ab=2$ 为定值，但 a，b 为两个不等实根，所以原式 $\frac{1}{a}+\frac{1}{b}>2\sqrt{\frac{1}{2}}=\sqrt{2}$，无法确定最小值，所以条件(2)不充分. 故本题选择 A.

【例 51】(2016)设 x,y 是实数，则可确定 x^3+y^3 的最小值.

(1) $xy=1$.

(2) $x+y=2$.

【解析】

条件(1)：根据条件可知 $xy=1\Rightarrow y=\frac{1}{x}$，$x^3+y^3=x^3+\frac{1}{x^3}$，若 $x>0$，则 $x^3+\frac{1}{x^3}\geqslant 2$，有最小值；但是题干中未说明 x 不可为负实数，若为负实数则无最小值，所以条件(1)不充分；

条件(2)：根据条件可知 $x+y=2\Rightarrow y=2-x$，$x^3+y^3=(x+y)(x^2-xy+y^2)=(x+y)\cdot[(x+y)^2-3xy]=2[2^2-3x(2-x)]=6(x-1)^2+2\geqslant 2$，有最小值，所以条件(2)充分. 故本题选择 B.

【例 52】已知 $x<\frac{5}{4}$，则 $y=4x-2+\frac{1}{4x-5}$ 最大值为(　　).

(A)1　　(B)2　　(C)5　　(D)4　　(E)7

【解析】

均值不等式的使用前提是：一正二定三相等. 有些题目会涉及负数，此时可以通过给负数加“负号”变正数后再利用均值不等式.

根据题意可知 $x<\frac{5}{4}$，$4x-5<0$，则 $-4x+5>0$，则 $-y=-4x+2+\frac{1}{-4x+5}=-4x+5+\frac{1}{-4x+5}-3\geqslant 2\sqrt{(-4x+5)\cdot\frac{1}{(-4x+5)}}-3=-1$，所以 $y\leqslant 1$. 故本题选择 A.

【例 53】$y=\frac{x^2+7x+10}{x+1}(x>-1)$ 的最小值为(　　).

(A)9　　(B)10　　(C)11　　(D)8　　(E)7

【解析】

根据题意可知 $x>-1\Rightarrow x+1>0$，$y=\dfrac{x^2+7x+10}{x+1}=\dfrac{x^2+2x+1+5(x+1)+4}{x+1}=$

$x+1+\dfrac{4}{x+1}+5\geqslant 2\sqrt{(x+1)\times\dfrac{4}{(x+1)}}+5\geqslant 9$. 故本题选择 A.

【例 54】$y=\dfrac{\sqrt{x+2}}{2x+5}$ 的最大值为(　　).

(A) $\sqrt{2}$　　(B) $\dfrac{\sqrt{2}}{2}$　　(C) $\dfrac{\sqrt{2}}{3}$　　(D) $\dfrac{\sqrt{2}}{4}$　　(E) $\dfrac{\sqrt{2}}{5}$

【解析】

根据题意可设 $t=\sqrt{x+2}\,(t\geqslant 0)\Rightarrow x=t^2-2$，则 $y=\dfrac{\sqrt{x+2}}{2x+5}=\dfrac{t}{2t^2+1}=\dfrac{1}{2t+\dfrac{1}{t}}\leqslant\dfrac{1}{2\sqrt{2t\times\dfrac{1}{t}}}=$

$\dfrac{1}{2\sqrt{2}}=\dfrac{\sqrt{2}}{4}$. 故本题选择 D.

【例 55】已知 $a>0,b>0,a+2b=1$，则 $t=\dfrac{1}{a}+\dfrac{1}{b}$ 的最小值为(　　).

(A) $3-2\sqrt{2}$　　(B) $3+2\sqrt{2}$　　(C) $4-\sqrt{2}$　　(D) $4+2\sqrt{2}$　　(E) $2+2\sqrt{2}$

【解析】

根据题意可知 $a+2b=1$，$t=\dfrac{1}{a}+\dfrac{1}{b}=\dfrac{a+2b}{a}+\dfrac{a+2b}{b}=1+\dfrac{2b}{a}+\dfrac{a}{b}+2\geqslant 3+2\sqrt{\dfrac{2b}{a}\times\dfrac{a}{b}}=$

$3+2\sqrt{2}$. 故本题选择 B.

【例 56】(2019)设函数 $f(x)=2x+\dfrac{a}{x^2}(a>0)$ 在 $(0,+\infty)$ 内的最小值为 $f(x_0)=12$，则 $x_0=$(　　).

(A)5　　(B)4　　(C)3　　(D)2　　(E)1

【解析】

根据题意原式整理得 $f(x)=x+x+\dfrac{a}{x^2}\,(x>0)$，则利用均值不等式可得 $f(x)=x+x+\dfrac{a}{x^2}\geqslant$

$3\sqrt[3]{x\cdot x\cdot\dfrac{a}{x^2}}=3\sqrt[3]{a}=12$，则 $a=64$，当且仅当 $x=\dfrac{64}{x^2}$，即 $x=4$ 时取最小值. 故本题选择 B.

【例 57】(2004)矩形周长为 2，将它绕其一边旋转一周，所得圆柱体积最大时的矩形面积为(　　).

(A) $\dfrac{4\pi}{27}$　　(B) $\dfrac{2}{3}$　　(C) $\dfrac{2}{9}$　　(D) $\dfrac{27}{4}$　　(E)以上选项均不正确

【解析】

根据题意设矩形的长为 a，宽为 $1-a$，绕 $1-a$ 旋转得到 a 为底面半径的圆柱体，圆柱的高为 $1-a$，

则圆柱体积为 $V=\pi a^2(1-a)$，可利用均值不等式求解最值，$V=\pi a^2(1-a)=4\pi\left(\frac{a}{2}\right)^2(1-a)\leqslant 4\pi\left(\frac{\frac{a}{2}+\frac{a}{2}+1-a}{3}\right)^3$，当且仅当 $\frac{a}{2}=1-a$，即当 $a=\frac{2}{3}$ 时，所得圆柱体积最大，此时矩形面积为 $\frac{2}{3}\times\frac{1}{3}=\frac{2}{9}$. 故本题选择 C.

命题点 2　均值不等式证明★★★

思路点拨　均值不等式的证明，主要针对的是条件充分性判断题，此类问题由条件推出结论，相当于是证明题. 一般题目涉及多个变量的不等关系问题，且要求正实数的情况下，多数可考虑均值不等式.

【例 58】(2020)设 a,b,c,d 为正实数.则 $\sqrt{a}+\sqrt{d}\leqslant\sqrt{2(b+c)}$.

(1) $a+d=b+c$.

(2) $ad=bc$.

【解析】

根据题意可知 a,b,c,d 为正实数，对原结论进行等价转换，左右同时平方，可得 $a+d+2\sqrt{ad}\leqslant 2(b+c)$.

条件(1)：根据条件可知 $a+d=b+c$，由均值不等式可得 $2\sqrt{ad}\leqslant a+d\Rightarrow 2\sqrt{ad}\leqslant b+c$，则 $a+d+2\sqrt{ad}\leqslant a+d+b+c\Rightarrow a+d+2\sqrt{ad}\leqslant 2(b+c)$，所以条件(1) 充分；

条件(2)：举反例：$a=100,d=1,b=10,c=10$，满足 $ad=bc$，但是 $\sqrt{100}+\sqrt{1}>\sqrt{2(10+10)}$，所以条件(2) 不充分. 故本题选择 A.

【例 59】$\frac{1}{a}+\frac{1}{b}+\frac{1}{c}>\sqrt{a}+\sqrt{b}+\sqrt{c}$.

(1) $abc=1$.

(2) a,b,c 为不全相等的正实数.

【解析】

条件(1)：举反例，令 $a=b=c=1$，$\frac{1}{1}+\frac{1}{1}+\frac{1}{1}>\sqrt{1}+\sqrt{1}+\sqrt{1}\Rightarrow 3=3$，满足条件但不符合结论，所以条件(1)不充分；

条件(2)：举反例，令 $a=b=1,c=4$，$\frac{1}{1}+\frac{1}{1}+\frac{1}{4}>\sqrt{1}+\sqrt{1}+\sqrt{4}\Rightarrow\frac{9}{4}<4$，满足条件但不符合结论，所以条件(2)不充分；

(1)+(2)：因为 a,b,c 不全相等的正实数且 $abc=1$，则 $\frac{1}{a}+\frac{1}{b}\geqslant 2\sqrt{\frac{1}{a}\cdot\frac{1}{b}}=2\sqrt{\frac{1}{ab}}=2\sqrt{\frac{abc}{ab}}=$

$2\sqrt{c}$ ，$\frac{1}{b}+\frac{1}{c} \geqslant 2\sqrt{\frac{1}{b} \cdot \frac{1}{c}}=2\sqrt{\frac{1}{bc}}=2\sqrt{\frac{abc}{bc}}=2\sqrt{a}$ ，$\frac{1}{a}+\frac{1}{c} \geqslant 2\sqrt{\frac{1}{a} \cdot \frac{1}{c}}=2\sqrt{\frac{1}{ac}}=2\sqrt{\frac{abc}{ac}}=2\sqrt{b}$，三式相加得 $2\left(\frac{1}{a}+\frac{1}{b}+\frac{1}{c}\right) \geqslant 2\sqrt{a}+2\sqrt{b}+2\sqrt{c}$ ，即 $\frac{1}{a}+\frac{1}{b}+\frac{1}{c} \geqslant \sqrt{a}+\sqrt{b}+\sqrt{c}$，当且仅当 $a=b=c$ 时取等，因为 a,b,c 为不全相等的正实数，所以无法满足取等条件，故 $\frac{1}{a}+\frac{1}{b}+\frac{1}{c}>\sqrt{a}+\sqrt{b}+\sqrt{c}$ ，所以条件(1)和(2)联合充分. 故本题选择 C.

第三节　章节总结

一、方程的求解

1.一元一次方程求解原则:移项、合并同类项、系数化为1.

2.二元一次方程组求解原则:(1)代入消元法(2)加减消元法.

3.解方程的基本认识:一个未知数需要一个方程来求解,两个未知数需要两个方程来求解.

4.一元一次方程和一元二次方程的考查,主要体现在应用题中.

5.分式方程求解,核心为将分式方程转化为整式方程,再进行求解.

(1)方法一:移项、通分、令分子为零,转化为整式.

(2)方法二:各项乘以公分母,将分式直接转化为整式,再移项合并求解.

(3)两种解法,均要注意最终舍掉增根,即去掉分母为零的值.

6.无理方程求解,核心为化无理为有理,再进行求解.

(1)平方法,整理方程,使含根式部分单独在一侧,然后左右同时平方.

(2)换元法,含根式的部分作为一个整体多次出现时,可直接对该部分进行换元,转化为有理式再进行求解.

(3)两种解法,均需要注意取值范围.

7.绝对值方程的求解,核心为去绝对值,再进行求解,常用方法有:

(1)定义法,适用于单个绝对值,直接去绝对值结果为正负两种.

(2)零点分段讨论法,分情况讨论去绝对值分别求解,需注意各情况下的解是否符合范围.

(3)平方法,去绝对值可直接左右平方,但是需注意范围,避免扩大解集的范围.

(4)几何意义法,将绝对值看成数轴上两点的距离,直接分析出符合方程的解.

8.指对数方程的求解,主要用换元法,将方程中含有指对数的部分,转化为相同的形式,然后进行换元.

需要注意取值范围:$a^x > 0$(通常 $a > 0$ 且 $a \neq 1$),$\log_a x$ 中 $x > 0$.

二、一元二次方程

1.求解方法

(1)配方法;

(2)求根公式:$x_{1,2} = \dfrac{-b \pm \sqrt{b^2 - 4ac}}{2a}$;

(3)十字相乘法.

2.根的判别式:$\Delta = b^2 - 4ac$

(1)当 $\Delta < 0$ 时,方程无实根;

(2)当 $\Delta=0$ 时,方程有两个相等的实根;

(3)当 $\Delta>0$ 时,方程有两个不相等的实根.

3.韦达定理

(1) $\begin{cases} x_1+x_2=-\dfrac{b}{a}, \\ x_1\cdot x_2=\dfrac{c}{a}; \end{cases}$

(2)常见变形

① $\dfrac{1}{x_1}+\dfrac{1}{x_2}=\dfrac{x_1+x_2}{x_1x_2}$;

② $x_1{}^2+x_2{}^2=(x_1+x_2)^2-2x_1x_2$;

③ $\dfrac{1}{x_1{}^2}+\dfrac{1}{x_2{}^2}=\dfrac{(x_1+x_2)^2-2x_1x_2}{x_1{}^2x_2{}^2}$;

④ $|x_1-x_2|=\sqrt{(x_1+x_2)^2-4x_1x_2}$;

⑤ $x_1{}^3+x_2{}^3=(x_1+x_2)[(x_1+x_2)^2-3x_1x_2]$.

(3)运用韦达定理,需建立在 $\Delta\geqslant 0$ 的基础上.

三、一元二次方程根的分布

1.给定含参方程,给出的两根与一个值或者多个值的大小关系,求参数范围的问题,叫作根的分布问题.

2.根的分布问题的解题关键在于数形结合找到限定条件.

3.常见形式

(1)若两根在 x_0 两侧,需满足 $af(x_0)<0$;

(2)若两根均在区间 (α,β) 外,需满足 $\begin{cases} af(\alpha)<0, \\ af(\beta)<0; \end{cases}$

(3)若两根分别在区间 (α,β),(β,γ) 内,需满足 $\begin{cases} af(\alpha)>0, \\ af(\beta)<0, \\ af(\gamma)>0; \end{cases}$

(4)若两根均在 x_0 左侧,需满足 $\begin{cases} \Delta\geqslant 0, \\ -\dfrac{b}{2a}<x_0, \\ af(x_0)>0; \end{cases}$ 若两根均在 x_0 右侧,需满足 $\begin{cases} \Delta\geqslant 0, \\ -\dfrac{b}{2a}>x_0, \\ af(x_0)>0; \end{cases}$

(5)若两根均在区间 (α,β) 内,需满足 $\begin{cases} \Delta\geqslant 0, \\ a<-\dfrac{b}{2a}<\beta, \\ af(\alpha)>0, \\ af(\beta)>0. \end{cases}$

四、不等式求解

1.不等式的运算性质

(1)对称性:若 $a>b$,则 $b<a$;

(2)传递性:若 $a>b$ 且 $b>c$,则 $a>c$;

(3)加法原则:若 $a>b$,则 $a+c>b+c$;

(4)乘法原则:若 $a>b$ 且 $c>0$,则 $ac>bc$;若 $a>b$ 且 $c<0$,则 $ac<bc$;

(5)同向可加性:若 $a>b$ 且 $c>d$,则 $a+c>b+d$;

(6)同向可乘性:若 $a>b>0$ 且 $c>d>0$,则 $ac>bd$;

(7)乘方原则:若 $a>b>0$ 且 $c>0$,则 $a^c>b^c$;

(8)倒数原则:若 $a>b$ 且 $ab>0$,则 $\frac{1}{a}<\frac{1}{b}$.

2.一元二次不等式求解:(1)化二次项系数为正,因式分解(2)找到各因式的零点,以零点为端点结合不等号方向取解集(3)大于号取两端,小于号取中间.

3.高次不等式求解:穿根法

(1)对高次不等式进行整理,不等式右侧化为0,然后因式分解;

(2)将各因式的最高次项系数化为正,然后将各因式零点标在数轴上;

(3)从数轴右上方画一条线,依次穿过各零点,结合各因式幂次奇穿偶不穿;

(4)最后结合不等号方向取解集,大于号取上方,小于号取下方(注意端点是否能取到).

4.分式不等式求解关键,为将分式转化为整式再进行求解.

$$\frac{f(x)}{g(x)}>0\Leftrightarrow f(x)\cdot g(x)>0;\ \frac{f(x)}{g(x)}\geqslant 0\Leftrightarrow\begin{cases}f(x)\cdot g(x)\geqslant 0;\\ g(x)\neq 0.\end{cases}$$

$$\frac{f(x)}{g(x)}<0\Leftrightarrow f(x)\cdot g(x)<0;\ \frac{f(x)}{g(x)}\leqslant 0\Leftrightarrow\begin{cases}f(x)\cdot g(x)\leqslant 0;\\ g(x)\neq 0.\end{cases}$$

5.无理不等式求解,核心为化无理为有理,主要方法就是平方法,需要注意根式本身的范围要求.

(1) $\sqrt{f(x)}>\sqrt{g(x)}\Leftrightarrow\begin{cases}f(x)>0,\\ g(x)\geqslant 0,\\ f(x)>g(x);\end{cases}$

(2) $\sqrt{f(x)}>g(x)\Leftrightarrow\begin{cases}f(x)\geqslant 0,\\ g(x)>0,\\ f(x)<[g(x)]^2\end{cases}$ 或 $\begin{cases}f(x)\geqslant 0,\\ g(x)<0;\end{cases}$

(3) $\sqrt{f(x)}<g(x)\Leftrightarrow\begin{cases}f(x)\geqslant 0,\\ g(x)>0,\\ f(x)<[g(x)]^2.\end{cases}$

6.绝对值不等式,关键为去绝对值,常用方法有定义法、分段讨论法、平方法等.

(1) $|x| < a \Leftrightarrow -a < x < a$; $|x| > a \Leftrightarrow x > a$ 或 $x < -a$;

(2) $|f(x)| < g(x) \Leftrightarrow -g(x) < f(x) < g(x)$; $|f(x)| > g(x) \Leftrightarrow f(x) > g(x)$ 或 $f(x) < -g(x)$;

(3) $|f(x)| > |g(x)| \Leftrightarrow [f(x)]^2 > [g(x)]^2$.

五、一元二次不等式

1.对于 $ax^2 + bx + c > 0$,解集就是对应函数图像在 x 轴上方部分的点的横坐标集.

2.一元二次函数不同图像位置,所对应的一元二次不等式 $ax^2 + bx + c > 0$ 的解集情况,如下表(以 $a > 0$ 为例):

	$\Delta > 0$	$\Delta = 0$	$\Delta < 0$
$y = ax^2 + bx + c$ 的图像	y O x_1 x_2 x	y O x	y O x
$ax^2 + bx + c > 0$ 的解集	$\{x \mid x < x_1$ 或 $x > x_2\}$	$\left\{x \mid x \neq -\dfrac{b}{2a}\right\}$	$\{x \mid x \in R\}$
$ax^2 + bx + c < 0$ 的解集	$\{x \mid x_1 < x < x_2\}$	$\{x \mid x \in \varnothing\}$	$\{x \mid x \in \varnothing\}$

3.一元二次不等式恒成立问题:

(1)若 $ax^2 + bx + c > 0$ 恒成立,需满足 $\begin{cases} a > 0, \\ \Delta < 0; \end{cases}$

(2)若 $ax^2 + bx + c < 0$ 恒成立,需满足 $\begin{cases} a < 0, \\ \Delta < 0. \end{cases}$

4.恒成立问题不仅仅存在于一元二次不等式中,核心是转化为最值问题:

(1)若 $f(x) > a$ 恒成立,需满足 $f(x)_{\min} > a$;

(2)若 $f(x) < a$ 恒成立,需满足 $f(x)_{\max} < a$.

六、均值不等式

1.重要不等式:若 $a,b \in R$,则 $a^2 + b^2 \geqslant 2ab$,当且仅当 $a = b$ 时,等号成立.

2.基本不等式:若 $a,b \geqslant 0$,则 $\dfrac{a+b}{2} \geqslant \sqrt{ab}$,当且仅当 $a = b$ 时,等号成立.

3.又称基本不等式为均值不等式,但一般均值不等式要求取值为正实数.

4.均值不等式的常用变形: $a + b \geqslant 2\sqrt{ab}$; $ab \leqslant \dfrac{(a+b)^2}{4}$.

5.均值不等式适用于多个数(三个数为例)：$a+b+c \geqslant 3\sqrt[3]{abc}$；$abc \leqslant \left(\frac{a+b+c}{3}\right)^3$.

6.均值不等式常用于求最值问题中,须注意“一正二定三相等”：

(1) $a+b \geqslant 2\sqrt{ab}$ 中,若乘积 ab 为定值,则加和 $a+b$ 有最小值;

(2) $ab \leqslant \frac{(a+b)^2}{4}$ 中,若加和 $a+b$ 为定值,则乘积 ab 有最大值.

第四节　强化训练

一、问题求解

第 1~15 小题,每小题 3 分,共 45 分,下列每题给出的 A、B、C、D、E 五个选项中,只有一项是符合试题要求的,请在答题卡上将所选项的字母涂黑.

1.(2015)某公司共有甲、乙两个部门,如果从甲部门调 10 人到乙部门,那么乙部门人数是甲部门的 2 倍,如果把乙部门员工的$\frac{1}{5}$调到甲部门,那么两个部门的人数相等,该公司的总人数为(　　).

(A)150　(B)180　(C)200　(D)240　(E)250

2.若解分式方程 $\frac{2x}{x+1}-\frac{m+1}{x^2+x}=\frac{x+1}{x}$ 产生增根,则 m 的值是(　　).

(A)-1 或-2　(B)-1 或 2　(C)1 或 2　(D)1 或-2　(E)1

3.无理方程 $\sqrt{2x+1}-\sqrt{x-3}=2$ 的所有实根之积为(　　).

(A)12　(B)14　(C)48　(D)36　(E)24

4.已知方程 $|2x-1|=ax+b$ 只有一个正实数根, $3b-a=0$,则 a 的取值范围是(　　).

(A) $-1<a<2$　(B) $a=0$ 或 $2<a<3$

(C) $a=0$ 或 $2\leqslant a<3$　(D) $2<a\leqslant 3$

(E) $a>3$ 或 $a<2$

5.关于 x 的方程 $9^x+(4+a)3^x+4=0$ 有解,则 a 的取值范围是(　　).

(A) $a\leqslant -8$　(B) $a<-4$　(C) $a\geqslant 0$

(D) $a\leqslant -8$ 或 $a\geqslant 0$　(E) $a<-4$ 或 $a\geqslant 0$

6.方程 $\log_2(9-2^x)=3-x$ 的解为(　　).

(A)0　(B) 1　(C)2　(D) 3　(E)0 或 3

7.关于 x 的一元二次方程 $(m-2)^2x^2+(2m+1)x+1=0$ 有两个不相等的实数根,则 m 的取值范围是(　　).

(A) $m<\frac{4}{3}$　(B) $m\leqslant\frac{4}{3}$　(C) $m>\frac{3}{4}$

(D) $m>\frac{3}{4}$,且 $m\neq 2$　(E) $m\geqslant\frac{4}{3}$,且 $m\neq 2$

8.已知关于 x 的一元二次方程 $m^2x^2+2(3-m)x+1=0(m\neq 0)$的两个实数根为 x_1,x_2,若 $m=\frac{1}{x_1}+\frac{1}{x_2}$,则 m的值为(　　).

(A)-3　(B)2　(C) 5　(D) 6　(E)不存在

9.若方程 $2x^2+3x+5m=0$ 的一个根大于 1,另一个根小于 1,则 m 的取值范围是(　　).

(A) $m<-1$　(B) $|m|<1$　(C) $0<m<1$　(D) $m\leqslant 1$　(E) $m<-2$

10.若关于 x 的方程 $x^2-2(2-k)+k^2+12=0$ 有实数根 α,β，设 $t=\dfrac{\alpha+\beta}{k}$，则 t 的最小值等于（　　）.

(A)-8　　(B)-6　　(C)-4　　(D)-2　　(E)0

11.不等式 $\dfrac{2x^2+3x-7}{x^2-x-2}\geqslant 1$ 的解集为（　　）.

(A)$(-\infty,-5]\cup(-1,1]\cup(2,+\infty)$

(B)$(-\infty,-5]\cup(2,+\infty)$

(C)$(-1,1]$

(D)$(-\infty,-5]\cup[-1,1]\cup[2,+\infty)$

(E)以上选项均不正确

12.不等式 $\sqrt{2x^2+1}-x<1$ 的解集是（　　）.

(A)$0<x<2$　　(B)$-1<x\leqslant 2$　　(C)$x>-1$　　(D)全体实数　　(E)$\varnothing$

13.一元二次不等式 $ax^2+8ax+21<0$ 的解集为 $-7<x<-1$，则 $a=$（　　）.

(A)3　　(B)-3　　(C)7　　(D)$\dfrac{2}{7}$　　(E)$\dfrac{7}{2}$

14.已知 $x<\dfrac{1}{2}$，则函数 $y=2x+\dfrac{1}{2x-1}$ 的最大值为（　　）.

(A)3　　(B)-3　　(C)1　　(D)-1　　(E)2

15.已知 $a,b\in R$，$a-3b+6=0$，则 $2^a+\dfrac{1}{8^b}$ 的最小值为（　　）.

(A)$\dfrac{1}{4}$　　(B)4　　(C)$\dfrac{5}{2}$　　(D)3　　(E)$\dfrac{1}{8}$

二、条件充分性判断

第16~25小题，每小题3分，共30分. 要求判断每题给出的条件(1)和(2)能否充分支持题干所陈述的结论. A、B、C、D、E五个选项为判断结果，请选择一项符合试题要求的判断，在答题卡上将所选项的字母涂黑.

(A)条件(1)充分，但条件(2)不充分

(B)条件(2)充分，但条件(1)不充分

(C)条件(1)和条件(2)单独都不充分，但条件(1)和条件(2)联合起来充分

(D)条件(1)充分，条件(2)也充分

(E)条件(1)和条件(2)单独都不充分，条件(1)和条件(2)联合起来也不充分

16.$x=4$.

(1) $|x-2|=-2x+10$.

(2) $|x-5|-|x+1|=2x-12$.

17.关于 x 的一元二次方程 $x^2-(4m+1)x+3m^2+m=0$ 的解均为整数.

(1) $m=\frac{1}{3}$.

(2) $m=3$.

18.(2012)一元二次方程 $x^2+bx+1=0$ 有两个不同实根.

(1) $b<-2$.

(2) $b>2$.

19.已知函数 $f(x)=x^2+mx+2n$ 的两个零点分别为 x_1 和 x_2,则 $-3<m+n<0$.

(1) x_1 在区间 $(0,1)$ 内.

(2) x_2 在区间 $(1,2)$ 内.

20.关于 x 的方程 $x^2+(m-2)x+5-m=0$,则方程的两根都在 $(0,5)$ 内.

(1) $-5<m\leqslant-4$.

(2) $4\leqslant m<5$.

21.已知 $e<0$,则 $\frac{e}{a-c}>\frac{e}{b-d}$.

(1) $a>b>0, c<d<0$.

(2) $a<b<0, c>d>0$.

22.设 x , y 是实数,则 $x\geqslant-\frac{7}{2}$, $y\geqslant-3$.

(1) $2x\leqslant 3y+2$.

(2) $y\leqslant 2x+4$.

23.$|x+1|+|x+4|>3$.

(1)$x\in(1,+\infty)$.

(2)$x\in(-4,-1)$.

24.不等式 $(a-2)x^2+2(a-2)x-4<0$ 对于一切 x 恒成立.

(1) $a>-2$.

(2) $a\leqslant 2$.

25.$a^2+b^2+c^2+d^2\geqslant 4$.

(1) $abcd=1$.

(2) a , b , c , d 均大于0.

参考答案:1~5 DDCCA　6~10 EDEAC　11~15 AAADA　16~20 DBDCA　21~25 ACACA

第五节 强化训练参考答案及解析

一、问题求解

1.D 【解析】根据题意可设甲部门有 x 人,乙部门有 y 人,则可列方程 $\begin{cases}2(x-10)=y+10,\\x+\frac{1}{5}y=\frac{4}{5}y\end{cases}\Rightarrow\begin{cases}x=90,\\y=150,\end{cases}$ 总人数为 $x+y=90+150=240$ 人. 故本题选择 D.

2.D 【解析】根据题意可知,将原方程化简可得 $x^2-2x-m-2=0$,因为方程有增根所以 $x^2+x=0$,解得 $x=0$ 或 $x=-1$,代入原方程中,解得 $m=-2$ 或 $m=1$. 故本题选择 D.

3.C 【解析】根据题意可知,$x\geqslant 3$,方程移项得 $\sqrt{2x+1}=2+\sqrt{x-3}$,两边平方,将含根式的放在一侧,整理得 $4\sqrt{x-3}=x$,两边平方解得 $x_1=4$, $x_2=12$ 满足题意,则方程所有实根之积为 48. 故本题选择 C.

4.C 【解析】根据题意可作图 5-15 所示,设函数 $y=|2x-1|$,则函数与 x 轴的交点为 $\left(\frac{1}{2},0\right)$,与 y 轴的交点为 $(0,1)$,去绝对值后两条直线的斜率分别为-2,2. 当 $a=0$ 时,则 $y=ax+b$ 与 x 轴重合,与 $y=|2x-1|$ 函数图像交于 $\left(\frac{1}{2},0\right)$ 点,方程有唯一正实根 $x=\frac{1}{2}$;当 $a\neq 0$ 时, $y=ax+b\Rightarrow y=3bx+b\Rightarrow y=b(3x+1)$,则直线必过点 $\left(-\frac{1}{3},0\right)$,由图像可知直线过点 $(0,1)$ 时,方程恰好没有正实根,将 $(0,1)$ 代入直线得 $1=b(3\times 0+1)$,解得 $b=1\Rightarrow a=3$;直线与 $y=2x-1$ 平行时,方程恰好只有一个正实根,则 $3b=2\Rightarrow b=\frac{2}{3}\Rightarrow a=2$,根据图像可知当 $2\leqslant a<3$ 时,满足方程只有一个正实根,所以 $a=0$ 或 $2\leqslant a<3$. 故本题选择 C.

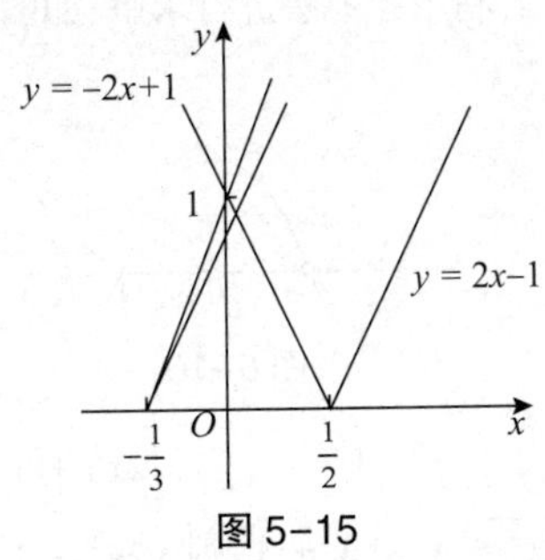

图 5-15

5.A 【解析】根据题意可令 $t=3^x>0$,则 $t^2+(4+a)t+4=0$,在 $t>0$ 时方程有解,$\Delta=(a+4)^2-16\geqslant 0$,解得 $a\leqslant -8$ 或 $a\geqslant 0$,由韦达定理得 $\begin{cases}t_1+t_2=-(a+4),\\t_1\cdot t_2=4>0,\end{cases}$ 两根的正负性相同,当两根均为正

时,满足 $t>0$ 方程有解,则 $t_1+t_2=-(a+4)>0$,解得 $a<-4$,所以 $a\leqslant-8$. 故本题选择 A.

6.E 【解析】根据原式整理可得 $9-2^x=2^{3-x}$,两边同时乘以 2^x 整理得 $(2^x)^2-9\cdot2^x+2^3=0$,令 $t=2^x>0$,则 $t^2-9t+8=(t-1)(t-8)=0$,解得 $t=1$ 或 $t=8$,所以 $2^x=1$ 或 $2^x=8$,解得 $x=0$ 或 $x=3$,两个解均满足 $9-2^x>0$,$2^{3-x}>0$. 故本题选择 E.

7.D 【解析】根据题意可得 $\begin{cases}m-2\neq0,\\\Delta>0,\end{cases}$ 即 $\begin{cases}m-2\neq0,\\(2m+1)^2-4\cdot(m-2)^2=20m-15>0,\end{cases}$ 解得 $m>\dfrac{3}{4}$ 且 $m\neq2$. 故本题选择 D.

8.E 【解析】根据题意可知 $m^2\neq0$ 且 $\Delta=4(3-m)^2-4m^2\geqslant0$,解得 $m\leqslant\dfrac{3}{2}$ 且 $m\neq0$;由韦达定理得 $x_1+x_2=-\dfrac{2(3-m)}{m^2}$,$x_1x_2=\dfrac{1}{m^2}$,则 $m=\dfrac{1}{x_1}+\dfrac{1}{x_2}=\dfrac{x_1+x_2}{x_1x_2}=-2(3-m)=2m-6$,即 $2m-6=m$,解得 $m=6$,而 $m\leqslant\dfrac{3}{2}$ 且 $m\neq0$,所以 m 不存在. 故本题选择 E.

9.A 【解析】根据题意可知方程的一个根大于 1,另一个根小于 1,则 $f(1)<0$,即 $f(1)=2+3+5m=5m+5<0$,解得 $m<-1$. 故本题选择 A.

10.C 【解析】根据题意可得方程有实数根 $\Delta=[-2(2-k)]^2-4(k^2+12)\geqslant0$,解得 $k\leqslant-2$,利用韦达定理有 $\alpha+\beta=2(2-k)$,由 $t=\dfrac{\alpha+\beta}{k}=\dfrac{2(2-k)}{k}=\dfrac{4}{k}-2$,根据反比例函数的单调性可知,在 $k=-2$ 时,t 可取得最小值为 $t=\dfrac{4}{-2}-2=-4$. 故本题选择 C.

11.A 【解析】根据题意将不等式移项通分得 $\dfrac{2x^2+3x-7}{x^2-x-2}-1=\dfrac{2x^2+3x-7}{x^2-x-2}-\dfrac{x^2-x-2}{x^2-x-2}=\dfrac{x^2+4x-5}{x^2-x-2}\geqslant0$,化除为乘可得 $(x^2+4x-5)(x^2-x-2)=(x+5)(x-1)(x-2)(x+1)\geqslant0$,且 $x^2-x-2\neq0$,即 $x\neq-1$ 且 $x\neq2$,利用穿根法进行求解,如图 5-16 所示,解得 $x\leqslant-5$ 或 $-1<x\leqslant1$ 或 $x>2$. 故本题选择 A.

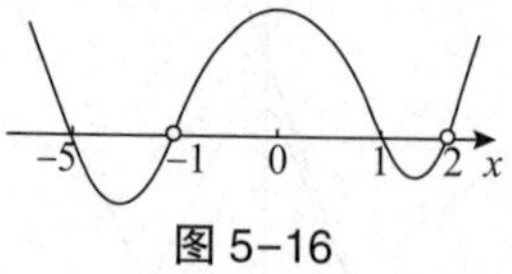

图 5-16

12.A 【解析】根据原式整理可得 $\sqrt{2x^2+1}<x+1$,则 $\begin{cases}2x^2+1<(x+1)^2,\\2x^2+1\geqslant0,\\x+1>1\end{cases}\Rightarrow\begin{cases}0<x<2,\\x>0,\end{cases}$ 解得 $0<x<2$. 故本题选择 A.

13.A 【解析】根据题意可知 -1 和 -7 是方程 $ax^2+8ax+21=0$ 的两根，利用韦达定理可得 $(-1)\times(-7)=\frac{21}{a}\Rightarrow a=3$. 故本题选择 A.

14.D 【解析】根据题意可知 $x<\frac{1}{2}$，$\frac{1}{2x-1}<0$，$y=2x+\frac{1}{2x-1}=2x-1+\frac{1}{2x-1}+1$，而 $(1-2x)+\frac{1}{1-2x}\geqslant 2\sqrt{(1-2x)\cdot\frac{1}{1-2x}}=2$，当且仅当 $1-2x=\frac{1}{1-2x}=1$，即 $x=0$ 时取等. 则 $2x-1+\frac{1}{2x-1}\leqslant -2$，所以 $y=2x-1+\frac{1}{2x-1}+1\leqslant -2+1=-1$. 故本题选择 D.

15.A 【解析】根据题意可知 $a-3b=-6$，则 $2^a+\frac{1}{8^b}=2^a+\frac{1}{(2^3)^b}=2^a+\frac{1}{2^{3b}}=2^a+2^{-3b}\geqslant 2\sqrt{2^a\cdot 2^{-3b}}=2\sqrt{2^{-6}}=\frac{1}{4}$，当且仅当 $2^a=2^{-3b}$ 时，即 $a=-3$，$b=1$ 时取等. 故本题选择 A.

二、条件充分性判断

16.D 【解析】条件(1)：由条件可得，$-2x+10\geqslant 0$. 故 $x\leqslant 5$，则原式可化简为 $x-2=-2x+10$ 或 $x-2=2x-10$，解得 $x=4$ 或 $x=8$(舍)，所以条件(1)充分；

条件(2)：由条件可得，分情况讨论得：①当 $x\leqslant -1$ 时，原式化简为 $(5-x)-(-x-1)=2x-12$，解得 $x=9$(舍)；②当 $-1<x<5$ 时，原式化简为 $(5-x)-(x+1)=2x-12$，解得 $x=4$；③当 $x\geqslant 5$ 时，原式化简为 $(x-5)-(x+1)=2x-12$，解得 $x=3$(舍). 所以条件(2)充分. 故本题选择 D.

17.B 【解析】根据题意可得 $x^2-(4m+1)x+(3m+1)m=0\Rightarrow(x-m)(x-3m-1)=0\Rightarrow x=m$ 或 $3m+1$，由于方程的解均为整数，则 $3m+1$ 和 m 均为整数，即 m 为整数.

条件(1)：根据条件可得 $m=\frac{1}{3}$，不是整数，所以条件(1)不充分；

条件(2)：根据条件可得 $m=3$，是整数，所以条件(2)充分. 故本题选择 B.

18.D 【解析】根据题意可得 $\Delta=b^2-4\times1\times1>0$，解得 $b<-2$ 或 $b>2$.

条件(1)：根据条件可得 $b<-2$，是转化结论的非空子集，所以条件(1)充分；

条件(2)：根据条件可得 $b>2$，是转化结论的非空子集，所以条件(2)充分. 故本题选择 D.

19.C 【解析】条件(1)：根据条件可知 $0<x_1<1$ 无法确定 $m+n$ 的范围，所以条件(1)不充分；

条件(2)：根据条件可知 $1<x_2<2$ 无法确定 $m+n$ 的范围，所以条件(2)不充分；

(1)+(2)：两个条件联合由同向可加性可得 $1<x_1+x_2<3$，即 $1<-m<3$，则 $-3<m<-1$，由同向可乘性可得 $0<x_1x_2<2$，即 $0<2n<2$，则 $0<n<1$，由同向可加性得 $-3<m+n<0$，所以条件(1)和(2)联合充分. 故本题选择 C.

20.A 【解析】根据题意可知方程的两根都在区间内,则 $\begin{cases}\Delta=(m-2)^2-4(5-m)\geqslant 0,\\ 0<-\dfrac{m-2}{2}<5,\\ f(0)=5-m>0,\\ f(5)=25+5(m-2)+5-m>0\end{cases}\Rightarrow$

$\begin{cases}m\leqslant -4\text{ 或 }m\geqslant 4,\\ -8<m<2,\\ m<5,\\ m>-5,\end{cases}$ 解得 $-5<m\leqslant -4$.

条件(1):$-5<m\leqslant -4$ 与转化结论一致,所以条件(1)充分;

条件(2):$4\leqslant m<5$ 不是转化结论的非空子集,所以条件(2)不充分. 故本题选择 A.

21.A 【解析】根据题意可知 $e<0$,要使 $\dfrac{e}{a-c}>\dfrac{e}{b-d}$ 成立,则 $\dfrac{1}{a-c}<\dfrac{1}{b-d}$.

条件(1):根据条件可知 $a>b>0, c<d<0\Rightarrow -c>-d>0$,则 $a-c>b-d>0$,所以 $\dfrac{1}{a-c}<\dfrac{1}{b-d}$,

条件(1)充分;

条件(2):根据条件可知 $a<b<0, c>d>0\Rightarrow -c<-d<0$,则 $a-c<b-d<0$,所以 $\dfrac{1}{a-c}>\dfrac{1}{b-d}$,

条件(2)不充分. 故本题选择 A.

22.C 【解析】条件(1):举反例:$x=-100, y=10$,满足 $2x\leqslant 3y+2$,但不满足 $x\geqslant -\dfrac{7}{2}$, $y\geqslant -3$,所以条件(1)不充分;

条件(2):举反例:$x=-10, y=-100$,满足 $y\leqslant 2x+4$,但不满足 $x\geqslant -\dfrac{7}{2}$, $y\geqslant -3$,所以条件(2)也不充分;

(1)+(2):两个条件联立可得 $\begin{cases}2x\leqslant 3y+2,\\ y\leqslant 2x+4,\end{cases}$ 利用同向可加性可得 $-2y\leqslant 6$,即 $y\geqslant -3$,由

$\begin{cases}2x\leqslant 3y+2,\\ 3y\leqslant 6x+12\end{cases}$ 可得 $-4x\leqslant 14$,即 $x\geqslant -\dfrac{7}{2}$,所以条件(1)+(2)联立充分. 故本题选择 C.

23.A 【解析】根据题意可得 $|x+1|+|x+4|=\begin{cases}2x+5, x>-1,\\ 3, -4\leqslant x\leqslant -1,\\ -2x-5, x<-4,\end{cases}$ 则当 $x<-4$ 或 $x>-1$ 时,

$|x+1|+|x+4|>3$.

条件(1):根据条件可得 $x\in(1,+\infty)$,是转化结论的非空子集,所以条件(1)充分;

条件(2):根据条件可得 $x\in(-4,-1)$,不是转化结论的非空子集,所以条件(2)不充分. 故本题

选择 A.

24.C 【解析】根据题意可知，当 $a=2$ 时，不等式为 $-4<0$，恒成立，满足题意；当 $a\neq 2$ 时，要想使得其恒成立，则 $\begin{cases}a-2<0,\\ \Delta<0,\end{cases}$ 即 $\begin{cases}a-2<0,\\ 4(a-2)^2+16(a-2)<0\end{cases}\Rightarrow -2<a<2$，所以 $-2<a\leqslant 2$.

条件(1)：根据条件可得 $a>-2$，不是转化结论的非空子集，所以条件(1)不充分；

条件(2)：根据条件可得 $a\leqslant 2$，不是转化结论的非空子集，所以条件(2)不充分；

(1)+(2)：两个条件联合可得 $-2<a\leqslant 2$，与转化结论一致，所以条件(1)+(2)联合充分. 故本题选择 C.

25.A 【解析】条件(1)：根据条件可知，$a^2+b^2+c^2+d^2\geqslant 4\sqrt[4]{a^2\cdot b^2\cdot c^2\cdot d^2}=4$，当且仅当 $a=b=c=d=1$ 或 -1 取等号，所以条件(1)充分；

条件(2)：举反例，$a=b=c=d=\dfrac{1}{2}$，则 $a^2+b^2+c^2+d^2=1<4$，所以条件(2)不充分. 故本题选择 A.